乡村建设工匠技能培训教材

现代宜居农房施工技术

安徽省住房和城乡建设厅　主编

中国建筑工业出版社

图书在版编目（CIP）数据

现代宜居农房施工技术/安徽省住房和城乡建设厅主编．—北京：中国建筑工业出版社，2024.4
乡村建设工匠技能培训教材
ISBN 978-7-112-29750-4

Ⅰ.①现…　Ⅱ.①安…　Ⅲ.①农村住宅－建筑工程－工程施工－技术培训－教材　Ⅳ.①TU241.4

中国国家版本馆 CIP 数据核字（2024）第 072541 号

本教材以习近平新时代中国特色社会主义思想为指导，以住房和城乡建设部和安徽省对乡村建设工匠培训要求为抓手，统筹规划农房建设与改造全过程，划分 3 篇 18 章。其中第一篇是基础理论，主要包括农房建设法律法规、乡村农房建筑风貌、农房结构与构造、农房建筑识图、农房防震减灾、农房建筑材料和农房建设项目管理 7 个部分，涵盖乡村建设工匠必须掌握的农房建造基础知识。第二篇是技能理论，主要包括农房设计、农房测量放线、地基与基础施工、砌体结构施工、框架结构施工、屋面施工、装饰工程施工、建筑设备安装、农房隐患排查与改造加固、脚手架与起重机械 10 个部分，涵盖乡村建设工匠必会的新建农房和既有农房隐患排查、改造专业技能。第三篇是工种实训操作，涵盖乡村建设工匠应熟悉的实操要求和应具备的专业技能。本书可作为乡村建设工匠培养教学、自学用书。

责任编辑：李　慧
责任校对：姜小莲

乡村建设工匠技能培训教材
现代宜居农房施工技术
安徽省住房和城乡建设厅　主编

*

中国建筑工业出版社出版、发行（北京海淀三里河路 9 号）
各地新华书店、建筑书店经销
北京龙达新润科技有限公司制版
天津安泰印刷有限公司印刷

*

开本：787 毫米×1092 毫米　1/16　印张：14　字数：345 千字
2024 年 5 月第一版　2024 年 5 月第一次印刷
定价：**65.00** 元

ISBN 978-7-112-29750-4
（42718）

本书编审委员会

前　言

2022年，中共中央办公厅、国务院办公厅印发了《乡村建设行动实施方案》，要求强化民生建设，加强农村基础设施和公共服务体系建设，建设宜居宜业和美乡村。建设宜居宜业和美乡村是农村现代化的重要组成部分，涵盖农村基础设施建设和人居环境改善。宜居宜业和美乡村能够让农村居民优居、乐居，具有获得感、安全感、幸福感。从2021年的大力实施乡村建设行动，到2023年的扎实推进宜居宜业和美乡村建设，皆在逐步推进乡村建设行动，指引乡村现代化建设，缔造乡村宜居宜业和美生活环境。

推进乡村建设是全面建设社会主义现代化国家的重大任务，是新时代农村现代化高质量发展的必然选择。乡村振兴与乡村建设离不开乡村人才振兴，尤其是乡村建设工匠。2022年10月，住房和城乡建设部与人力资源社会保障部印发了《关于开展万名“乡村建设带头工匠”培训活动的通知》，明确乡村建设工匠的内涵。乡村建设工匠是指在乡村建设中，能够使用简单、小型的工机具及设备对农村房屋、农村公共基础设施、农村人居环境等进行修建、改造的人员，具有提升农房建设与改造质量、基础设施管理和农村环境治理的技能。农房修建与改造是乡村建设的重要部分，关系到农村居民就地就业与经济收入，关系到居民的生命与财产安全，关系到农村的和谐稳定、经济发展。因此，培养乡村建设工匠既有利于扩大振兴乡村人才队伍，促进农村居民就地就业，也有利于促进乡村建设与乡村振兴，增强农村现代化高质量发展。

党的十八大以来，党中央、国务院、相关部委及安徽省高度重视乡村建设工匠培养，先后出台了《关于加快推进乡村人才振兴的意见》《“十四五”农业农村人才队伍建设发展规划》《关于推进乡村工匠培育工作的指导意见》《关于加强乡村建设工匠培训和管理的指导意见》《关于支持技工强省建设若干政策的通知》等指导性文件，要求建立乡村建设工匠培养和管理制度，培养乡村规划、设计、建设、管理等专业人才。安徽省住房和城乡建设厅利用地方特色，把农房建设、危房改造、传统村落保护发展、人居环境整治、特色小城镇建设等与乡村建设工匠培养结合起来，开展了分类、精准的培训活动，提高了乡村建设工匠综合素质和技能水平。

为深入贯彻党中央、国务院及安徽省委省政府关于乡村振兴各项工作要求，推进安徽省和美乡村建设，提升乡村农房品质，改善乡村人居环境，培养乡村建设工匠，编委会组织编写《现代宜居农房施工技术》技能培训教材。本教材在总结安徽省的农房建设改造经验基础上，融合农房规划、选址、设计、施工、管理、改造等理论知识，强化工种岗位操作技能，丰富乡村建设工匠的专业知识和提升技能水平，培养服务于乡村建设的钢筋工、混凝土工、砌筑工、抹灰工、木工、水电工等。

本教材以习近平新时代中国特色社会主义思想为指导，以住房城乡建设部和安徽省对乡村建设工匠培训要求为抓手，统筹农房修建、改造全过程，科学搭设教材架构。教材以知识够用为度、以技能提升为主的原则编制了3篇18章。第一篇是乡村建设工匠应熟悉农房修建、改造理论的基础，包括农房建设法律法规、建筑风貌、结构与构造、建筑识图、防震减灾、建筑材料和项目管理等7章。第二篇是乡村建设工匠应掌握的农房修建、改造技能理论，包括农房设计、测量放线、地基与基础施工、砌体结构施工、框架结构施工、屋面施工、装饰工程施工、建筑设备安装施工、农房隐患排查与改造加固、脚手架与起重机械等10章。第三篇是乡村建设工匠应会的操作专业技能，包括实训实操和技能培训考核。本教材突出安徽省的农房修建、改造特色，对乡村建设工匠学习乡土特色的农房修建与改造起一定的作用；将农房修建、改造的理论知识融入实践环节，满足乡村建设工匠技能培训的需要；图文并茂，深入浅出，通俗易懂。

本教材在编写过程中借鉴了已有乡村建设的系列书籍，吸收了乡村建设的法律、法规、政策，凝结了安徽省农房修建、改造经验。在此，对编审专家、学者的大力支持与指导表示衷心感谢，对参加教材编写人员及安徽科教培训学校的大力配合表示衷心感谢。因农房修建与改造涉及面广、专业技术性强，限于编者水平有限，教材的编写难免存在不足之处，敬请读者提出宝贵的意见和建议。

教材编委会

2024年1月

目　录

第一篇　基础理论

第二篇　技能理论

第三篇　实训操作

第一篇

基础理论

第1章 农房建设法律法规

第1节 乡村建设与农房建设

全面建设社会主义现代化国家，最艰巨最繁重的任务仍然在农村。坚持农业农村优先发展，坚持城乡融合发展，畅通城乡要素流动。加快建设农业强国，扎实推动乡村产业、人才、文化、生态、组织振兴。全方位夯实粮食安全根基，全面落实粮食安全党政同责，牢牢守住十八亿亩耕地红线，逐步把永久基本农田全部建成高标准农田，深入实施种业振兴行动，强化农业科技和装备支撑，健全种粮农民收益保障机制和主产区利益补偿机制，确保中国人的饭碗牢牢端在自己手中。树立大食物观，发展设施农业，构建多元化食物供给体系。发展乡村特色产业，拓宽农民增收致富渠道。巩固拓展脱贫攻坚成果，增强脱贫地区和脱贫群众内生发展动力。统筹乡村基础设施和公共服务布局，建设宜居宜业和美乡村。巩固和完善农村基本经营制度，发展新型农村集体经济，发展新型农业经营主体和社会化服务，发展农业适度规模经营。深化农村土地制度改革，赋予农民更加充分的财产权益。保障进城落户农民合法土地权益，鼓励依法自愿有偿转让。完善农业支持保护制度，健全农村金融服务体系。

——摘自习近平总书记在中国共产党第二十次全国代表大会上的报告

以习近平同志为核心的党中央为乡村振兴、实现农村现代化指明了前进方向，指出了脱贫攻坚、乡村振兴与建设宜居宜业和美乡村的关系。建设宜居宜业和美乡村是全面推进乡村振兴的重要体现，是全面建设社会主义现代化国家的重要组成部分。因此，建设宜居宜业和美乡村是新时代新征程的历史使命。

宜居宜业和美乡村内涵很丰富，涉及农村生产、生活和生态各个方面，既有物质文明，又有精神文明建设。乡村建设实质是建设宜居宜业和美乡村的物质现代化，包括基础设施现代化建设、农村人居环境改善、传统村落保护、乡村建筑风貌提升等内容。

农房建设和村庄规划是乡村建设的重要内容。大力实施乡村建设行动就是要完善农房功能，提高农房品质，推进农村基础设施和公共服务设施建设，整体提升乡村建设水平，改善农民生产生活条件，建设宜业宜居美丽乡村。

1.1.1 农房建设的成就

党的十八大以来，党中央、国务院实施农村脱贫攻坚重大举措，取得了农村全部脱贫的重大历史成就，令世界瞩目。为巩固脱贫攻坚成果，党中央、国务院又提出了实现巩固拓展脱贫攻坚成果同乡村振兴有效衔接，推进乡村振兴，实施乡村建设行动，把乡村建设摆在社会主义现代化建设的重要位置。大力实施乡村建设行动成效显著，农村生产、生活、生态条件得到显著改善，农房品质显著提升，农村面貌焕然一新。到2020年末，全国建制镇的实有住宅建筑面积为61.4亿m^2，人均住房面积为37m^2，与2012年相比，分别增长了 23.79%和 10.12%[1]。

1.1.2　农房建设的安全问题

虽然农房建设取得了很大成就，推动了乡村建设，促进了乡村振兴，改善了乡村人居环境，但是农房建设的质量安全还有待提高、乡村风貌有待提升，特别是农村住房的安全隐患还没有完全排除，农房安全事故时有发生，造成居民群众群死群伤和财产的重大损失。

2020 年 3 月，福建省泉州市的欣佳酒店坍塌，造成 29 人死亡，42 人受伤，直接经济损失 5794 万元，属于重大安全事故。2020 年 9 月，河南省周口市的某自建房施工时，引起临近的 4 层农房倒塌。2022 年 4 月，湖南省长沙市发生自建经营性住房倒塌事故，该事故造成 54 人死亡，9 人受伤，直接经济损失 9077.86 万元，属于特别重大安全事故。

这些安全事故的发生与农房违规修建和改造、质量安全隐患、乡村建设工匠的技能水平等有千丝万缕的关系，说明农房修建与改造还存在短板，归纳起来主要有以下几个方面：

1. 乡村建设工匠技能水平还有待提高，安全意识有待增强

传统建筑工匠的技艺是靠传承师傅技术与经验而取得的，懂得一定的农房建造技术，但由于未经专门培训，他们的建造技术不精通，对农房建设的法规、条例、规范和标准等法律常识知之甚少，对农房质量安全更是认知不足，安全意识不到位。部分返乡农民工虽然具有安全意识，重视农房质量安全，但缺乏建造与隐患排查技术，缺乏风险识别和风险评价能力，无法查找房屋质量安全问题。

2. 既有农房建设久远、失修，存在安全隐患

部分既有农房建造时间久远和使用时间很长，少则十几年、几十年，多则一百年及以上。这些房屋受外界环境的影响，其建筑材料出现老化、风化、腐蚀现象，导致建筑结构局部或整体失稳，承载力下降等，造成农房存在安全隐患。随着城市化推进，乡村青壮年劳动力前往城市就业，部分农村居民逐渐向县城、城市迁移，留下来的多是“空巢”老人，形成“空心村”，以致农房无人管理与维护，房屋受损得不到及时修缮，农房存在安全隐患的可能。

3. 新建农房不满足要求，质量安全难以保障

农民群众在建房选址时习惯遵循民风民俗、乡村建筑风貌，宜选择靠近沟塘、道路、低洼等不利建筑场地。一旦遇到地震、暴雨、洪水或飓风等自然灾害，易引起泥石流、山体滑坡、地陷等次生灾害的发生，造成处于不利建筑场地的农房倒塌。在设计上，他们往往没有施工图纸，完全根据既有农房或乡村建设工匠指导进行设计。即使部分自建房具有施工图纸，但未经专业人员设计与审核，存在设计缺陷和农房安全隐患。为了节约建造成本，部分农户购买不合格建筑材料、部品件，或者就地取材，或者直接使用原拆除既有房屋的废旧材料，实现“有房住就行”的目标。施工队伍来源复杂，施工技术水平参差不齐，对建筑材料无法甄别等。这些房屋质量问题为农房建设带来潜在的安全隐患。

---

[1] 数据来自于《中国建筑统计年鉴》。

4. 农房违规建设，随意改变结构与用途

部分农房在未取得审批文件、不具备施工等条件下，随意新建、扩建和改建，改为经营性用途，存在违法占地、违规建设问题，甚至为牟取经济利益，制作虚假材料，办理相关经营证件，违规改造和装修、擅自改变房屋用途等，或者直接造假证，逃避地方政府和主管部门监管。

1.1.3 农房建设要求

党中央、国务院和地方各级人民政府非常重视乡村建设工作，注重农房质量建设、人居环境改善、乡村风貌提升等，推动乡村振兴，先后出台或制定了多项宜居农房建设的政策，引导乡村建设工匠培训。

2019 年 1 月 3 日，中共中央、国务院印发了《关于坚持农业农村优先发展做好“三农”工作的若干意见》，要求继续推进农村危房改造，编制实用性村庄规划和加强农村建房许可管理。

2020 年 10 月 29 日，中共中央印发了《关于制定国民经济和社会发展第十四个五年规划和二〇三五年远景目标的建议》，提出实施乡村建设行动，把乡村建设摆在社会主义现代化建设的重要位置。统筹县域城镇和村庄规划建设，保护传统村落和乡村风貌。完善乡村水、电、路、气、通信、广播电视、物流等基础设施，提升农房建设质量。因地制宜推进农村改厕、生活垃圾处理和污水治理，实施河湖水系综合整治，改善农村人居环境。提高农民科技文化素质，推动乡村人才振兴。

2020 年 12 月 16 日，中共中央、国务院印发了《关于实现巩固拓展脱贫攻坚成果同乡村振兴有效衔接的意见》，意见要求到 2025 年，脱贫攻坚成果巩固拓展，乡村振兴全面推进，进一步提升农村基础设施，持续改善美丽宜居生态环境，扎实推进乡村建设。在重点做好脱贫地区巩固拓展脱贫攻坚成果同乡村振兴有效衔接工作方面，提出统一部署乡村建设行动，支持脱贫地区因地制宜推进农村厕所革命、生活垃圾和污水治理、村容村貌提升；继续实施农村危房改造和地震高烈度设防地区农房抗震改造，逐步建立农村低收入人口住房安全保障长效机制。

2021 年 6 月，住房和城乡建设部等联合印发《关于加快农房和村庄建设现代化的指导意见》，意见指出农房建设要先精心设计，后按图建造。精心调配空间布局，逐步实现寝居分离、食寝分离和净污分离。新建农房要同步设计卫生厕所，因地制宜推动水冲式厕所入室，解决日照间距、保温供暖、通风采光等问题，促进节能减排。鼓励利用乡土材料，选用装配式钢结构等安全可靠的新型建造方式。

2021 年 12 月 28 日，国务院印发了《关于印发“十四五”推进农业农村现代化规划的通知》，通知要求整体提升村容村貌。深入开展村庄清洁和绿化行动，实现村庄公共空间及庭院房屋、村庄周边干净整洁。提高农房设计水平和建设质量。

3 年来，党中央、国务院明确乡村建设目标，提出乡村建设逐步走深走实。党中央、国务院在 2021 年提出大力实施乡村建设行动，提升农房设计和建设质量，继续实施农村危房和抗震改造，加强村庄风貌引导，保护传统村落等。2022 年提出扎实稳妥推进乡村建设，实施农房质量安全提升工程等，要求健全自下而上的农民参与机制，从数量向质量转变，从速度向实效转变。2023 年提出扎实推进宜居宜业和美乡村建设，开展现代宜居农房建设示范等，逐步让农村基本具备现代生活条件，将以农村人居环境整治提升、乡村基础设施建设、基本公共服务能力提升等为重点，着力构建规划引领、风貌引导、农民参与三个机制。

第 2 节　农房建设的法律法规

近年来，党中央、国务院和地方各级人民政府先后出台了多部乡村建设的法律法规、标准、办法等，指导农房建设工作，建设宜业宜居和美乡村，成效显著。

农房建设涉及的法律法规范围广泛，涵盖农房建设管理、防震减灾和乡村建设工匠管理与培训（表 1-1～表 1-3）。

1.2.1　农房建设管理

农房建设管理的法律法规统计表（节选）　　表 1-1

序号	名称	涉及内容
1	全国农房建设管理	
1.1	中华人民共和国土地管理法实施条例	宅基地管理
1.2	农村危险房屋鉴定技术导则(试行)	全部
1.3	乡村建设行动实施方案	全部
1.4	农房质量安全提升工程专项推进方案	全部
2	安徽省农房建设管理	
2.1	安徽省实施《中华人民共和国土地管理法》办法	宅基地管理
2.2	安徽省自建房屋安全管理条例	全部
2.3	安徽省绿色建筑发展条例	全部
2.4	安徽省自建房屋安全管理办法	全部
2.5	安徽省农村住房施工技术导则	全部
2.6	安徽省农房设计技术导则	全部
2.7	安徽省城乡房屋结构安全隐患排查技术导则	全部
2.8	安徽省和美乡村农房设计图集	全部
2.9	安徽省农村危房加固改造技术导则	全部

1.2.2　农房防震减灾

农房防震减灾的法律法规统计表（节选）　　表 1-2

序号	名称	涉及内容
1	全国农房防震减灾	
1.1	中华人民共和国防震减灾法	农房
1.2	建设工程抗震管理条例	农村建设工程抗震设防
1.3	既有村镇建筑抗震鉴定与加固技术规程	全部
2	安徽省农房防震减灾	
2.1	安徽省农房建设抗震技术规定(试行)	全部

1.2.3　乡村建设工匠管理与培训

乡村建设工匠管理与培训的法律法规统计表（节选）　表 1-3

序号	名称
1	全国
1.1	关于加快推进乡村人才振兴的意见
1.2	关于推进乡村工匠培育工作的指导意见
1.3	关于加强乡村建设工匠培训和管理的指导意见
2	安徽省
2.1	关于推进乡村工匠培育工作的实施意见
2.2	关于做好“乡村建设带头工匠”培训工作的通知

第2章　乡村农房建筑风貌

第1节　村庄规划与农房选址

2.1.1　村庄规划布局

1. 规划布局的要求

（1）村庄规划与农房建设应尊重山、水、林、田、湖、草等生态脉络，顺应地形地貌，不破坏自然环境，不破坏自然水系，不破坏村庄肌理，不破坏传统村庄民俗风貌。

（2）新建农房向基础设施完善、公共服务设施齐全的中心村聚集，注重提升农房服务配套和村庄环境，加强农房建设风貌和结构安全引导。

（3）农房布局要根据不同住户情况和农房类型集中布置，宜以联排形式为主、散点形式为辅，尽量使用原有的农村宅基地和村内空闲地建设农房。规模较大的村落宜分为多个组团布局，顺应自然地貌，形成错落有致的空间布局。

2. 规划布局原则

（1）集中布局，紧凑发展。采取集中紧凑的集约式布局，节约用地，保持公共服务设施合理的服务半径，节约基础设施投资，同时要避免穿越过境公路、高压线等大型基础设施。

（2）利用现状，结合自然。与现状布局结构、道路系统相结合，减少拆迁量。与现状地形地貌、河流水系相适应，规划布局宜活泼自然，不宜过于追求方正、规则。

（3）方便生活，有利生产。村庄布局要达到改善居住环境，提高生活质量的目的，改善日照、交通、卫生条件和配套设施水平，满足村民从事各类生产活动需要。

（4）继承传统，改善景观。充分挖掘地方文化内涵，保持原有的社会组织结构和布局形态，改善居住环境，体现地方特色。

（5）充分考虑发展的需要，结合村庄规划适当预留建设用地。对生活居住有影响的生产设施应与生活区适当分离。

3. 规划布局分类

村庄规划布局可分为联排集中式和分散独立式两大类（图2-1、图2-2）。

2.1.2　农房建设选址

1. 选址原则

（1）农房建设选址除了符合村庄规划外，还应综合考虑水文、地形、地质、风向、污染源、耕作半径等因素。

（2）农房建设用地位于丘陵和山区时，宜选用向阳坡，避开风口和窝风地段。

（3）新建农房应选择稳定基岩、坚硬土或开阔、平坦、密实、均匀的硬土等场地及对抗震有利的场地，还应避开以下自然灾害易发地段及不利于抗震的地段。

图 2-1　联排集中式规划建设

图 2-2　分散独立式规划建设

①山洪、滑坡、泥石流、崩塌等地质灾害危险区。

②陡坡、冲沟、行洪河道、行蓄洪区、低洼地、矿产采空区、地质塌陷区。

③其他灾害易发地段。

2. 农房建设选址不利场地（表 2-1）

不利场地的地基　　　　表 2-1

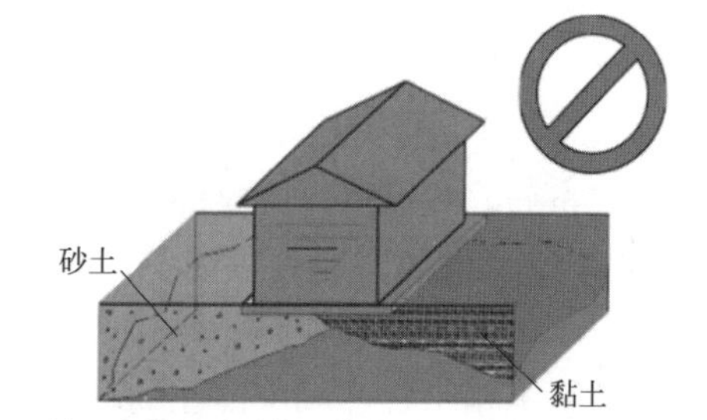 (a)同一房屋基础不宜坐落在明显不同土质的地基土上	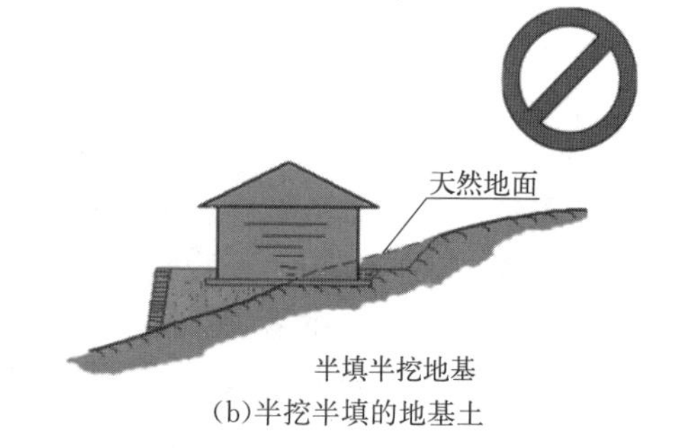 (b)半挖半填的地基土
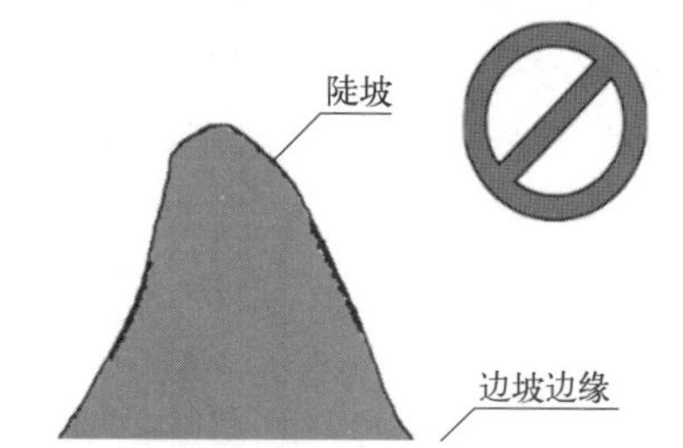 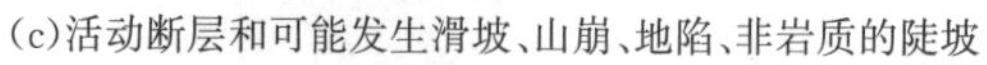(c)活动断层和可能发生滑坡、山崩、地陷、非岩质的陡坡	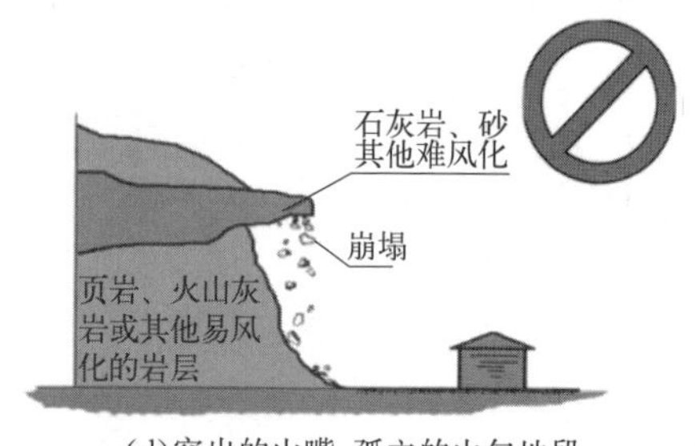 (d)突出的山嘴，孤立的山包地段
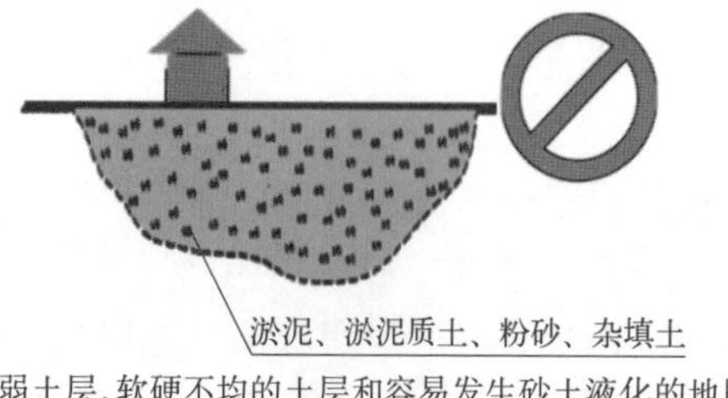 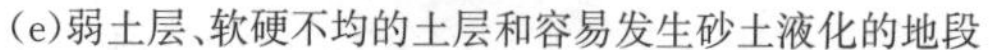(e)弱土层、软硬不均的土层和容易发生砂土液化的地段	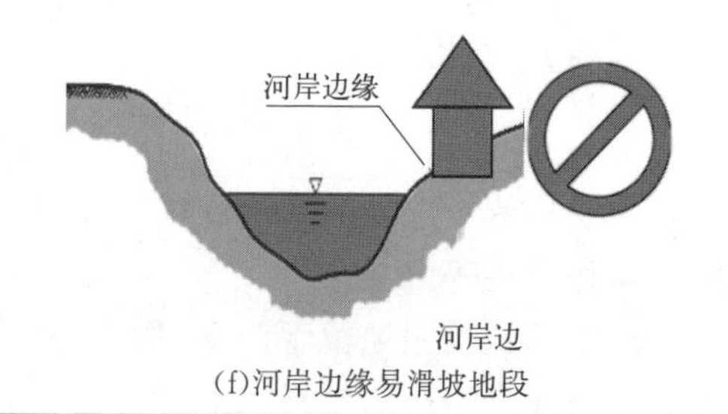 (f)河岸边缘易滑坡地段

续表

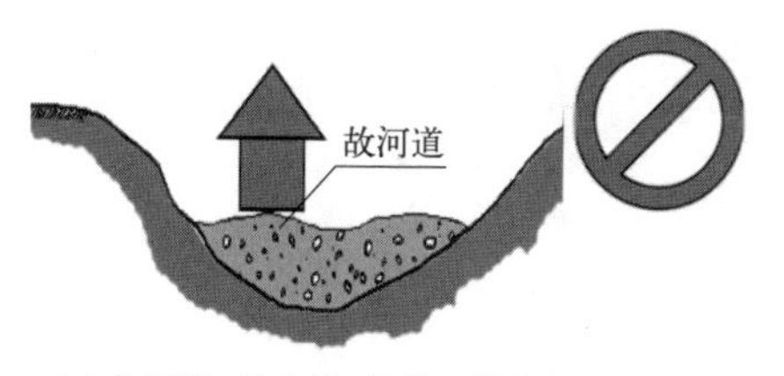

(g)故河道、老水塘、新填土等软弱地基地段

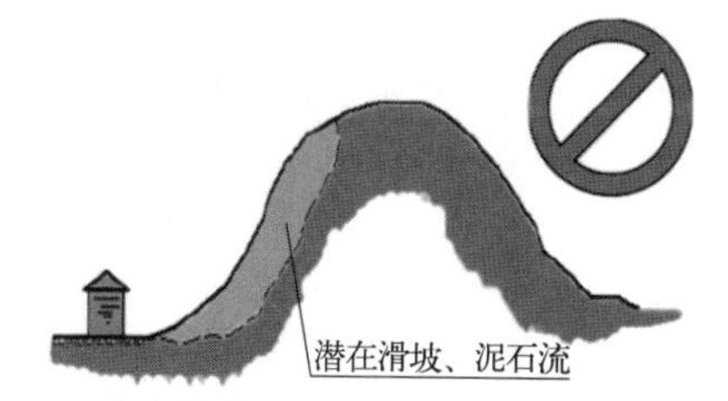

(h)有滑坡、泥石流等地质隐患的地段

（图片来自：安徽省农房建设抗震技术导则）

第 2 节　安徽省农房建筑风貌

2.2.1　安徽省农房建筑风貌的分类

安徽省位于中国中东部，紧邻长江三角洲，长江、淮河横贯其间，分为淮北平原、江淮丘陵及江南山地三大自然区。三大自然区在乡村建筑上从风格和造型上主要也分为皖北地区、皖中地区和皖南地区建筑风格。

2.2.2　皖北地区农房建筑风貌

皖北地区主要指淮河以北的县市及横跨淮河县市，包括安徽省的宿州、淮北、亳州、阜阳、蚌埠、淮南六市及凤阳等县，地理位置上与河南毗邻。皖北气候寒冷、地产丰富，同时受中原文化辐射，农房建筑风格具有其独有的特点。

皖北地区农房建筑主要有以下几个特点：1. 独立性即独栋性，皖北乡村建筑主要以每户为一个独立建筑群，以门楼、厨房、围墙和主楼组成，形成三合院或四合院（图 2-3）；2. 屋面形式基本以双坡屋面为主，部分建筑采用四坡屋面或平屋面；3. 绝大部分建筑也遵从传统民居的特点，即坐北朝南，注重内采光，一楼以堂屋为中心，堂屋即会客厅，会客厅左右均为卧室，二楼以卧室、露台和储藏室为主（图 2-4）；4. 皖北主要为平原地区，无山可依，故大部分建筑以水塘或水渠为中心，屋前或屋后水系较为发达（图 2-5）。

图 2-3　皖北乡村建筑典型三合院

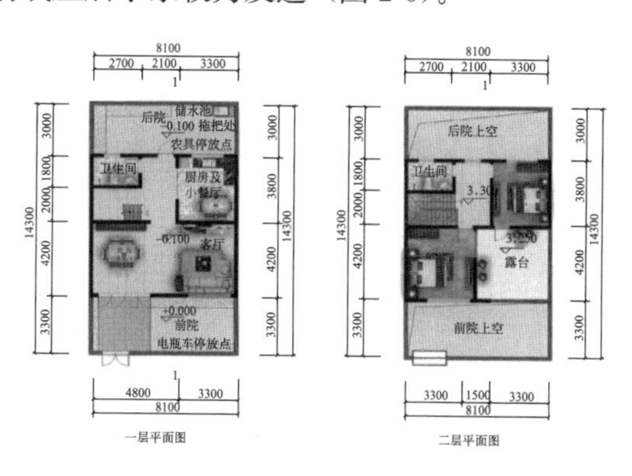

图 2-4　皖北乡村建筑典型平面图

图 2-5　皖北乡村建筑典型鸟瞰图

2.2.3　皖南地区农房建筑风貌

皖南地区主要指长江以南的县市，包括安徽省的黄山、芜湖、马鞍山、铜陵、宣城、池州六市，地理位置上与江西、湖北、江苏、浙江等省毗邻。皖南山区历史悠久，文化积淀深厚，保存了大量形态相近、特色鲜明的传统建筑及古村落，随着时代的发展和现代农业发展的需求，皖南地区乡村建筑在原有古建筑特点的基础上有所改进和发展，但仍然保留了以下几个方面的特点：

1. 结合地理位置特点，大部分乡村选址都依山傍水，使村庄形成靠山面水的格局，长流不息的山溪河流滋养着人们，不同季节，不同气候，景色则各有不同，人与建筑都融合在山水之间，是人与自然完美的结合（图 2-6）；2. 屋面形式基本以双坡屋面为主，山墙则是采用逐级跌落的阶梯状砌筑，墙端还做有向上翘起的檐角，因山墙形状极像马头，故人们均称之为马头墙，同时这种墙体主要功能是户与户之间的防火隔墙，故该墙也称为封火墙（风火墙）（图 2-7）；3. 皖南乡村建筑的立面特点依然保留古建筑的黑白风，即屋

图 2-6　皖南村庄布局鸟瞰图

面为深灰色或黑色瓦片，墙体从上到下均为白色（图 2-8）；4. 皖南乡村建筑在装饰方面最叹为观止的还是“三雕”，即青砖门罩、石雕漏窗、木雕楹柱与建筑物融合为一体。随着时代发展，雕刻装饰应用相对少些，但大部分皖南乡村建筑仍保留局部雕刻装饰，如门楼、窗户、檐口等处（图 2-8）。

图 2-7　皖南乡村屋檐雕刻

图 2-8　皖南乡村建筑典型效果图

2.2.4　皖中地区农房建筑风貌

皖中地区主要指长江以北淮河以南的县市，包括安徽省的合肥、六安、滁州、安庆四市，地理位置上与湖北、江苏、河南等省毗邻。皖中乡村建筑既有皖北建筑风格的影子，也有皖南建筑风格的特点，因此皖中乡村建筑是皖北建筑和皖南建筑的集合体，同时又发展出自己独有的特点和形式。

皖中地区乡村建筑主要有以下几个特点：

1. 结合地理位置特点，在山区河流旁边的则以皖南建筑风格和布局为主，在平原地区则以皖北建筑风格为主（图 2-9）；2. 屋面形式基本以双坡屋面为主，山墙则是采用逐级跌落的阶梯状砌筑，但墙端很少采用皖南建筑向上翘起的檐角（图 2-10）。

图 2-9　皖中乡村建筑典型效果图

图 2-10　皖中村庄布局图

第3章　农房结构与构造

第1节　安徽省农房结构

3.1.1　农房结构形式

根据安徽省的农房建筑风貌和建造特点，常见的农房结构形式有砌体结构、框架结构和其他形式结构。

1. 砌体结构

砌体结构一般是指砖混结构，是以墙体作为主要竖向承重构件，与钢筋混凝土梁、柱、板等构件构成的混合结构体系。这类结构的承重墙体是不允许改动或损坏的。其适合多层或低层建筑。根据砖混结构建筑墙体布置方式的不同，分为横墙承重、纵墙承重、纵横墙混合承重、砖墙和内框架混合承重，以及底层为钢筋混凝土框架，上部为砖墙承重等结构形式（图 3-1）。

(a) 横墙承重

(b) 纵墙承重

(c) 纵横墙混合承重

(d) 内部框架柱、外部砖墙

图 3-1　砌体混合结构形式

2. 框架结构

框架结构是由框架梁和柱共同组成的框架结构体系来承受房屋全部荷载的结构。这类结构适用于大开间、功能分割复杂的建筑（图 3-2）。

3. 其他结构形式

安徽省农房结构形式除了砖混结构和框架结构外，还有以生土为主要竖向受力构件的生土结构，这种结构一般仅适用于乡村单层小开间建筑；以石料为竖向受力构件的石结构，将砖砌体换成石料；由木构件、型钢构件或预制混凝土构件建造的装配式建筑。

图 3-2　框架结构

3.1.2　装配式建筑

1. 装配式建筑的含义

装配式建筑是指把工厂预制的结构构件运输到施工现场，通过可靠的连接方式拼装而建造的建筑。

通常情况下，安徽省农房常采用木结构、钢筋混凝土结构和钢结构形式的装配式建筑。装配式建筑分为钢结构、木结构、钢筋混凝土结构及复合结构（图 3-3）。

(a) 木结构

(b) 钢筋混凝土结构

(c) 钢结构

图 3-3　不同结构的装配式建筑

2. 装配式木结构

木结构是利用木材制成的梁、板、柱来组成结构体系，承受房屋全部荷载的结构形式。安徽省皖南地区森林覆盖面积大，取材方便，便于运输和安装，故木结构在皖南地区应用较多。受环保、木材属性等因素的影响，现代使用木结构建筑越来越少，采用砖木混合结构建设农房的较多。

木结构的连接方式有榫卯连接、钉连接、螺栓连接、销连接、齿连接（图 3-4）。

3. 装配式混凝土结构

装配式混凝土结构是指由工厂化生产的预制钢筋混凝土构件，运送到现场，通过可靠的连接方式建造的混凝土结构类房屋建筑。

（1）预制混凝土构件

常用的预制混凝土构件有预制柱、预制梁、预制墙、预制楼板、预制楼梯、预制阳台、预制空调板等（图 3-5）。

（2）连接方式

装配式混凝土结构连接有干法连接（全装配式）和湿法连接（装配整体式）两种方式（图 3-6）。

目前，农房主要采用湿法连接。湿法连接是指在连接的构件之间浇筑混凝土或灌注水

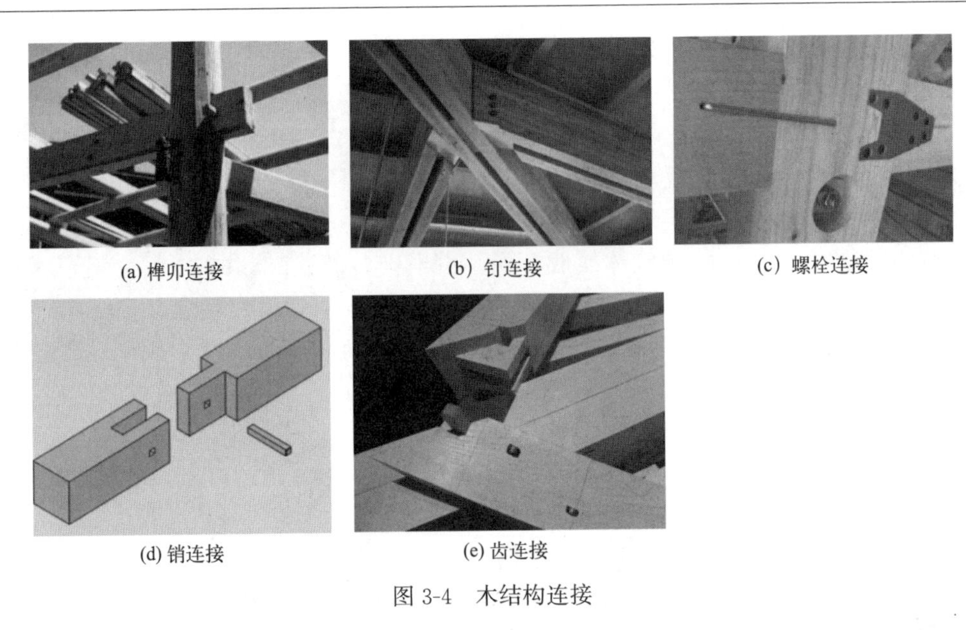

(a) 榫卯连接　(b) 钉连接　(c) 螺栓连接

(d) 销连接　(e) 齿连接

图 3-4　木结构连接

(a) 预制柱　(b) 预制叠合梁　(c) 预制剪力墙

(d) 预制楼板　(e) 预制楼梯　(f) 预制阳台

图 3-5　预制混凝土构件

(a) 干法连接　(b) 湿法连接

图 3-6　装配式混凝土结构连接

泥浆的连接方式，这种连接方式的结构等效于现浇混凝土结构，包括后浇混凝土、浆锚搭接和套筒灌浆等（图 3-7）。

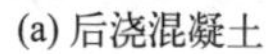

(a) 后浇混凝土

(b) 浆锚搭接

(c) 套筒灌浆

图 3-7　湿法连接方式

4. 装配式钢结构

钢结构是结构主要由型钢和钢板等制成的钢梁、钢柱、钢桁架等构件形成结构体系来承受房屋全部荷载的结构。因钢材强度高，韧性、塑性好，可重复利用等特点，这种结构在农房建设中应用较多。

（1）钢结构构件

钢结构主体构件有钢梁、钢柱、支撑等。钢结构楼板与屋盖构件有压型钢板、钢筋桁架楼承板、混凝土叠合板、混凝土预制板等。钢结构围护体系构件有蒸压轻质加气混凝土板墙、玻纤增强无机材料复合保温墙板等（图 3-8）。

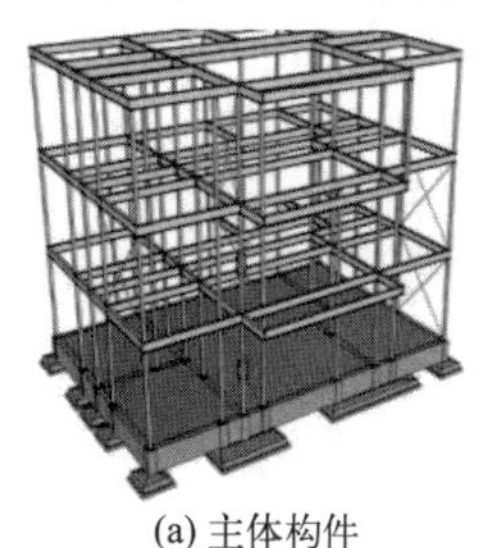

(a) 主体构件

(b) 楼板与屋盖图

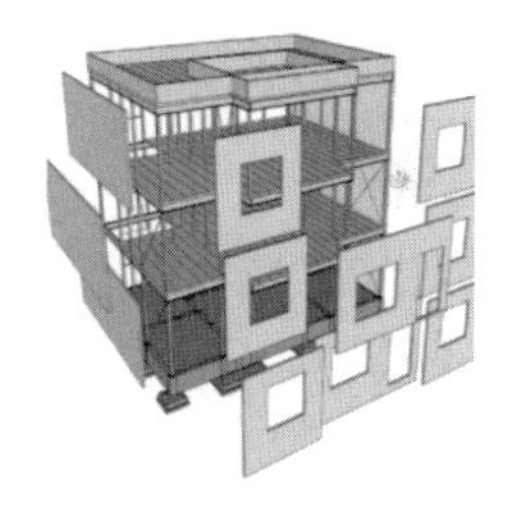

(c) 围护体系

图 3-8　钢结构构件

（2）钢结构连接

钢结构连接方式有焊接、螺栓连接、铆接等。

第 2 节　农房构造

3.2.1　基本构造

农房的基本构造主要由基础、墙体（柱）、屋顶、门与窗、地坪、楼板层、楼梯七部分组成（图 3-9）。

3.2.2　基础构造

基础是位于建筑物的最下部构件，是建筑的重要承重构件。它承担建筑上部的全部荷

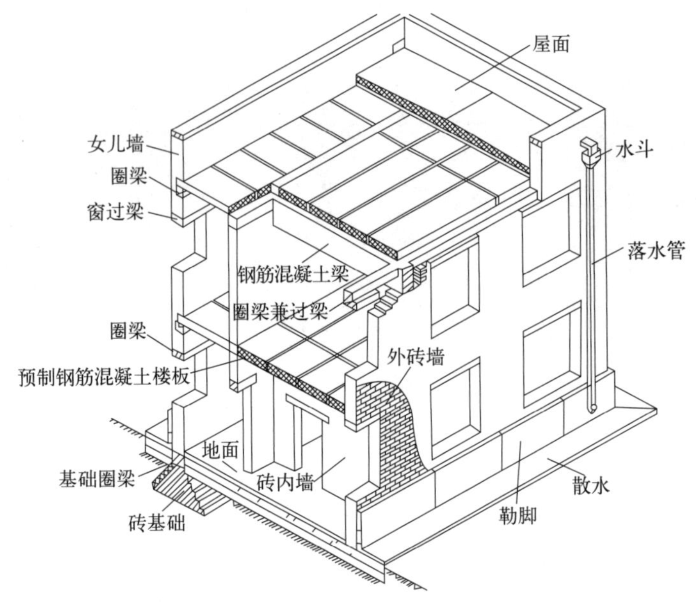

图 3-9　农房构造示意图

载，并把这些荷载有效地传给地基，直接影响建筑的安全性和稳定性。

1. 基础类型

农房的基础埋深较浅，常采用独立基础和条形基础，主要选用砖、毛石、钢筋混凝土等建筑材料。当建筑物上部为框架结构或单独柱子时，常采用独立基础（图 3-10-a）。当建筑物采用砖墙承重时，墙下基础常连续设置，形成通长的条形基础（图 3-10-b）。

(a) 独立基础　　(b) 条形基础

图 3-10　农房基础形式

2. 基础构造

（1）砖、石基础构造

砖及毛石基础由红砖、石和砂浆砌筑而成。其抗压强度较高，而抗弯和抗拉强度较低，几乎不可能发生挠曲变形。基础的外伸宽度与基础高度的比值应小于规范规定的台阶宽高比的允许值，即受材料的刚性角限制。

砖基础一般做成阶梯形，俗称“大放脚”。大放脚有等高式和间隔式两种。等高式是指两皮一收，收退台宽度为 1/4 砖（即 60mm）（图 3-11）。间隔式是指两皮一收与一皮一收相间隔，收退台宽度为 1/4 砖（图 3-12）。大放脚下面设置灰土、三合土垫层或素混凝土垫层。垫层的厚度及标高按设计图样要求确定，每边扩出基础底面边缘不小于 50mm。

图 3-11　等高式砖基础

图 3-12　间隔式砖基础

（2）钢筋混凝土基础构造

钢筋混凝土基础属于扩展基础，利用设置在基础底面的钢筋来抵抗基底的拉应力。由于内部配置了钢筋，使基础具有良好的抗弯和抗剪性能，可在上部结构荷载较大、地基承载力不高以及具有水平力和力矩等荷载的情况下使用，基础的高度不受台阶宽高比的限制，故适宜在宽基浅埋的场合下采用。

3.2.3　墙体构造

墙体是建筑物重要的组成部分，具有承重、围护和分隔的功能，是乡村建筑非常重要的承重构件。墙体应具有足够的强度、刚度、稳定性、良好的热工性能及防火、隔声、防水、耐久能力。

1. 农房墙体类型

（1）按材料分，分为砖墙、石墙、砌块墙、混凝土墙等。

（2）按承重能力分，分为承重墙、自承重墙和非承重墙。

（3）按所在平面位置分，分为外墙和内墙两部分。按纵横方向又分为纵墙和横墙，外横墙俗称山墙。两窗之间的墙体称为窗间墙。窗台下方的墙体称为窗下墙。屋顶上起保护作用的矮墙称为女儿墙（图 3-13）。

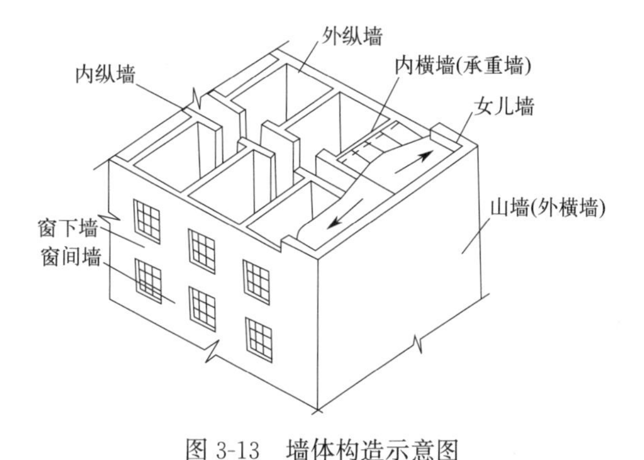

图 3-13　墙体构造示意图

2. 墙身细部构造

（1）防潮层

防潮层的作用是防止地下土壤中的潮气进入建筑地下部分材料的孔隙内形成毛细水并

沿墙体上升，逐渐使地上部分墙体潮湿，导致建筑的室内环境变差及墙体破坏，从而提高建筑物的耐久性。

防潮层的构造有水平防潮层和垂直防潮层两种形式。当室内地面垫层采用密实材料时，防潮层的水平位置应设在垫层范围内，且低于室内地坪 60mm，同时还应至少高于室外地面 150mm，防止雨水溅湿墙面（图 3-14-a）。当室内地面垫层采用透水材料时，水平防潮层的水平位置应平齐或高于室内地面 60mm（图 3-14-b）。当室外地坪高于室内地坪时，应在墙身设高低两道水平防潮层，并在墙身外侧设一道垂直防潮层（图 3-14-c）。常见的防潮层做法主要有卷材防潮层、砂浆防潮层和细石混凝土防潮层。

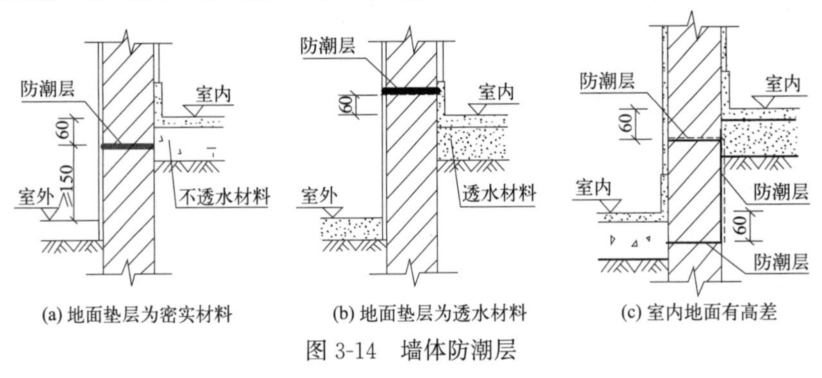

图 3-14　墙体防潮层

（2）勒脚

为防止雨水侵蚀室外地面上部的墙体，保护墙体不受雨水等外界的侵害，美化建筑外立面，外墙底部应设置勒脚。勒脚表面常采用水泥砂浆抹面或天然石材、人工石材或瓷砖等贴面，见图 3-15。

图 3-15　勒脚与散水

（3）散水和明沟（暗沟）

墙体设置散水与明沟（或暗沟），迅速排除墙体四周的雨水，防止雨水渗入地基导致农房下沉。

散水沿建筑周边铺设，宽度视气候条件、建筑高度、屋面排水方式而定，一般为 200～1000mm，坡度为 3%～5%（图 3-15）。为防止散水因建筑沉降而断裂，散水与建筑墙体之间应设置分隔缝；为防止因温差变形而断裂，散水应设置伸缩缝。

明沟（暗沟）沿建筑散水铺设，宽度视具体情况而定，一般为 200mm 左右，沟底应做纵坡，坡度为 0.5%～1%，坡向排水井。

（4）过梁

门窗洞口或宽度大于 300mm 的洞口上部应设置过梁，把门窗洞口上部的荷载传递到洞口两侧的墙体。农房建设常用预制矩形钢筋混凝土过梁或钢筋砖过梁。

（5）窗台

窗洞口的下部应设置窗台，分为外窗台和内窗台，外窗台排除窗外雨水，防止窗台积水，兼具装饰作用。内窗台排除窗内的凝结水，保护室内墙面。

3. 抗震与加固措施

（1）圈梁

圈梁的作用增强建筑物的整体刚度和稳定性，防止地基不均匀沉降对建筑物的破坏，抵抗地震、外部振动等引起墙体开裂（图 3-16）。

（2）构造柱

构造柱与圈梁一起形成封闭的骨架，增强建筑物的整体性和稳定性，提高建筑物的抗震能力，见图 3-16。

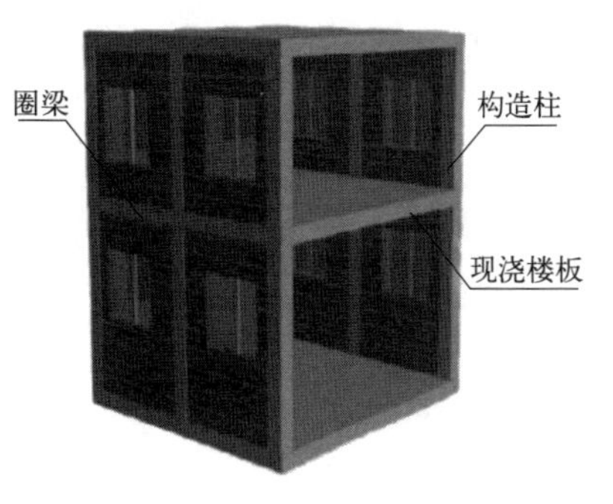

图 3-16　构造柱与圈梁

3.2.4　柱

柱是建筑物的竖向承重构件，要求具有足够的强度、稳定性。框架结构中框架柱替代承重墙传递荷载。

3.2.5　楼梯

楼梯是多层农房的垂直交通设施。楼梯由梯段、平台、栏杆及扶手等组成，楼梯段是楼梯的主要组成部分，由若干个踏步构成，踏步高度不应大于 175mm，宽度不应小于 260mm。平台是指连接两梯段之间的水平部分，分为中间平台和楼层平台。楼梯平台的净宽度不应小于楼梯段的净宽，并且不小于 1.2m。栏杆扶手是设在梯段及平台边缘的起安全保护作用的围护构件。

1. 现浇整体式钢筋混凝土楼梯

现浇钢筋混凝土楼梯有梁式楼梯和板式楼梯两类。梁式楼梯梯段由踏步板和梯段斜梁（简称梯梁）组成，分为明步和暗步（图 3-17）。

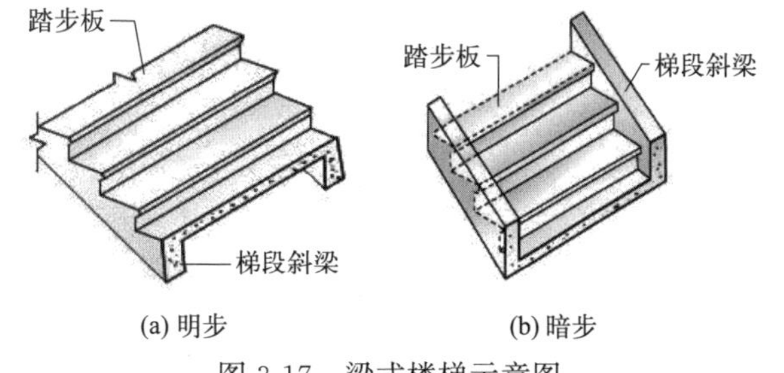

图 3-17　梁式楼梯示意图

板式楼梯通常由梯段板、平台梁和平台板组成（图 3-18）。

2. 预制装配式钢筋混凝土楼梯

预制装配式钢筋混凝土楼梯有梁承式、墙承式、墙悬臂式三种类型。

3. 踏步防滑

踏步踏面既要平整光滑、耐磨性好，还要在踏面前缘设置防滑措施。常见的防滑措施有留设凹槽、镶嵌橡胶、金属或石材防滑条、包角等。

3.2.6　楼地面

楼地面一般由面层（楼面或地面）、楼板层（结构层或垫层）、顶棚层和附加层等基本层次组成（图 3-19）。

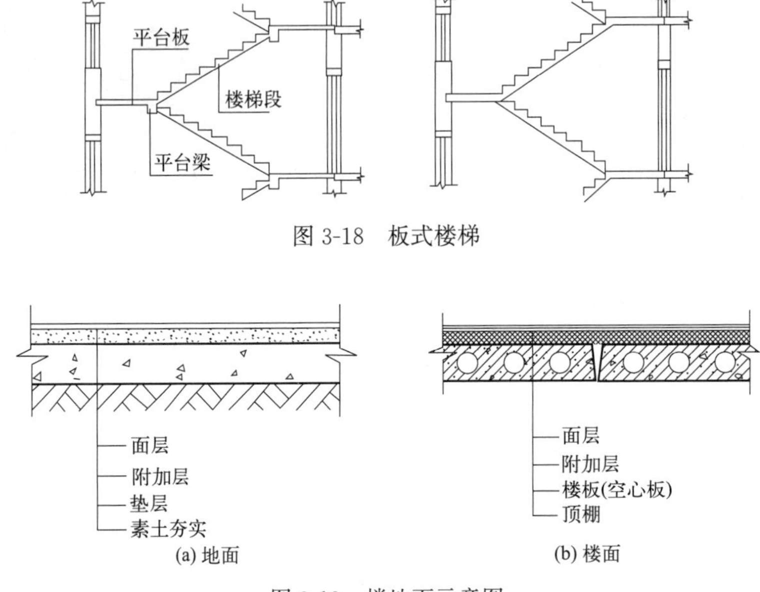

图 3-18　板式楼梯

图 3-19　楼地面示意图

1. 楼板

农房建设广泛采用钢筋混凝土楼板，主要有现浇整体式钢筋混凝土楼板、预制装配式钢筋混凝土楼板、装配整体式钢筋混凝土楼板三种类型。

（1）现浇整体式钢筋混凝土楼板

现浇整体式钢筋混凝土楼板是指施工现场经过支模、绑扎钢筋、浇筑混凝土、养护、拆模等施工程序而形成的整体楼板，农房常采用板式楼板、梁板式楼板。

①板式楼板

楼板经现浇而形成的平板由承重墙体支撑，楼板上的荷载直接由楼板传递给墙体。

②梁板式楼板

在楼板下设梁，支撑楼板，楼板上的荷载先由板传递给梁，再由梁传递给墙或柱。

（2）预制装配式钢筋混凝土楼板

构件加工厂或施工现场生产预制构件，然后运送到施工部位安装形成的楼板。预应力空心板可以直接搁置在承重墙上，也可以支承在梁上，梁再搁置在墙上（图 3-20）。

图 3-20　预制楼板

2. 地面

底层应用灰土或三合土回填并夯实，做好防潮处理。通常采用 C15 素混凝土铺设或钢筋混凝土，既能承载，又能防潮。面层应坚固耐磨、表面平整、光洁、易清洁、不起尘。农房可以选用水泥砂浆、地坪漆、水磨石做整体地面，也可以选用陶瓷地砖、马赛克、大理石、花岗石或木地板等做块材地面。

3.2.7　屋顶

屋顶又称屋盖，是建筑最上层的围护和覆盖构件，具有承重、围护的功能，能抵御风、霜、雨、雪的侵袭及保温隔热、防火、隔声，也是建筑立面的重要组成部分。

1. 屋顶类型

一般情况下，农房采用平屋顶（坡度≤10°）或坡屋顶（坡度>10°）（表 3-1）。

农房常用的屋顶形式　　表 3-1

双坡悬山顶	四坡顶	平屋顶	女儿墙平屋顶

2. 平屋顶

（1）基本构造

平屋顶由面层、结构层、顶棚层和附加层基本构造组成，根据保温层位置分为正置式屋面和倒置式屋面两种形式（图 3-21）。

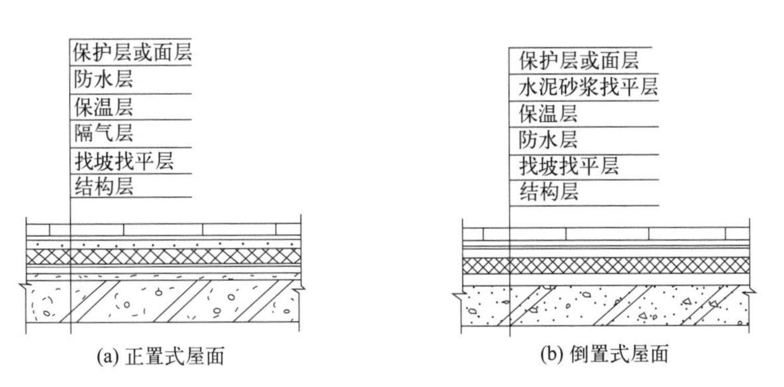

图 3-21　平屋顶构造示意图

（2）找坡层

平屋顶找坡（排水坡）主要有结构找坡和材料找坡两种方式。结构找坡就是把支承屋面板的墙或梁做成 2%～3%的坡度。材料找坡是指把质量轻、孔隙多、导热系数小的保温材料（如炉渣、水泥膨胀珍珠岩等）铺垫在屋面板上，形成 1%～2%的坡度，兼做保温层。

（3）保温层

平屋顶的保温层应选择合适的保温材料，并要处理好保温层与其他构造关系。

（4）屋面排水与防水

一般情况下，平屋顶采取排水与防水相结合。农房常采用无组织排水和有组织排水。防水常采用结构自防水（如钢筋混凝土楼板）、刚性防水（如防水砂浆、细石混凝土防水）和柔性防水（如卷材、涂膜防水）等。

（5）隔热层

平屋顶隔热层比较简单，既可以直接在屋顶铺设架空隔热层，也可以利用反光材料隔热。

3. 坡屋顶

（1）坡屋顶构造

坡屋顶主要由结构层、屋面和顶棚层组成（图 3-22、图 3-23）。

图 3-22　坡屋顶构造示意图

图 3-23　双坡屋面

（2）保温

坡屋顶是根据保温材料（如芦苇、钢筋混凝土屋面板等）选择，主要有上弦保温、下弦保温和构件自保温三种形式。

（3）隔热

炎热地区的乡村建筑，为保证室内通风和增加隔热效果，在山墙设置通风窗或者在屋顶设置老虎窗（天窗）。

（4）防水

坡屋顶利用坡度排水与防水，其面层用平瓦、波形瓦或压型钢瓦等排水，底层铺贴防水卷材或用钢筋混凝土屋面板防水（表 3-2）。

坡屋面的排水与防水　　　　**表 3-2**

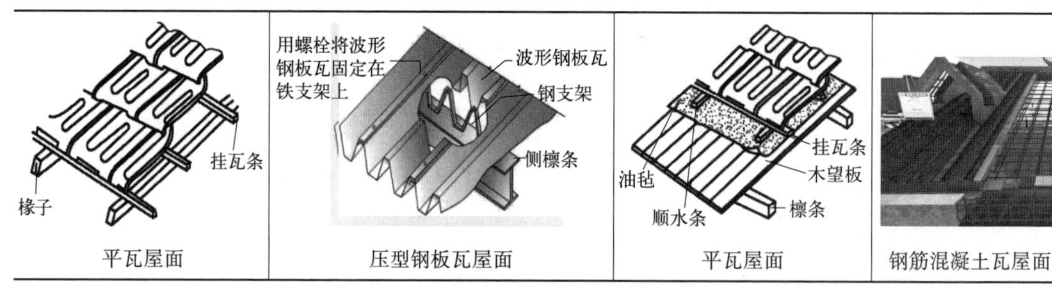

平瓦屋面	压型钢板瓦屋面	平瓦屋面	钢筋混凝土瓦屋面

3.2.8　门与窗

门与窗是建筑基本构造中的非承重结构构件。门既要满足室内外交通要求，还要具有采光和通风功能，还兼有分隔房间、围护的作用。窗的作用主要是采光和通风，兼有围护作用。

1. 门

农房使用最广泛的门是平开门，内部空间采用轻便推拉门分隔，卷帘门多用作乡村经营性自建房大门。一般农房的门高为 2100～3300mm，宽为 700～3300mm。

2. 窗

农房常选用平开的铝合金窗、塑钢窗，其洞口宽度为 600～2400mm，高度为 900～2100mm。

3. 建筑遮阳

建筑遮阳是阻挡直射阳光照入室内，减少室内热量，避免夏季室内过热或产生眩光以及保护室内物品不受阳光照射而采取的一种建筑措施。采取遮阳措施主要有水平遮阳、垂直遮阳、混合遮阳及挡板遮阳四种基本形式（图 3-24）。

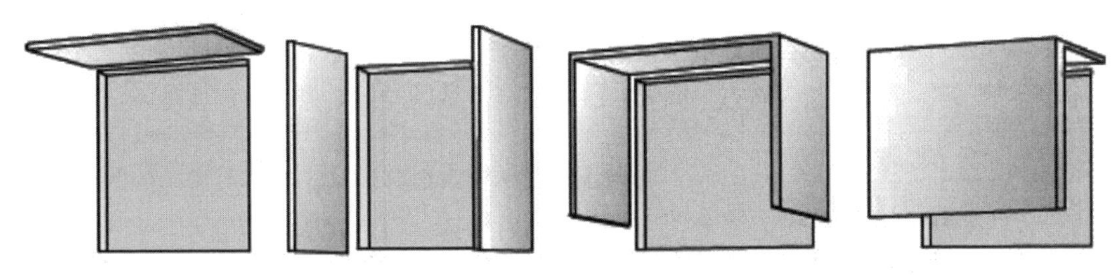

图 3-24　遮阳窗

第4章　农房建筑识图

第1节　识图基本知识

4.4.1　施工图的基本内容

1. 轴线

建筑图中的轴线是施工定位、放线的重要依据。凡承重墙、柱、梁或屋架等主要承重构件的位置一般都有轴线编号，凡需确定位置的建筑局部或构件，都应注明其与附近主要轴线的尺寸。定位轴线采用点画线绘制，端部是圆圈，圆圈内注明轴线编号。平面图中定位轴线的编号，横向（水平方向）用阿拉伯数字由左至右依次编号，竖向用大写英文字母从下至上依次编号。当有附加轴线需要定位时，应采用分数形式表示，如1/D轴，则表示D轴线之后附加的第一根轴线（图4-1）。

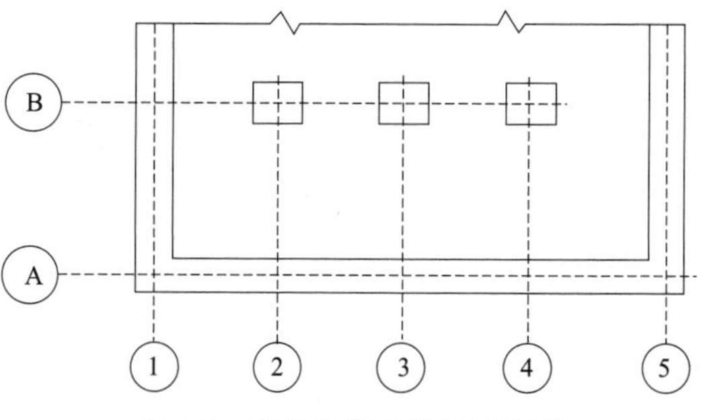

图4-1　定位轴线的编号示意图

2. 尺寸标注

国家建筑制图标准规定，图纸上除标高和总平面图中的尺寸以米（m）为单位外，其他尺寸均应以毫米（mm）为单位。图纸尺寸标注包括尺寸界限（垂直于尺寸线）、尺寸线（尺寸数字下方）、尺寸起止符号（短斜线）和尺寸数字四个基本要素（图4-2）。建筑施工图尺寸线主要有三道，第一道尺寸线为建筑总长度或总宽度；第二道尺寸线为轴线间距离和尺寸；第三道尺寸线为建筑细部尺寸，如外墙窗户尺寸等。对于建筑内部尺寸，如门洞定位等在建筑平面内部尺寸原位标注定位线。

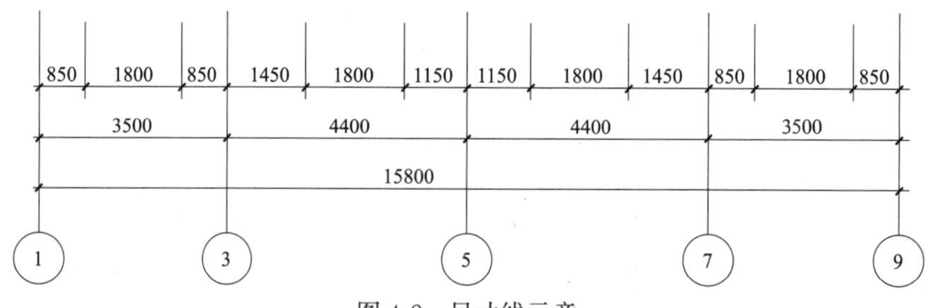

图4-2　尺寸线示意

3. 标高

标高用来表示建筑物地面、楼层、屋面或其他部位相对于基准面（标高的零点）的竖向高度，是建筑竖向定位的依据。一般将建筑底层室内地面定为建筑标高的零点，表示为±0.000。低于零点标高的为负标高，标高数字前加“－”号，如室外地面比室内地坪低

300mm，其标高为－0.300；高于零点标高的为正标高，标高数字前可省略“＋”号，如房屋底层层高为 3.3m，则二层地面标高为 3.300。

4. 索引符号与详图符号

图样中的某一局部或构件如需详细标注，需要参见详图，应以索引符号索引出来（图 4-3-a）。索引符号应按下列规定编写：（1）索引出的详图与被索引的详图同在一张图纸内，应在索引符号的上半圆中用阿拉伯数字注明该详图的编号，并在下半圆中间画一段水平细实线（图 4-3-b）；（2）索引出的详图与被索引的详图不在同一张图纸内，应在索引符号的上半圆中用阿拉伯数字注明该详图的编号，在索引符号的下半圆中用阿拉伯数字注明该详图所在图纸的编号。数字较多时，可加文字标注（图 4-3-c）；（3）索引采用标准图，应在索引符号水平直径的延长线上加注该标准图册的编号（图 4-3-d）；（4）索引符号用于索引剖视详图，应在被剖切的部位绘制剖切位置线，并以引出线引出索引符号，引出线所在的一侧应为投射方向。索引符号的编写同以上规定。

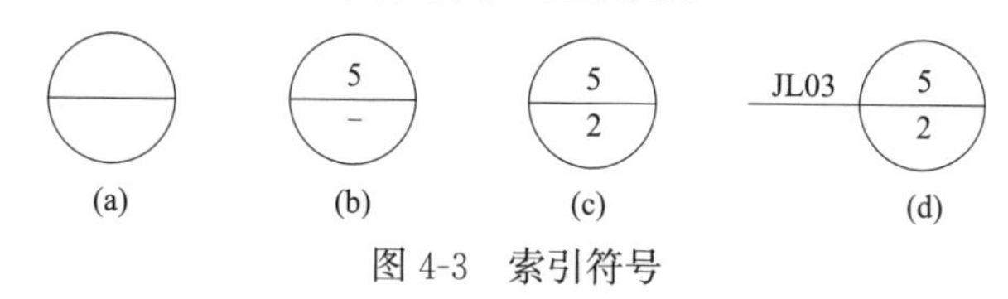

图 4-3　索引符号

4.1.2　常用建筑构件和材料图例（表 4-1）

常用建筑构件和材料图例　　表 4-1

序号	名称	图例	备注	序号	名称	图例	备注
1	自然土壤		包括各种自然土壤	10	钢筋混凝土		画图例线；断面图形小，不易画出图例线时，可涂黑
2	夯实土壤		—	11	多孔材料		包括水泥珍珠岩、沥青珍珠岩、泡沫混凝土、软木、蛭石制品
3	砂、灰土		靠近轮廓线绘较密的点	12	泡沫塑料材料		包括聚苯乙烯、聚乙烯等多孔聚合物类材料
4	石材		—	13	木材		上图为横断面，上左图为垫木、木砖或木龙骨；下图为纵断面
5	毛石		—	14	胶合板		应注明为几层胶合板
6	普通砖		包括实心砖、多孔砖、砌块等砌体	15	石膏板		包括圆孔、方孔石膏板等
7	空心砖		指非承重砖砌体	16	金属		包括各种金属，图形小时可涂黑
8	耐火砖		包括耐酸砖等砌体	17	玻璃		包括平板玻璃、钢化玻璃、中空玻璃、夹层玻璃等
9	混凝土	—	本图例指能承重的混凝土及钢筋混凝土；在剖面图上画出钢筋时，不画图例线	18	防水材料		构造层次多或比例大时，采用上层图例

4.1.3　识图方法与要点

1. 识图方法

识图的方法归纳起来是六句话：由外向里看，由大到小看，由粗到细看，图示与说明穿插看，建施（建筑施工图）与结施（结构施工图）对着看，水电设备最后看。

一套图纸到手后，先把图纸分类，如建施、结施、水电设备安装图和相配套的标准图等，看过全部的图纸后，对该建筑物整体了解。然后再有针对性地细看各工种的内容。如砌筑工重点熟悉砌体基础的深度、大放脚、墙身及使用材料，墙体的层高、圈梁、过梁的位置，门窗洞口位置和尺寸，楼梯和墙体的关系，特殊节点的构造，厨卫间要求，预留孔洞和预埋件位置等。

2. 看图的要点

看全套图纸间的联系，不能孤立地看某张图纸。

（1）平面图

从首层看起，逐层向上直到顶层。首层平面图要详细看。看平面图的尺寸，先看控制轴线间的尺寸，把轴线关系搞清楚，弄清开间、进深的尺寸和墙体的厚度、门垛尺寸，再看外形尺寸并核对；核对门窗尺寸、编号、数量及其过梁的编号和型号；看各部位的标高，复核各层标高；弄清各房间的使用功能及墙体、门窗增减情况；对照详图看墙体、柱、梁的轴线关系，核对偏心轴线情况。

（2）立面图

对照平面图的轴线编号，看各个立面图的表示；将正、背、左、右四个立面图对照起来看，看是否有不交圈的地方；看立面图中的标高；弄清外墙装饰所采用的材料及使用范围。

（3）剖面图

对照平面图核对相应剖面图的标高、垂直方向的尺寸、门窗洞口尺寸；对照平面图校核轴线的编号，剖切面的位置与平面图的剖切符号；核对各层墙身、楼地面、屋面的做法。

（4）详图

查对索引符号，明确使用的详图，防止差错。查找平、立、剖面图上的详图位置，对照轴线仔细核对尺寸、标高，避免错误。认真研究细部构造和做法，选用材料是否科学，施工操作有无困难。

第2节　建筑施工图识图

4.2.1　建筑平面图

建筑平面图是建筑施工图中最重要、最基本的施工图纸之一，它用以表示建筑物某一楼层的平面形状和布局，是施工放线、墙体砌筑、门窗安装、室内外装修等的依据。

建筑平面图的主要内容（图4-4），如下：

1. 图名，知道建筑平面图表示的是房屋所在层平面。

2. 比例尺，熟悉房屋的大小和复杂程度。

3. 建筑物的朝向（部分建筑平面图中还有该建筑在总图中的定位）、平面的形状、内部布置及分隔，墙、柱的位置。

4. 建筑纵横向定位轴线及其编号。

5. 门窗的种类及编号，门窗洞口的位置及开启方向。

6. 尺寸标注，包括外部尺寸、内部尺寸及竖向标高等。

7. 剖面图的剖切位置、剖视方向、编号等。

8. 附属构件、配件及其他设施的定位，如阳台、雨篷、台阶、散水、卫生器具等。

9. 有关标准图及大样图的详图索引。

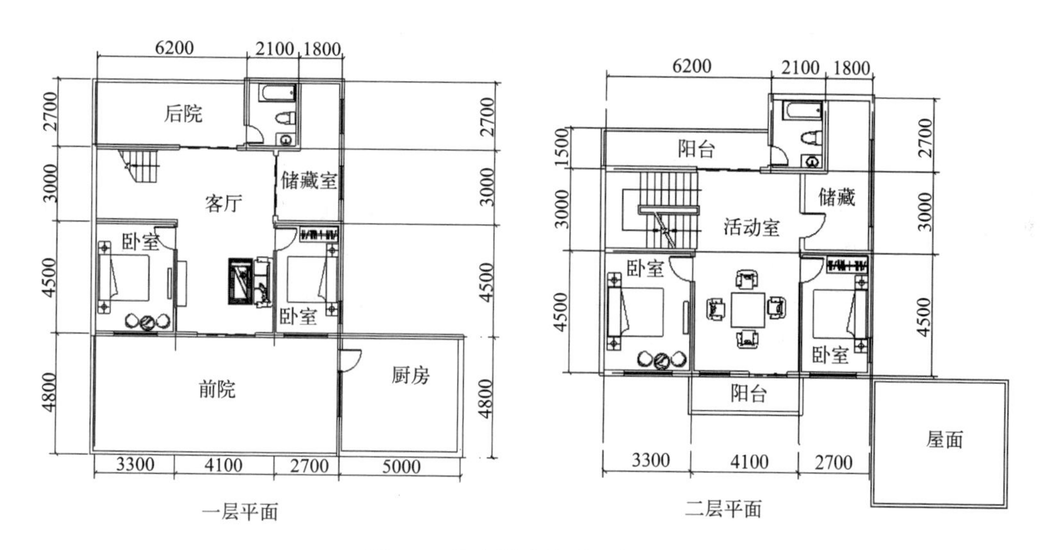

图 4-4　某农村建筑平面布置图

4.2.2　建筑立面图

为了表示房屋的外貌，通常将房屋的四个主要墙面向与其平行的投影面进行投射，以此绘制的图纸称为建筑立面图。立面图绘制比例一般与平面图的比例一致。

建筑立面图的主要内容（图 4-5），如下：

1. 室外地面以上建筑物的外轮廓、台阶、勒脚、外门、雨篷、阳台、各层窗户、挑檐、女儿墙、雨水管等的位置。

2. 外墙面装饰情况，包括所用材料、颜色、规格等。

3. 室内外地坪、楼层、屋面、女儿墙等主要部位的标高及必要的高度尺寸。

4. 有关部位的详图索引，如一些装饰、特殊造型等。

5. 立面左右两端的轴线标注。

4.2.3　建筑剖面图

采用一个假想的铅垂剖切面将整栋房屋竖向剖开，所得到的投影图称为建筑剖面图。

建筑剖面图主要包括以下几方面的内容（图 4-6）：

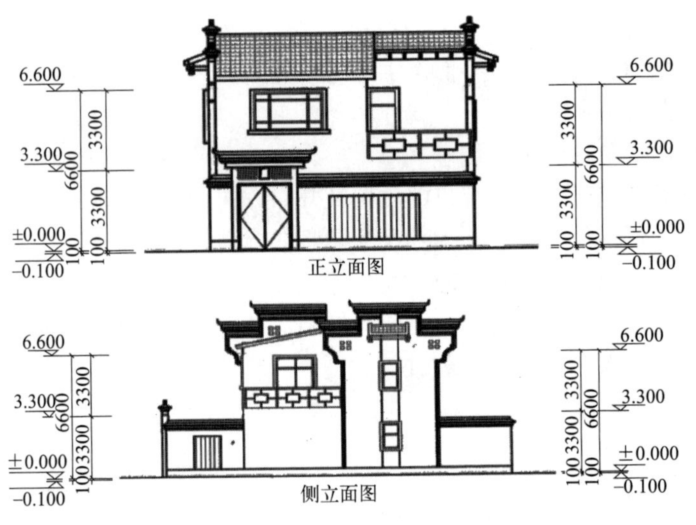

图 4-5 某农村建筑立面图

1. 表明剖切到的室内外地面、楼面、屋面、内外墙及门窗、过梁、圈梁、楼梯及平台、雨篷、阳台等。

2. 表明主要承重构件的相互关系，如各层楼面、屋面、梁、板、柱、墙的相互位置关系。

3. 标高及相关竖向尺寸。

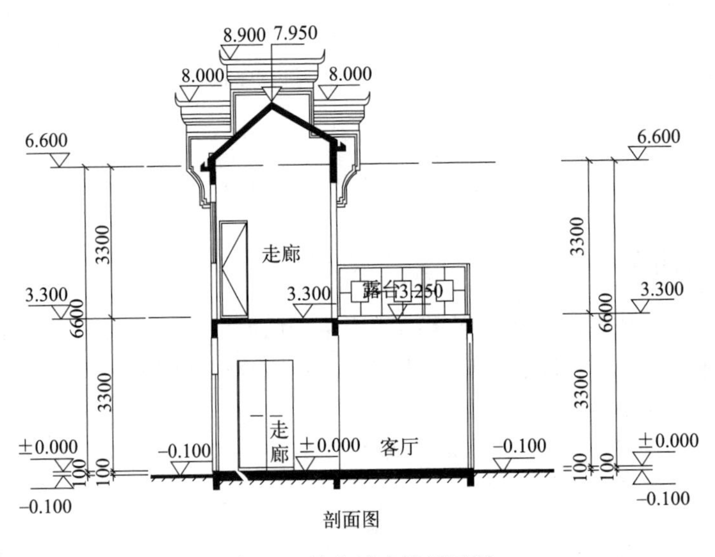

图 4-6 某农村建筑剖面图

4.2.4 建筑详图

建筑详图是将平、立、剖面图中的某些部位需要详细表述而采用较大比例绘制的图纸。

详图的内容较广泛，凡是在平、立、剖面图中表述不清楚的局部构造和节点，都可以用详图来补充。建筑详图主要包括卫生间详图、厨房详图、墙身构造详图、阳台栏板详图、雨篷详图、屋面构造详图、楼梯详图等（图 4-7）。

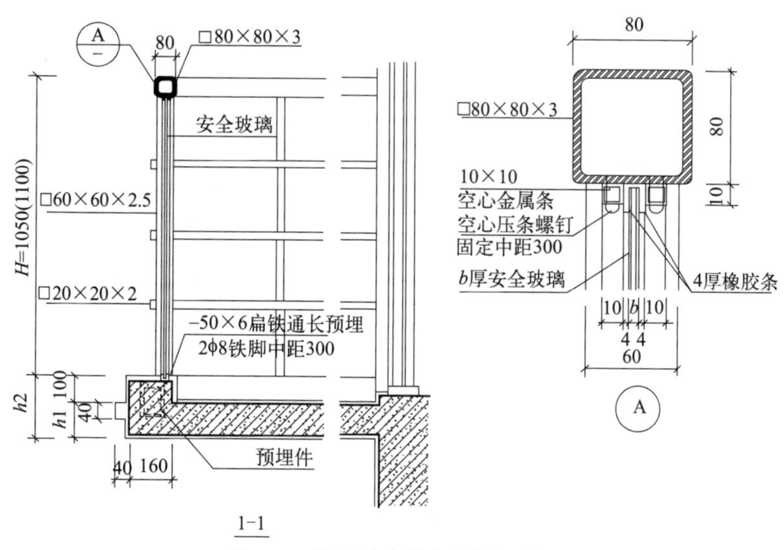

图 4-7　某农村建筑室外栏杆详图

第 3 节　结构施工图识图

4.3.1　一般要求

1. 结构施工图的内容

结构图一般包括结构设计说明、结构布置图和构件详图三部分内容。

结构设计说明以文字叙述为主，主要有设计的依据，如地基情况、风雪荷载、抗震设计情况；选用结构材料的类型、规格、强度等级；一般施工要求；标准图或通用图的使用等。

结构布置图是房屋承重结构的整体布置图，主要表示结构构件的位置、数量、型号及相互关系。常用的结构平面布置图有基础布置平面图、楼层结构平面图、屋面结构平面图、柱网平面图、梁平面布置图等。

构件详图是表示单个构件形状、尺寸、材料、构造及工艺的图样，如梁、板、柱、基础、雨篷、空调板等详图。

2. 常用结构构件代号（表 4-2）

常用结构构件代号　　表 4-2

序号	名称	代号	序号	名称	代号	序号	名称	代号
1	楼面板	LB	8	屋框梁	WKL	15	基础梁	JL
2	屋面板	WB	9	框支梁	KZL	16	楼梯梁	TL
3	悬挑板	XB	10	非框梁	L	17	框架柱	KZ
4	空心板	KB	11	悬挑梁	XL	18	芯柱	XZ
5	楼梯板	TB	12	圈梁	QL	19	梁上柱	LZ
6	盖板	GB	13	过梁	GL	20	转换柱	ZHZ
7	框架梁	KL	14	连梁	LL	21	构造柱	GZ

4.3.2　基础施工图

基础施工图一般由基础平面布置图及基础详图组成（图 4-8、图 4-9）。

1. 地基处理说明，处理范围和深度要求，处理后地基承载力。
2. 基础构件的平面布置，包括基础平面尺寸、与定位轴线的关系、基础构件的编号等。
3. 基础构件的材料及施工说明。
4. 基础施工详图，包括基础剖面、基础圈梁配筋、基础标高及尺寸等。

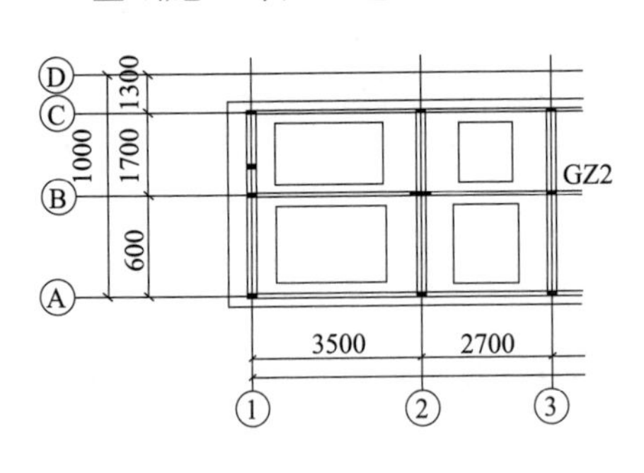

图 4-8　条形基础平面布置图

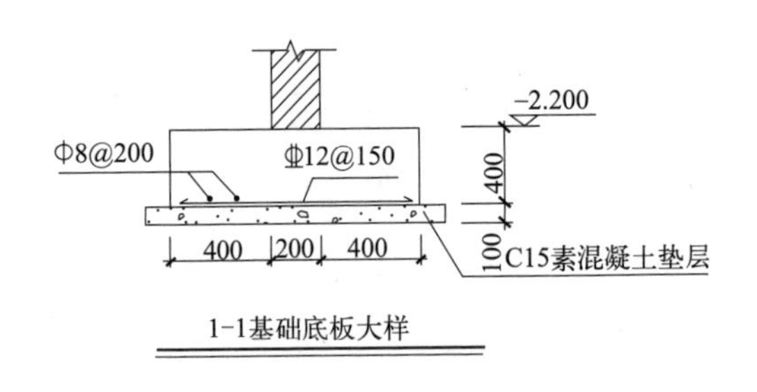

图 4-9　基础大样图

4.3.3　结构平面布置图

结构平面布置图包括楼层（或屋面）结构平面布置图及楼板（或屋面板）配筋平面布置图（图 4-10）。前者主要是对受力构件进行布置、定位及编号；后者主要是对现浇板的

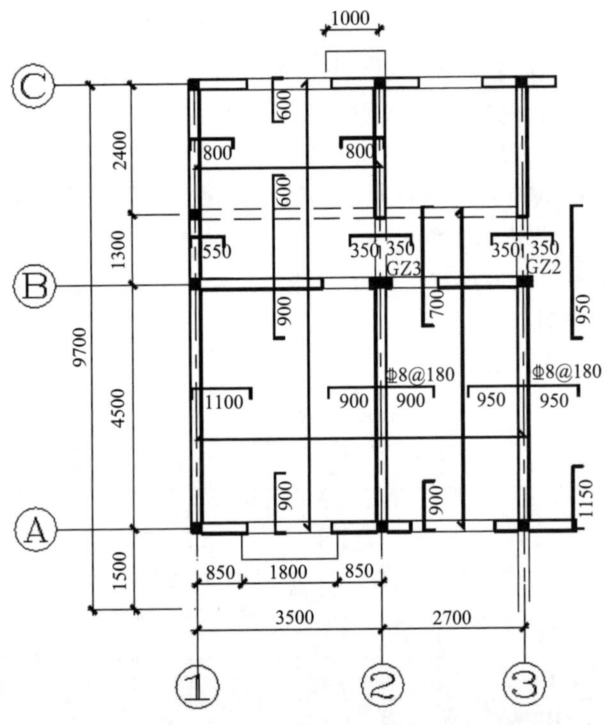

图 4-10　某农村建筑局部结构平面布置图

配筋情况进行图示。一般情况下，均将二者合一，即在某楼层结构平面布置图上直接进行绘制楼板的配筋情况。对于砌体结构，结构平面布置图除了上述表达的信息外，常常还将圈梁、构造柱、连梁、悬挑梁等一并表示。

结构平面布置图中除了图形本身外，本图纸中的说明也是图纸不可缺少的一部分，如图 4-10 中，说明部分就有未注明楼板的厚度、未注明钢筋的统一配筋大小、图例的应用说明和圈梁的布置位置说明等。

第5章 农房防震减灾

第1节 防震减灾常识

5.1.1 防震减灾概述

防震减灾就是防御和减轻地震灾害，通过设计提高建筑防震能力，包括防震减灾规划、地震监测预报、地震灾害预防、地震应急救援、地震灾后过渡性安置和恢复重建，以及监督管理、法律责任等方面。

5.1.2 地震基础知识

1. 地震类型

地震是指大地震动，包括天然地震（构造地震、火山地震、陷落地震）、诱发地震（矿山采掘活动，水库蓄水等引发的地震）和人工地震（爆破、核爆炸、物体坠落等产生的地震）。一般是指根据其天然地震中的构造地震。

2. 相关概念

（1）震源是指产生地震的源。震源深度是指震源到地面的垂直距离。浅源地震是指震源深度小于60km的地震。中源地震是指震源深度为60～300km的地震。深源地震是指震源深度大于300km的地震。

（2）震中是指震源在地面上的投影。震中距是从震中至某一指定点的距离。对于观察点而言，震中距大于1000km的地震称为远震，震中距为100～1000km的称为近震，震中距在100km以内的称为地方震。

（3）震级是指对地震大小的相对量度。表示地震本身大小的等级，反映了一次地震释放能量的多少，因此一次地震只能有一个震级。它根据地震仪测得的地震波振幅来确定。根据震级大小分为不同地震类别（表5-1）。

震级分类 **表5-1**

类别	震级	类别	震级
超微震	震级<1级	强震	6级≤震级<7级
微地震	1级≤震级<3级	大地震	7级≤震级<8级
小地震	3级≤震级<4.5级	巨大地震	8级≤震级
中等地震	4.5级≤震级<6级		

（4）地震烈度是指地震引起的地面震动及其对地表建筑物造成影响的强弱程度。工程上常用地震烈度来衡量地震的大小。一次地震只有一个震级，而烈度则随地区而异。根据破坏现象，将地震烈度分为12等级，分别用罗马数字Ⅰ、Ⅱ、Ⅲ、Ⅳ、Ⅴ、Ⅵ、Ⅶ、Ⅷ、Ⅸ、Ⅹ、Ⅺ和Ⅻ表示。

5.1.3　地震对建筑物破坏

地震对建筑物的破坏影响很大，根据建筑破坏程度的定义和对应的震害指数将建筑物破坏等级分为基本完好、轻微破坏、中等破坏、严重破坏和毁坏五类（表 5-2）。

建筑物破坏等级　　**表 5-2**

序号	震害等级	定义	震害指数(d)
a	基本完好	承重和非承重构件完好，或个别非承重构件轻微损坏，不加修理可继续使用	$0.00 \leqslant d < 0.10$
b	轻微破坏	个别承重构件出现可见裂缝，非承重构件有明显裂缝，不需要修理或稍加修理即可继续使用	$0.10 \leqslant d < 0.30$
c	中等破坏	多数承重构件出现轻微裂缝，部分有明显裂缝，个别非承重构件破坏严重，需要一般修理后可使用	$0.30 \leqslant d < 0.5$
d	严重破坏	多数承重构件破坏较严重，非承重构件局部倒塌，房屋修复困难	$0.55 \leqslant d < 0.85$
e	毁坏	多数承重构件严重破坏，房屋结构濒于崩溃或已倒毁，已无修复可能	$0.85 \leqslant d < 1.00$

5.1.4　抗震设防

1. 抗震设防等级

《建筑与市政工程抗震通用规范》GB 55002 规定，根据遭受地震破坏后可能造成的人员伤亡、经济损失、社会影响程度及抗震救灾中的作用等因素将建筑与市政工程划分为 4 类设防标准（表 5-3），这是抗震防灾的重要对策之一。通常情况下，农房属于丙类。

抗震设防等级　　**表 5-3**

类别		设防标准
甲类	特殊设防类	使用上有特殊要求的设施，涉及国家公共安全的重大建筑与市政工程和地震时可能发生严重次生灾害等特别重大灾害后果，需要进行特殊设防的建筑与市政工程
乙类	重点设防类	地震时使用功能不能中断或需尽快恢复的生命线相关建筑与市政工程，以及地震时可能导致大量人员伤亡等重大灾害后果，需要提高设防标准的建筑与市政工程
丙类	标准设防类	除本条第 1 款、第 2 款、第 4 款以外按标准要求进行设防的建筑与市政工程
丁类	适度设防类	使用上人员稀少且震损不致产生次生灾害，允许在一定条件下适度降低设防要求的建筑与市政工程

2. 抗震设防烈度与基本地震加速度

抗震设防烈度是指按国家规定的权限批准作为一个地区抗震设防依据的地震烈度。一般情况下，取 50 年内超越概率 10%的地震烈度。设计基本地震加速度是指 50 年设计基准期超越概率 10%的地震加速度的设计取值。一般用于抗震设防烈度的设计基本地震加速度和特征周期表达建筑所在地区遭受的地震影响。抗震设防烈度和设计基本地震加速度取值的对应关系应符合规定（表 5-4）。

抗震设防烈度和设计基本地震加速度值的对应关系　　**表 5-4**

抗震设防烈度	6 度	7 度	8 度	9 度
设计基本地震加速度值	$0.05g$	$0.10g(0.15g)$	$0.20g(0.30g)$	$0.40g$

3. 抗震设防目标

我国对建筑抗震设防提出了“三个水准”的目标：小震不坏，中震可修，大震不倒。

5.1.5　安徽省地震活动的特征

安徽省与周边省份相比，地震活动的频次和强度高于湖北、江西和浙江省，低于山东和江苏省，与河南省相近。据资料记载，1886 年以来，安徽共发生 5 级及以上地震 6 次，其中，最大为 1917 年 1 月 24 日霍山 6.25 级地震，位于大别隆起区边缘，北西西向青山—晓天断裂与北东向断裂的交汇处的地质构造。

安徽省地震构造具有以下特征。

（1）地壳厚度大致在 36～42km，南部较厚，北部较薄。

（2）地跨华北陆块、秦岭—大别造山带和扬子陆块三个大地构造单元，是古中国大陆重要结合地带，地质构造复杂，区域性深、大断裂对全省的构造格架有着明显的作用。在安徽境内，华北陆块东以郯庐断裂带、南以六安深断裂为界与大别造山带相接，扬子陆块西以郯庐断裂带为界与大别造山带相接，而秦岭—大别造山带则夹持于华北陆块、扬子陆块之间，经历了多期离合，形成了复杂的复合型大陆造山带。

第 2 节　农房地震灾害预防

5.2.1　防震减灾有关规定

1.《中华人民共和国防震减灾法》有关规定

（1）新建、扩建、改建建设工程，应当达到抗震设防要求。

（2）县级以上地方人民政府应当加强对农村村民住宅和乡村公共设施抗震设防的管理，组织开展农村实用抗震技术的研究和开发，推广达到抗震设防要求、经济适用、具有当地特色的建筑设计和施工技术，培训相关技术人员，建设示范工程，逐步提高农村村民住宅和乡村公共设施的抗震设防水平。

（3）乡村的地震灾后恢复重建，应当尊重村民意愿，发挥村民自治组织的作用，以群众自建为主，政府补助、社会帮扶、对口支援为辅，因地制宜，节约和集约利用土地，保护耕地。

2.《建设工程抗震管理条例》有关规定

（1）各级人民政府和有关部门应当加强对农村建设工程抗震设防的管理，提高农村建设工程抗震性能。

（2）县级以上人民政府对经抗震性能鉴定未达到抗震设防强制性标准的农村村民住宅和乡村公共设施建设工程抗震加固给予必要的政策支持。实施农村危房改造、移民搬迁、灾后恢复重建等，应当保证建设工程达到抗震设防强制性标准。

（3）县级以上地方人民政府应当编制、发放适合农村的实用抗震技术图集。农村村民住宅建设可以选用抗震技术图集，也可以委托设计单位进行设计，并根据图集或者设计的要求进行施工。

（4）县级以上地方人民政府应当加强对农村村民住宅和乡村公共设施建设工程抗震的指导和服务，加强技术培训，组织建设抗震示范住房，推广应用抗震性能好的结构形式及建造方法。

5.2.2　安徽省农房防震减灾有关规定

1. 农房建设应选择对抗震有利的场地，避开地震时可能发生滑坡、崩塌、地陷、地裂、泥石流等以及地震断裂带可能发生的地表错位的危险场地。

2. 农房建设要配套抗震设防措施，提高农房抗震能力。

3. 根据抗震规范要求，采取相应的抗震措施，保证建筑材料和施工质量，使住房达到应有的抗震性能。

5.2.3　农房抗震设防措施

农房建设由其所在地附近乡村建设工匠完成，他们的技术水平普遍不高，对房屋的结构计算和结构受力不太熟悉。还有农房建筑材料来源的多样性，性能差别较大。因此，即使对农房进行了相关专业设计，采用近似的结构计算，也未必能确保农房安全可靠。事实上，这些不利因素是可以通过采取构造措施与做法以弥补农房的抗震防灾性能。

1. 砌体结构

（1）一般要求

①结合安徽省实际抗震设防烈度情况，砌体结构农房总高度和层数不应大于表 5-5 的要求（房屋总高度指室外地面到主要屋面板板顶或檐口的高度）。

房屋的层数和总高度限值（单位：m）　　表 5-5

砌体类别		最小墙厚（单位:mm）	烈度					
			6 度		7 度		8 度	
			高度	层数	高度	层数	高度	层数
砖砌体	普通砖、多孔砖砌体	240	7.2	2	7.2	2	6.6	2
	蒸压砖砌体	240	7.2	2	6.6	2	6.0	2
	多孔砖砌体	190	7.2	2	6.6	2	6.0	2
小砌块砌体		190	7.2	2	7.2	2	6.6	2

②起居室（客厅）开间不应大于 6m；卧室开间不宜大于 4.2m；房间进深不宜超过 7.2m。当开间、进深尺寸过大时，应设置大梁支撑楼屋盖，同时在大梁支承处设置钢筋混凝土构造柱等加强措施。

③墙体布置应满足下列要求：

a. 砌体结构房屋的局部尺寸不应过小，应满足表 5-6 的要求。

砌体结构房屋的局部尺寸限值（单位：m）　　表 5-6

砌体类别及部位		烈　度	
		6 度、7 度	8 度
普通砖、蒸压砖、多孔砖、小砌块砌体	承重窗间墙最小宽度	0.8	1.0
	承重外墙尽端至门窗洞边的最小距离	0.8	1.0
	非承重外墙尽端至门窗洞边的最小距离	0.8	0.8
	内墙阳角至门窗洞边的最小距离	0.8	1.2
	无锚固女儿墙(非出入口处)最大高度	0.5	0.5
料石砌体	承重窗间墙最小宽度	1.0	1.0
	承重外墙尽端至门窗洞边的最小距离	1.0	1.2
	非承重外墙尽端至门窗洞边的最小距离	1.0	1.0
	内墙阳角至门窗洞边的最小距离	1.0	1.2
	无锚固女儿墙(非出入口处)最大高度	0.5	0.5

b. 楼梯间不宜设置在房屋的尽端和转角处。

c. 烟道、风道、垃圾道等不宜削弱墙体；当墙体被削弱时，应对墙体采取加强措施；不宜采用无竖向配筋的附墙烟囱及凸出屋面烟囱。

d. 承重墙层高的 1/2 处门窗洞口所占的水平截面面积，对承重横墙不应大于总截面面积的 25%，对承重纵墙不应大于总截面面积的 50%。

e. 不宜采用无锚固的钢筋混凝土预制挑檐、雨篷。

f. 不宜采用板式挑出阳台；梁式挑出阳台出挑长度不应大于 1.5m。

④材料应满足以下要求：

a. 不应使用黏土砖。砖、砌块及其砌筑砂浆性能指标应符合表 5-7 的规定。

砖、砌块及其砌筑砂浆性能指标　　表 5-7

砌块类型	强度等级	砌筑砂浆类型	砌筑砂浆强度等级
烧结普通砖 烧结多孔砖	不低于 MU10	普通砂浆	不低于 M5
蒸压灰砂普通砖 蒸压粉煤灰普通砖	不低于 MU15	专用砂浆	不低于 Ms5
混凝土砌块	不低于 MU7.5	专用砂浆	不低于 Mb7.5

b. 砖块不应出现大的裂纹、分层、掉皮、缺棱、掉角、严重泛霜、石灰爆裂等现象，不应出现明显弯曲或翘曲现象。

c. 砖基础和地面以下的墙体不宜采用烧结多孔砖，以免因孔洞中进水导致材料强度降低。

d. 钢筋宜采用 HPB300（一级光圆）和 HRB400（三级带肋）热轧钢筋；铁件、扒钉等连接件宜采用 Q235 钢材。

e. 圈梁、构造柱的混凝土强度等级不应低于 C20；梁、板和承重柱的混凝土强度等级不应低于 C25。

⑤7 度抗震设防地区，尽量采用钢筋混凝土现浇楼板，不宜采用空心预制板；当采用空心预制板时，应保证预制板自身质量，并采取必要的构造措施以加强房屋的整体性。现浇楼板、屋面板悬挑长度不宜超过 1m，板厚不小于悬挑长度的 1/10 且不小于 70mm。

（2）设置构造柱

①构造柱设置在外墙四角、楼梯间的四角、较大洞口两侧（一般指洞口尺寸大于 1.8m），错层部位横墙与外纵墙交接处、横墙间距超过 7.2m 大房间内外墙交接处、间隔 12m 或单元横墙与外纵墙交接处（图 5-1）。

②构造柱的最小截面可采用 240mm×180mm，纵向钢筋宜采用 4ϕ12，箍筋 ϕ6，间距不宜大于 250mm，且在柱上下端 500mm 范围内箍筋宜适当加密。构造柱与墙连接处应砌成马牙槎，并沿墙高每隔 500mm 设 2ϕ6 拉结钢筋，每边伸入墙内不宜小于 1m（图 5-2）。

③构造柱与圈梁连接处，构造柱的纵筋应穿过圈梁，保证构造柱纵筋上下贯通。构造柱可不单独设置基础，但应伸入室外地面下 500mm，或与埋深小于 500mm 的基础圈梁相连。

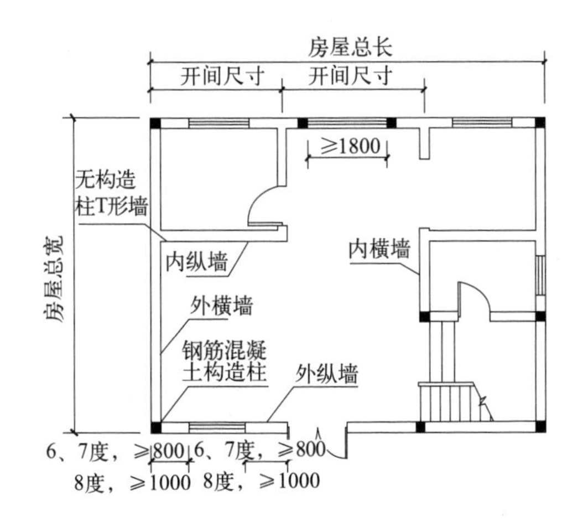

图 5-1　砌体结构构造柱布置示意图

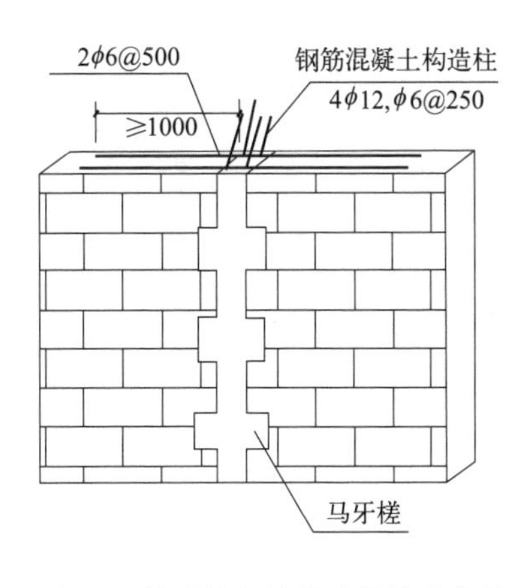

图 5-2　构造柱与墙体连接构造大样

（3）设置圈梁

①装配式钢筋混凝土楼、屋盖或木楼、屋盖的砖房，横墙承重时应按表 5-8 的要求设置钢筋混凝土圈梁；纵墙承重时每层均应设置圈梁，且抗震横墙上的圈梁间距应比表 5-8 内要求适当加密。

砖房现浇钢筋混凝土圈梁设置要求　　**表 5-8**

墙类别	烈度	
	6 度、7 度	8 度
外墙和内纵墙	基础顶部、每层楼、屋盖（墙顶）标高处	
内横墙	同上，间距不应大于 16m；构造柱对应部位	同上，间距不应大于 12m；构造柱对应部位

②现浇或装配整体式钢筋混凝土楼、屋盖与墙体有可靠连接的房屋，应允许不另设圈梁，但楼板沿墙体周边应加强配筋并与相应的构造柱钢筋可靠连接。

③木楼、屋盖房屋允许在楼盖处所有纵横墙设置配筋砖圈梁替代钢筋混凝土圈梁。

④圈梁应闭合，遇有洞口圈梁应上下搭接，搭接长度不小于二者高差的 2 倍且不小于 1m（图 5-3）。圈梁宜与预制板设在同一标高处或紧靠板底。

⑤圈梁的间距内无横墙时，应利用梁或板缝中配筋替代圈梁。

⑥圈梁的截面高度不应小于 120mm，纵筋宜采用 4ϕ12，箍筋 ϕ6，间距不宜大于 200mm；基础圈梁的截面高度不应小于 180mm，纵筋不应少于 4ϕ12，箍筋 ϕ6，间距不宜大于 200mm。

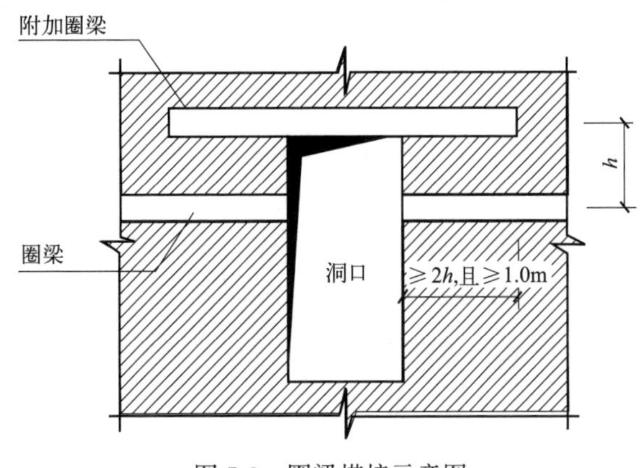

图 5-3　圈梁搭接示意图

（4）设置钢筋混凝土挑梁

挑梁埋入砌体内的长度与挑出长度之比不应小于 1.8，当挑梁上无砌体时，不应小于

2.4。挑梁的纵向钢筋至少应有 1/2 的钢筋面积伸入尾端，且不少于 2ϕ12，其余钢筋伸入支座的长度不少于 2/3 的埋入长度（图 5-4）。挑梁宜与楼盖或墙体中的圈梁整体连接，以提高结构的整体性和砌体抗裂能力。

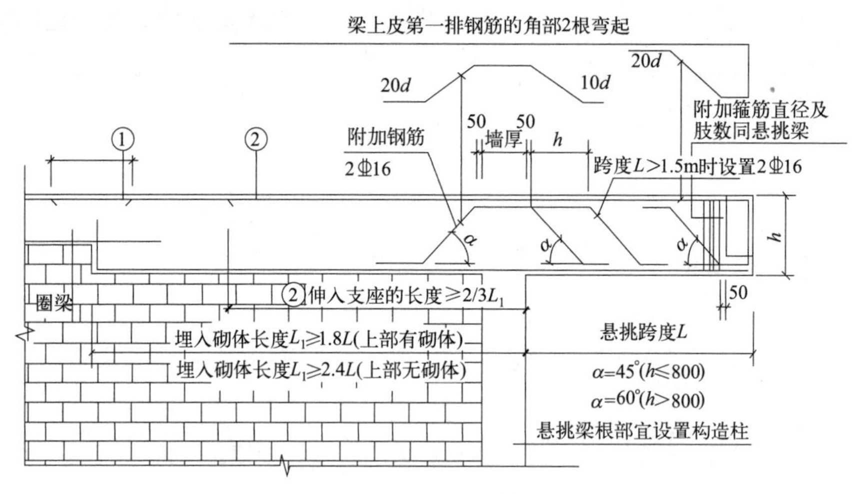

图 5-4 挑梁钢筋做法示意图

（5）钢筋混凝土楼盖

砌体结构农房的楼面或屋盖，一般应采用现浇混凝土楼板或空心预制板。为增强房屋的整体性与屋面防水性能，屋面宜尽量采用现浇钢筋混凝土楼板；当采用空心预制板时，应保证预制板自身质量，并采取必要的连接构造措施。

为保证砌体结构农房楼盖的抗震性能，设置楼盖应满足以下要求。

①现浇楼板的厚度一般取短边跨度的 1/40～1/35，同时为防止楼板因混凝土硬化释放的温度应力和使用中的温度影响，一般除卫生间、厨房、阳台区域外，板厚取值不小于 120mm。

②现浇钢筋混凝土楼板或屋面板伸进纵、横墙内的长度，均不应小于 120mm。装配式钢筋混凝土楼板或屋面板，当圈梁未设在板的同一标高时，板端伸进外墙的长度不应小于 120mm，伸进内墙的长度不应小于 100mm，在梁上不应小于 80mm。

当板的跨度大于 4.8m 并与外墙平行时，靠外墙的预制板侧边应与墙或圈梁拉结。

2. 低层钢筋混凝土框架结构

（1）一般要求

①框架结构应经有专业能力的工程师进行结构设计。

②结构体系设计应符合下列规定：

a. 框架结构应纵横双向布置，形成双向抗侧力体系，不宜采用单跨框架结构。

b. 框架结构的平面应规则，凹凸长度不应大于该边长度的 30%，竖向应规则，不应采用抽柱或大跨度梁上起框柱的结构。

c. 应避免因部分结构或构件破坏而导致整个结构丧失抗震能力或对重力荷载的承载能力。

d. 应具备必要的抗震承载能力、良好的变形能力和消耗地震能量的能力。

e. 不应采用混凝土结构构件与砌体结构构件混合承重的结构体系，钢筋混凝土框架结构中砌体只能用作填充墙。

f. 框架结构中应先浇筑混凝土结构，待混凝土强度达到设计强度等级后再砌筑墙体和浇筑构造柱。

③钢筋混凝土框架房屋的抗震等级：6 度为四级；7 度为三级；8 度为二级。

④混凝土强度等级：钢筋混凝土结构的混凝土强度等级不应低于 C25；采用强度等级 500MPa 及以上的钢筋时，混凝土强度等级不应低于 C30；抗震等级不低于二级的钢筋混凝土结构构件，混凝土强度等级不应低于 C30。

⑤混凝土保护层最小厚度：当混凝土强度等级不大于 C25 时，板不应小于 20mm，梁、柱不应小于 25mm；当混凝土强度等级大于 C25 时，板不应小于 15mm，梁、柱不应小于 20mm。

⑥纵向受拉钢筋抗震锚固长度 l_{aE} 应满足表 5-9 的要求。

受拉钢筋抗震锚固长度 **表 5-9**

钢筋种类与直径(单位:mm)			混凝土强度等级与抗震等级				
			C25		C30		
			三级	四级	二级	三级	四级
HPB300	光圆钢筋	$d \leqslant 25$	36d	34d	35d	32d	30d
HRB335	带肋钢筋	$d \leqslant 25$	35d	33d	33d	31d	29d
HRB400	带肋钢筋	$d \leqslant 25$	42d	40d	40d	37d	35d

⑦同一构件中相邻纵向受力钢筋的绑扎搭接接头宜互相错开，钢筋绑扎搭接接头连接区段的长度为 1.3 倍的搭接长度。同一连接区段内纵向受力钢筋搭接接头面积百分率为该区段内有搭接接头的纵向受力钢筋截面面积与全部纵向受力钢筋截面面积的比值（图 5-5）。

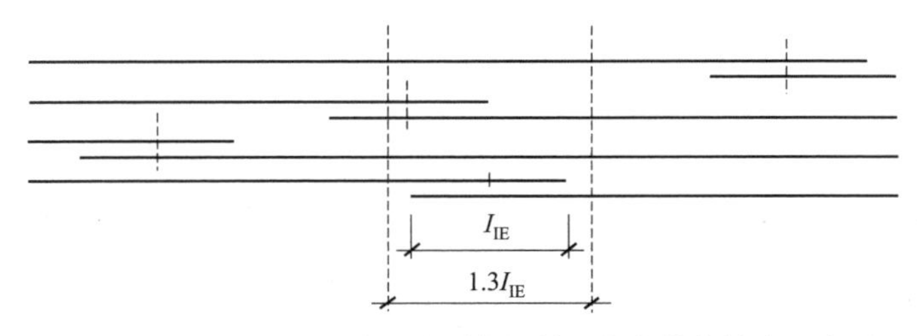

图 5-5 同一连接区段内纵向受拉钢筋的绑扎搭接接头示意图

⑧绑扎搭接接头的构造应满足下列要求：a. 当直径不同的钢筋搭接时，按直径较小的钢筋计算搭接长度。

b. 受力钢筋的连接接头宜设置在受力较小处，同一根受力钢筋上宜少设接头。

c. 在结构的重要构件和关键传力部位（如柱端、梁端的箍筋加密区），纵向受力钢筋不宜设置连接接头。

d. 位于同一连接区段内的受拉钢筋搭接接头面积百分率：对梁类、板类及墙类构件，不宜大于 25%，此时搭接长度为 1.2 倍的锚固长度；对柱类构件，不宜大于 50%，此时搭接长度为1.4倍的锚固长度。

e. 构件中的纵向受压钢筋当采用搭接连接时，其受压搭接长度不应小于纵向受拉钢筋搭接长度的70%，且不应小于200mm。

⑨钢筋连接除采用绑扎搭接外还可采用机械连接或焊接。

（2）抗震构造措施

①框架梁的截面尺寸，宜符合下列各项要求：

a. 截面宽度不应小于200mm。

b. 截面高宽比不宜大于4。

c. 净跨与截面高度之比不宜小于4。

②梁的纵向受力钢筋及箍筋应符合下列规定：

a. 伸入梁支座范围内的钢筋不应少于2根。

b. 梁上部钢筋水平方向的净间距不应小于30mm和1.5d；梁下部钢筋水平方向的净间距不应小于25mm和1d。当下部钢筋多于2层时，2层以上钢筋水平方向的中距应比下面2层的中距增大一倍；各层钢筋之间的净间距不应小于25mm和1d，d为钢筋的最大直径。

c. 二、三级框架梁内贯通中柱的每根纵向钢筋直径，不应大于矩形截面柱在该方向截面尺寸的1/20，或纵向钢筋所在位置圆形截面柱弦长的1/20。

d. 梁端箍筋应加密其加密区的长度取1.5倍梁高和500mm较大值，箍筋非加密区间距最大为200mm，加密区为100mm，其最小直径要求为8mm。

e. 梁端加密区的箍筋肢距，二、三级不宜大于250mm和20倍箍筋直径的较大值，四级不宜大于300mm。

③框架柱的截面尺寸，宜符合下列各项要求：

a. 截面的宽度和高度均不应小于300mm；圆柱的直径不应小于350mm。

b. 截面长边与短边的边长比不宜大于3。

④柱的钢筋配置应符合下列规定：

a. 柱的纵向钢筋宜对称配置。

b. 柱中纵向钢筋的净间距不应小于50mm，且不宜大于300mm。截面边长大于400mm的柱，纵向钢筋间距不宜大于200mm。

c. 柱纵向钢筋的绑扎接头应避开柱端的箍筋加密区。

d. 柱端箍筋应加密其加密区的长度取截面高度（圆柱直径）、柱净高的1/6和500mm三者的最大值，同时底层柱的下端不小于柱净高的1/3和刚性地面上下各500mm，箍筋非加密区间距最大为200mm，加密区间距为100mm，其最小直径要求为8mm。

e. 柱加密区箍筋肢距，二、三级不宜大于250mm，四级不宜大于300mm，至少每隔一根纵向钢筋宜在两个方向有箍筋约束；当采用拉筋复合箍时，拉筋宜紧靠纵向钢筋并勾住封闭箍。

⑤低层钢筋混凝土框架结构房屋中的砌体填充墙，应满足下列要求：

a. 填充墙在平面和竖向的布置宜均匀对称，应避免形成薄弱层或短柱。

b. 砂浆的强度等级：混凝土砌块、煤矸石混凝土砌块砌体不应低于Mb7.5，其余砌体不应低于M5.0。填充墙的强度等级：内墙空心砖、轻骨料混凝土砌块、混凝土空心砌块不应低于 MU3.5，外墙不应低于 MU5.0；内墙蒸压加气混凝土砌块不应低于 A2.5，外墙不应低于 A3.5。防潮层以下直接与土接触的墙体不应采用轻骨料混凝土空心砌块或蒸压加气混凝土砌块。

c. 填充墙顶应与框架梁顶紧。

d. 填充墙应沿框架柱全高每隔 500～600mm 设 2 根直径不小于 6mm 拉结钢筋；拉结钢筋宜沿墙全长贯通。

e. 填充墙长度大于 5m 时，墙顶与梁之间宜采取拉结措施。

f. 楼梯间和人流通道的填充墙，尚应采用钢丝网砂浆面层加强。

g. 砌体女儿墙在人流出入口和通道处应与主体结构锚固。

第6章　农房建筑材料

第1节　水泥

6.1.1　常用水泥特性

常用水泥的主要技术性质有细度、标准稠度及用水量、凝结时间、体积安定性、水泥的强度、水化热。

1. 凝结时间

国家标准规定，硅酸盐水泥的初凝时间不早于45min，终凝时间不迟于6.5h。其他水泥的终凝时间不得迟于10h。凡初凝时间不符合规定者为废品，终凝时间不符合规定者为不合格品。

2. 体积安定性

水泥体积安定性是指水泥浆体硬化后体积变化的稳定性。国家标准规定，安定性不合格的水泥应作废品处理，不能用于工程中。

3. 强度

水泥强度是指按标准方法制作的标准试件（40mm×40mm×160mm）在标准条件下（温度20℃±3℃，相对湿度≥90%）养护，测得3d和28d的抗压强度值。根据测定结果，评定出水泥强度等级，其强度等级分为32.5、32.5R、42.5、42.5R、52.5、52.5R、62.5、62.5R，32.5是指水泥强度等级，表示水泥强度不小于32.5MPa，R表示早强型水泥。

4. 水化热

水化热是指水泥和水之间发生化学反应不断放出的热量。水化热会使混凝土的内部温度超过表面和外部温度，引起较大的温差应力，使混凝土表面产生开裂，影响建筑构件的安全性和适应性，特别是大体积混凝土更是不利。

6.1.2　农房建设的水泥要求

按照有关规定，农房建设的水泥应满足以下要求：

1. 应使用的水泥应有质量合格证明文件。
2. 严禁使用过期或质量不合格的水泥。
3. 严禁不同类型和强度的水泥混用。

6.1.3　水泥检验

对于乡村建设工匠来说，主要采用观察法定性检验水泥质量。

1. 检查水泥出厂质量检验报告和合格证等质量证明材料（图6-1）。若没有质量证明文件应慎用。

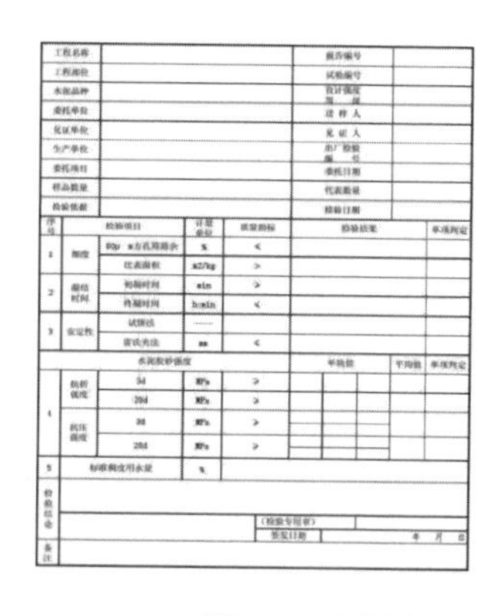

图 6-1　水泥出厂质量检验报告和合格证

2. 查看袋装水泥外包装（图 6-2）。一看包装袋是否完好；二看水泥包装标志是否齐全、清楚，包括水泥名称、代号、强度等级、水泥的执行标准、生产许可证标志（QS）、出厂编号、生产日期、生产厂商；三看包装袋两侧字体颜色，是否存在混装；四看水泥是否存在过期。

(a) 正面

(b) 背面

(c) 侧面

图 6-2　水泥包装袋

3. 检验水泥受潮情况，是否存在水泥结块。水泥很容易吸收空气中的水分，特别是潮湿环境下易发生水化作用，凝结硬化成块状，从而失去胶结能力。建设工匠应能够观察水泥颗粒状态或用手捏碾块状水泥判定水泥受潮情况（图 6-3）。

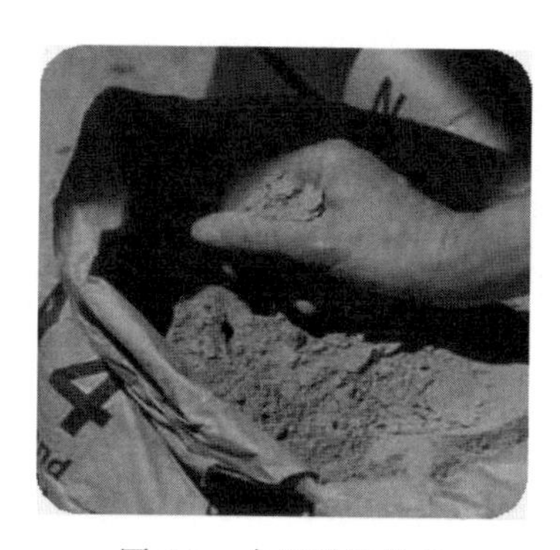

图 6-3　水泥受潮检查

第2节　混凝土

6.2.1　混凝土的组成材料

1. 水泥

水泥是混凝土的重要组成部分。拌制混凝土时，应从水泥品种和水泥强度两个方面选择。拌制混凝土用的水泥品种应根据混凝土的工程特点和所处的环境，结合各种水泥的不同特性进行选用。水泥强度等级应与混凝土的设计强度等级相适应。一般来说，高强混凝土应选用高强水泥，低强度混凝土应选用低强水泥。

2. 石子

《混凝土结构工程施工质量验收规范》GB 50204 和《安徽省农村住房施工技术导则》规定：粗骨料的最大粒径不得超过结构截面最小尺寸的1/4，同时不得超过钢筋间最小净距的3/4；对混凝土实心板，粗骨料最大粒径不宜超过板厚的1/3，且不得超过40mm；对于泵送混凝土，粗骨料最大粒径与输送管内径之比要求：碎石不宜大于1∶3，卵石不宜大于1∶2.5。

3. 砂子

按照砂的来源分，砂子分为天然砂、机制砂和混合砂三类。天然砂有河砂、湖砂和海砂等。用于拌制混凝土的砂不宜过粗，也不宜过细，级配良好。

4. 水

混凝土拌合和养护用水应符合现行标准《混凝土用水标准》JGJ 63 要求。

5. 外加剂

混凝土外加剂（简称外加剂）是指混凝土在拌制前或拌制过程中掺入的用以改善混凝土性能的物质，其掺量一般不超过水泥质量的5％。

6. 掺合料

混凝土所用掺合料应符合现行标准《用于水泥、砂浆和混凝土中的粒化高炉矿渣粉》GB/T 18046 和《混凝土用复合掺合料》JG/T 486 的要求。

6.2.2　混凝土的主要技术性质

现行标准《混凝土质量控制标准》GB 50164 规定，混凝土主要性能有拌合物性能、力学性能、变形性能和耐久性。

1. 混凝土和易性

和易性是混凝土拌合物的重要性能，包括流动性、保水性和黏聚性。混凝土拌合物和易性通常采用定量和定性评定相结合，定量测定其流动性，直观经验判定黏聚性和保水性。

2. 混凝土强度

农房的混凝土强度是指混凝土的抗压强度。按照标准制作方法制成标准试件（150mm×150mm×150mm 的立方体）在标准条件（温度20℃±3℃，相对湿度≥90％）下养护至28d龄期，采用标准试验方法测得的抗压强度值，也称为混凝土立方体抗压强度。根据混凝土立方体抗压强度标准值，将混凝土强度划分为19个等级，从C10到C100。

3. 混凝土变形

混凝土变形主要有非荷载作用下的变形和荷载作用的变形两大类。非荷载作用下的变形包括化学收缩、塑性收缩、干湿变形和温度变形。荷载作用下的变形包括在短期荷载作用下的变形和在长期荷载作用下的变形徐变。

4. 混凝土耐久性

混凝土的耐久性是综合性能，包括抗渗性、抗冻性、抗侵蚀性及抗碳化性等。

6.2.3　混凝土的配合比设计

农房建设用的混凝土有自拌混凝土和商品混凝土两种。自拌混凝土由乡村建设工匠参照《安徽省农村住房施工技术导则》附录执行混凝土配合比设计。商品混凝土按照规范和设计要求执行。

6.2.4　农房建设对混凝土要求

现行标准《混凝土质量控制标准》GB 50164 与《安徽省农村住房施工技术导则》规定，农房建设结合所在地区条件，宜优先采用商品混凝土。混凝土拌合物应具有良好的和易性，并不得离析或泌水。凝结时间应满足施工要求和混凝土性能要求。混凝土的长期性能和耐久性能应满足设计要求和国家标准有关规定。混凝土配合比应满足混凝土施工性能要求，强度以及其他力学性能和耐久性能应符合设计要求。

6.2.5　混凝土质量检验

乡村建设工匠能够通过观察法定性判定混凝土质量。

1. 检查混凝土配合比设计单、水泥出厂质量证明书、砂石合格证明材料，混凝土掺合料合格证、外加剂合作证与使用说明书等文件。

2. 观察混凝土外观颜色是否均匀，表面是否有气泡。

第 3 节　建筑钢材

农房建设根据建筑结构选用钢筋混凝土结构用钢（简称钢筋）和钢结构用钢（简称型钢）。

6.3.1　钢筋混凝土结构用钢（简称钢筋）

农房建设一般选用热轧带肋钢筋和光圆钢筋（图 6-4、图 6-5）。其质量和强度应符合现行国家标准《钢筋混凝土用钢　第 2 部分：热轧带肋钢筋》GB/T 1499.2 规定（表 6-1）。

图 6-4　光圆钢筋

图 6-5　带肋钢筋

钢筋强度和质量　　表 6-1

产品名称	强度等级	抗拉强度(MPa)	公称直径(mm)	理论重量与实际重量偏差(%)
热轧光圆钢筋	HPB300	420	6、8、10、12	±6.0
			14、16、18、20、22	±5.0
普通热轧钢筋	HRB400(E)	540	6、8、10、12	±6.0
	HRB500(E)	630		
	HRB600	730	14、16、18、20	±5.0
细晶粒热轧钢筋	HRBF400(E)	540		
	HRBF500(E)	630	22、25、28、32、36、40、50	±4.0

注：1. HPB 表示为热轧光圆钢筋，HRB 表示热轧带肋钢筋，HRBF 表示细晶粒热轧钢筋，300 等数字代表钢筋屈服强度的特征值。

2. E 表示地震的英文（Earthquake）缩写。

6.3.2　钢结构用钢（型钢）

钢结构中常用钢有钢板、型钢、薄壁型钢材（轻钢）、圆钢和小角钢等钢材。

6.3.3　钢材的主要技术性能

钢材的主要性能包括力学性能、工艺性能和化学性能。力学性能是钢材的重要性能，包括抗拉、冲击韧性、硬度和耐疲劳等性能。工艺性能是钢材在加工过程中的性能，包括冷弯性能和焊接性能。化学性能是钢材的化学成分对钢材力学性能和工艺性能的影响。

1. 抗拉性能

抗拉性能是钢材的最主要性能，其主要技术指标有屈服强度、抗拉强度和伸长率。屈服强度是指钢材发生屈服现象时的应力值，是结构设计中钢材强度的取值依据。抗拉强度是钢材受拉断裂前的最大应力值，也称强度极限。屈服强度与抗拉强度的比值称为屈强比，反映结构安全可靠度和材料利用率。伸长率是指钢材在拉断后，其原始标距的塑性伸长与原始标距的百分比。伸长率反映钢材的塑性变形能力，伸长率越大，说明钢材的塑性越好。抗震设防的框架结构用钢还应满足表 6-2 规定。

抗震设防对钢筋与钢结构用钢的要求　　表 6-2

序号	钢筋		钢结构用钢	
	项目	指标值	项目	指标值
1	实测抗拉强度与实测屈服强度特征值之比	≥1.25	屈强比	≤0.85
2	实测屈服强度与标准规定的屈服强度特征值之比	≤1.30	良好的可焊性及合格的冲击韧性	满足
3	最大伸长率	≥9%	最大伸长率	≥20%

2. 冲击韧性

冲击韧性是指钢材在冲击荷载作用下断裂时抵抗冲击荷载的能力，它反映钢材在低温、集中应力、冲击荷载等作用下抵抗脆性断裂的能力。一般来说，钢材的冲击韧性值越大，钢材抵抗脆性断裂的能力越强。

3. 硬度

钢材的硬度是指钢材抵抗硬物体压入其表面产生塑性变形的能力，反映弹性、塑性、强度等的综合性能指标。硬度越高，钢材抵抗局部变形能力越强。

4. 耐疲劳性能

钢材在交变荷载反复作用下，其应力在远低于静荷载抗拉强度的情况下突然破坏，甚至在低于静荷载屈服强度时即发生破坏，这种破坏称为疲劳破坏。

5. 冷弯性

冷弯性不仅能直接反映钢材的弯曲变形能力和塑性性能，还能显示钢材内部的缺陷（如材质均匀、未熔合夹杂物等）状况。冷弯性能是判别钢材塑性变形能力及质量的综合指标。

6. 焊接性能

焊接性是指在一定的焊接工艺条件下获得优质焊接接头的难易程度。焊接性好的钢材，其焊接质量易于保证。

6.3.4　农房建设的钢材要求

《安徽省农村住房施工技术导则》规定，农房建设的钢材应满足以下要求：

1. 农房所使用的钢筋应有质量合格证明文件。

2. 钢筋宜采用 HPB300（一级光圆）和 HRB400（三级带肋）热轧钢筋；铁件、扒钉等连接件宜采用 Q235 钢材。

3. 钢筋应平直、无损伤，其表面不得有裂纹、油污、颗粒状或片状老锈，抗震设防烈度 7 度及以上地区的钢筋混凝土框架结构中的梁、柱、楼梯段应使用带“E”的钢筋，不应使用废旧钢材。

4. 钢筋宜采用机械设备进行调直，也可采用冷拉方法调直。当采用冷拉方法调直钢筋时，光圆钢筋的冷拉率不宜大于 4%，带肋钢筋的冷拉率不宜大于 1%。不应采用人工砸直的方式对钢筋进行加工处理。

5. 钢筋调直过程中不应损伤带肋钢筋的横肋。调直后的钢筋应平直，不应有局部弯折。

6.3.5　钢材检验

乡村建设工匠应能够通过目测或量测检查钢材质量。

1. 查看质量证明书、合格证和标牌等，是否反映生产厂家名称、生产“炉（批）号”、强度等级、规格、标准编号、重量等。

2. 查看钢材外观表面（图 6-6）。钢材表面是否存在油污、锈蚀、裂纹、结疤和弯折及其他损坏情况。

3. 查看钢材表面编号（图 6-7）。编号是否有误，是否使用抗震设防要求的钢筋。

图 6-6　钢材表面锈蚀

图 6-7　钢筋表面编号

4. 查看钢筋端部断口。钢材断口呈纤维状还是齐平，是否存在金属光泽等。

5. 量测钢筋直径或内径是否符合要求。

第4节 建筑砂浆

建筑砂浆同混凝土一样，是农房建设的主要材料之一。农房建设常用的建筑砂浆主要有砌筑砂浆、抹灰砂浆及其他砂浆等（图 6-8、图 6-9）。

图 6-8 砌筑砂浆

图 6-9 防水砂浆

6.4.1 砌筑砂浆

砌筑砂浆主要水泥砂浆、石灰砂浆、混合砂浆三种，用于农房的砖砌体、砌块砌体和石砌体施工。一般情况下，砌体基础选用水泥砂浆，主体结构选用混合砂浆，简易工程选用石灰砂浆。

1. 水泥

水泥选用通用水泥或砌筑水泥，其强度等级根据砂浆品种及强度等级选择。《砌筑砂浆配合比设计规程》JGJ/T 98 规定，M15 及以下强度等级的砌筑砂浆宜选用 32.5 级的通用硅酸盐水泥或砌筑水泥，M15 以上强度等级的砌筑砂浆宜选用 42.5 级的通用硅酸盐水泥或砌筑水泥。

2. 砂

石砌体宜选用粗砂，砖砌体及砌块宜用中砂。砂中不得含有有害杂质，含泥量不应超过 5%，且不应含有 4.75mm 以上的颗粒，并应符合现行行业标准规定。

3. 石灰

生石灰熟化成石灰膏时，应用孔径不大于 3mm×3mm 的网过滤，熟化时间不得少于 7d；磨细生石灰粉的熟化时间不得少于 2d。严禁使用脱水硬化的石灰膏，脱水硬化的石灰膏不仅起不到塑化作用，还会影响砂浆强度。消石灰粉不得直接用于砌筑砂浆。

4. 水

砌筑砂浆的用水应符合现行行业标准《混凝土用水标准》JGJ 63 的规定。

6.4.2 抹灰砂浆

抹灰砂浆主要用于农房内外墙面的抹灰和镶贴、顶棚抹灰及其他构件的抹灰。农房建设常用的抹灰砂浆有水泥抹灰砂浆、水泥粉煤灰抹灰砂浆、水泥石灰抹灰砂浆、预拌抹灰砂浆等。

1. 水泥

《抹灰砂浆技术规程》JGJ/T 220 规定，抹灰砂浆强度等级不大于 M20 宜用 32.5 级通用硅酸盐水泥或砌筑水泥，强度等级大于 M20 宜用强度等级不低于 42.5 级的通用硅酸盐水泥。

2. 砂

抹灰砂浆宜选用中砂，质量要求同砌筑砂浆。

3. 石灰

生石灰熟化为石灰膏，熟化时间不应少于 15d，且用于罩面抹灰砂浆时熟化时间不应少于 30d。磨细生石灰粉熟化时间不应少于 3d。石灰膏、磨细生石灰粉应采用孔径不大于 3mm×3mm 的网过滤。消石灰粉不得直接用于拌制抹灰砂浆。

4. 水

抹灰砂浆用水同砌筑砂浆。

5. 其他材料

建筑石膏、外加剂等其他材料应符合行业标准规定。

6.4.3 主要技术性能

砂浆的主要性能有拌制砂浆的和易性、硬化砂浆的强度、粘结力、耐久性和变形。

1. 和易性

新拌制砂浆应具有良好的和易性，包括流动性、保水性两方面。流动性用稠度表示，保水性用保水率表示。新拌制砂浆的和易性应符合表 6-3、表 6-4 规定。

常用砌筑砂浆的施工稠度（单位：mm）　表 6-3

砌体种类	施工稠度
烧结普通砖砌体、粉煤灰砖砌体	70～90
混凝土砖砌体、普通混凝土小型空心砌块砌体、灰砂砖砌体	50～70
烧结多孔砖砌体、烧结空心砖砌体、轻集料混凝土小型空心砌块砌体、蒸压加气混凝土砌块砌体	60～80
石砌体	30～50

常用砂浆的保水率　表 6-4

砂浆种类	保水率(%)
水泥砂浆	≥80
水泥混合砂浆	≥84
预拌砌筑砂浆	≥88

2. 强度

不同类型的砂浆的强度等级不同，其强度应符合表 6-5 规定。

常用建筑砂浆的强度等级　表 6-5

砂浆品种	强度等级
砌筑水泥砂浆	M30、M25、M20、M15、M10、M7.5、M5
砌筑混合砂浆	M15、M10、M7.5、M5
水泥抹灰砂浆	M15、M20、M25、M30
水泥石灰抹灰砂浆	M2.5、M5、M7.5、M10

3. 粘结力

砂浆粘结力影响砌体抗剪强度、耐久性和稳定性、建筑物抗震能力和抗裂性等。砂浆强度越大，粘结力越大。

6.4.4　配合比设计

农房建设所用砂浆采用现场拌制时，乡村建设工匠应按照《安徽省农村住房施工技术导则》和《安徽省农房设计技术导则》附录的设计配合比执行。

6.4.5　农房建设对建筑砂浆的要求

《安徽省农房设计技术导则》和《安徽省农村住房施工技术导则》规定，农房建设结合所在地区条件，宜优先采用预拌砂浆。砖砌体基础砂浆强度等级不应低于 M5.0。承重墙体用砌筑砂浆强度等级不应低于 M5.0，填充墙砌体的砂浆强度等级不应低于 M5.0。采用浆砌石砌体时，砂浆等级不低于 M5.0。

6.4.6　建筑砂浆的检验

建筑砂浆检验同混凝土。

第 5 节　砌体材料

6.5.1　砖

常用的烧结类的砖有普通砖、多孔砖和空心砖。非烧结类的砖有蒸养砖和混凝土砖等。

1. 烧结砖

（1）技术性能

烧结砖的技术性能有尺寸偏差、外观质量、强度等级、泛霜、石灰爆裂等。

（2）规格

普通砖的标准尺寸为 240mm×115mm×53mm，抗压强度为 MU30、MU25、MU20、MU15、MU10 五个等级（图 6-10）。烧结多孔砖的孔的尺寸小而数量多，孔洞率≤25%，分为 P 型和 M 型，P 型规格为 240mm×115mm×90mm，M 型规格为 190mm×190mm×90mm。其强度分 MU10、MU15、MU20、MU25、MU30 五个等级（图 6-11）。可以用于农房的承重墙。烧结空心砖的孔的尺寸大而数量少，孔洞率≥25%，其强度分 MU1.5、MU2.5、MU3.5、MU5.0、MU7.5、MU10.0 六个等级，主要用于农房的非承重墙。

图 6-10　烧结普通砖

图 6-11　烧结多孔砖

2. 非烧结砖

非烧结砖有粉煤灰砖、灰砂砖、炉渣砖三种。其强度有 MU10、MU15、MU20、MU25 四个等级，主要适用于农房的内、外墙，以及房屋的基础（强度≥MU15），是替代烧结黏土砖的产品（图 6-12）。混凝土砖的规格为 240mm×115mm×53mm，分为普通和多孔两类，非烧结普通砖的强度等级有 MU40、MU30、MU35、MU30、MU25、MU20、MU15 等，比烧结砖更轻质、保温、抗渗、抗震和耐久，可直接替代烧结普通砖、多孔砖，应用于农房的承重墙体中，是新型节能建筑材料的重要组成部分（图 6-13）。

图 6-12　混凝土普通砖

图 6-13　混凝土多孔砖

6.5.2　砌块

农房常用的砌块有混凝土小型空心砌块、中型空心砌块和蒸压加气混凝土砌块等，其中粉煤灰小型砌块、混凝土小型空心砌块作为新型墙体材料得到广泛应用，蒸压加气混凝土砌块作为多孔、轻质、隔热的节能材料也得到认可和推广，用于农房的外填充墙和非承重内隔墙。若不采取其他措施，不得用于建筑物标高±0.000 以下、长期浸水、经常受干湿交替或经常受冻融循环的部位，不得用于酸碱化学物质侵蚀的部位以及制品表面温度高于 80℃的部位。

6.5.3　石材

石材属于乡土材料，可用于农房墙体、基础、勒脚及建筑装饰。安徽皖南地区及大别山区常用石材建设农房，取材方便，经济实用。皖北平原地区很少采用，因为运输难度与运输成本较大，可用于建筑装饰。

6.5.4　农房建设对砌体材料的要求

《安徽省农房设计技术导则》和《安徽省农村住房施工技术导则》规定，农房建设的砌体材料应满足以下要求：

1. 农房建设使用的砌体应有质量合格证明文件。
2. 砌体砌筑时，所使用的非烧结类的砖产品龄期不应小于 28d。
3. 承重墙体使用砌体的强度等级应满足设计要求。
4. 材质应坚实，无风化、剥落和裂纹。

图 6-14　砖表面

6.5.5　砌体材料检验

乡村建设工匠应能够对砌体材料质量鉴定。

1. 砌体外观表面是否完整，观察砌体的颜色（图 6-14）。

2. 敲击时听砖发出的声音。

3. 断砖时检查砌体内部情况。

第6节　木材

木材是建筑材料的主材之一，用途广泛，既能制作木结构建筑的结构构件和装饰构件，又能搭设农房建设的脚手架、制作混凝土模板，还可以制作家具。

6.6.1　木材的主要性能

1. 木材的含水率

木材的含水率是指木材中所含水的质量占干燥木材质量的百分数，表示含水量大小。木材的平衡含水率是木材进行干燥时的重要指标。长江流域一般为15%。

2. 木材的干湿变形

木材的干湿变形比较明显，对材料影响很大，使木材产生裂缝或翘曲变形，以至引起木结构的结合松弛或凸起等。

3. 木材的强度

由于木材的构造各向不同，致使木材的抗拉、抗压、抗弯和抗剪强度在各向强度存在差异。

4. 木材等级

根据《木结构设计标准》GB 50005的规定，承重结构用木材按照承重结构的受力要求分三级，设计时应根据构件的受力种类选用适当等级的木材。结构和装饰选用等级较高的木材。

6.6.2　农房建设对木材的要求

《安徽省农房设计技术导则》和《安徽省农村住房施工技术导则》规定，农房建设的木材应满足以下要求：

1. 木结构应选用干燥、节疤少、无腐朽的木材。

2. 木结构承重用的木材宜选用圆木、方木和板材。受拉构件或拉弯构件应选用一等材，受弯构件或压弯构件应选用二等材，受压构件或次要构件可选用三等材。

3. 不应小于150mm，方木柱边长不应小于120mm；圆木檩梢径不应小于100mm，方木椽边长不应小于50mm；现场制作的方木或圆木构件的含水率不应大于25%。

4. 承重木柱宜沿房屋高度贯通。

6.6.3　木材检验

1. 观察木材表面的裂缝、斜纹等。

2. 切取一片木材，观察木材的髓心及横、径和弦三个切面。

第7节　防水材料

农房的屋顶、外墙、室内卫生间等部位的防水必不可少，否则将影响农房的功能和耐久性。农房建设常用的防水做法有结构自防和材料防水两种，一般选用瓦材、混凝土、防水砂浆、卷材和涂料等作为防水材料。本节重点讲述防水卷材和防水涂料。

6.7.1　防水卷材

防水卷材是将沥青类或高分子类防水材料浸渍在胎体上，制作成的一种带状定型的柔性防水材料，广泛应用于农房建设。根据成膜的主要材料分，分为沥青防水卷材、改性沥青防水卷材和合成高分子防水卷材。常用的防水卷材有 SBS 改性沥青防水卷材、APP 改性沥青防水卷材、三元乙丙橡胶合成高分子防水卷材和聚氯乙烯防水卷材等。

6.7.2　防水涂料

防水涂料在常温下呈无定形状态，经现场涂覆可在结构物表面固化形成具有防水功能的膜层材料。防水涂料按成膜物质分为沥青基防水涂料、高聚物改性沥青防水涂料、合成高分子防水涂料、有机无机复合防水涂料（图 6-15、图 6-16）。按液态类型分为溶剂型、水乳型和反应型三种。

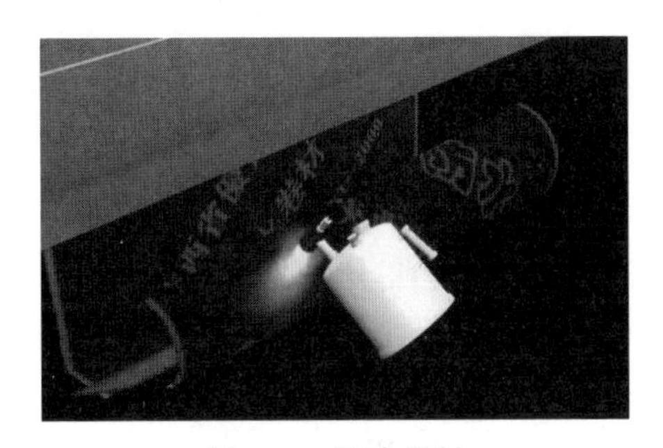

图 6-15　防水卷材

图 6-16　防水涂料

6.7.3　防水材料的选择

1. 防水材料选择的要求

（1）根据当地历年最高及最低气温、屋面坡度和使用条件等因素，选择耐热性、低温柔性相适应的防水材料。

（2）根据地基变形程度、结构形式、当地年温差、日温差和振动等因素，选择拉伸性能相适应的防水材料。

（3）根据屋面防水的暴露程度等因素，选择耐紫外线、耐老化、耐霉烂相适应的防水材料。

2. 不同建筑部位的防水材料

（1）屋面

屋面防水可选用抗拉强度高、延伸率大、耐老化性好的防水卷材，也可以用防水涂料。瓦材坡屋面可以选用柔性防水卷材，若需钉子等固定瓦片应选用高聚物改性沥青卷材。靠近铁路、地震区、房内有锻锤等振动较大或使得房屋易振动的农房，其屋面防水应选用高延伸率和高强度的卷材或涂料。

（2）外墙

农房的外墙防水可以选用水泥砂浆或墙漆等防水材料，选用的防水材料应结合外墙装修或乡村规划决定。

（3）室内卫生间

农房的卫生间、浴室的防水常采用防水涂料等，也可以选用其他防水方式。

6.7.4 农房建设对防水材料的要求

1. 材料进场后，对材料的质量证明文件进行检查，并经乡村建筑工匠和房屋居民检查确认。

2. 产品外包装上应包括生产厂名、地址、商标、产品标记、生产日期及批号检验合格标识、生产许可证号及标志、施工方法或者用量配比等。

3. 所有产品必须要有与之相符的包装便于运输和储存，卷材可用包装袋、编织袋等包装、涂料可选用包装桶、包装袋、包装箱、阀口袋等进行包装。

4. 贮存与运输时，不同类型、规格的产品应分别存放、不得混杂。避免日晒雨淋，注意通风。卷材立放贮存只能单层，运输过程中立放不超过两层。产品保存温度范围为5～40℃。

5. 一般贮存0.5～1年，自生产日期起计算。

6.7.5 防水材料检验

1. 防水卷材检验

（1）外观鉴别法

主观判定，观察查验。一看表面是否美观、平整、有无气泡、麻坑儿等；二看卷材厚度是否均匀一致；三看胎体有无未被浸透的现象（露白茬）；四看断面油质光亮度；五看覆面材料是否粘接牢固（图6-17）。

(a) 正品

(b) 假冒

图6-17 卷材表面

（2）气味法

标准的SBS改性沥青卷材基本上没有明显的刺激性气味，在施工火烤过程中容易出油。乡村建设工匠应能够闻气味鉴别真假。一闻有无废机油的味道；二闻有无废胶粉的味道；三闻有无苯的味道；四闻有无其他异味。

（3）弯折法

乡村建设工匠抽取一块卷材对折，观察有无痕迹、裂纹等，鉴别卷材撕裂性能（图6-18）。

（4）触摸法

用手摸、撕、拉等方法，通过手感和观感判断卷材的档次，合格卷材的手感柔软，有弹性（图6-19）。

（5）查验标签与合格证鉴别法

一查卷材是否有标签和合格证，二查是否信息完整，三利用信息技术查卷材电子信息，如扫描二维码，若无法查询信息、查询信息空白或查询的相关信息与材料标签不一

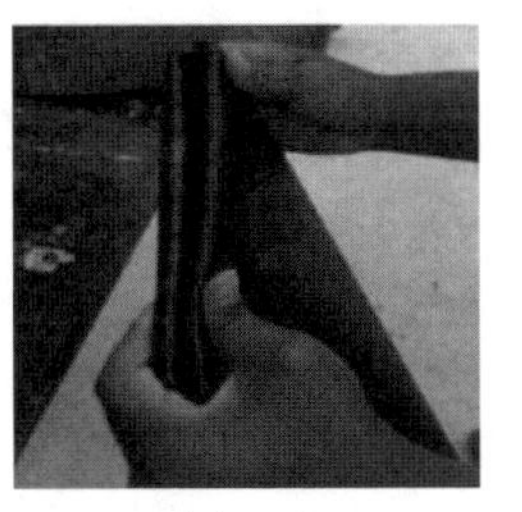

(a) 正品

(b) 假冒

图 6-18　卷材对折

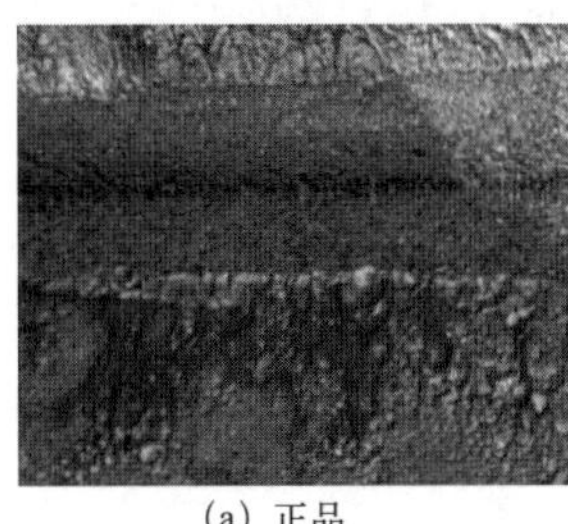

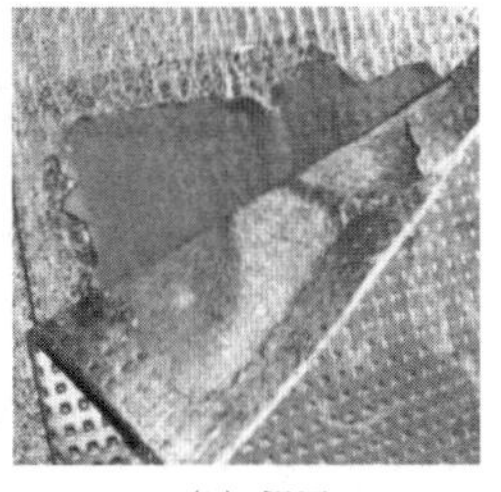

(a) 正品

(b) 假冒

图 6-19　防水卷材撕裂

致，即可鉴别真伪。

2. 防水涂料检验

（1）外观鉴别法

一看外包装。防水涂料的外包装材料均是合格的塑料，由专业的企业进行加工包装，其包装桶的桶壁厚实结实稳固、不易破损，提手不易断裂，桶盖密封严实。内包装袋结实牢固，不易泄漏，桶内涂料重量真实可靠。包装桶的外观覆膜规矩平整美观、不易脱落，选用的覆膜是优质油墨，色彩颜色清晰鲜艳、持久不易变色。

二看涂料色泽。优质的防水涂料乳液色泽纯净，表面匀净。而劣质防水涂料乳液则色泽暗沉、有颗粒或结块现象（图 6-20）。

图 6-20　防水涂料色泽

三闻涂料气味。优质的防水涂料中的液料气味是淡淡的。而劣质防水涂料就会有浓烈的刺鼻气味。劣质防水涂料整体性能差，防水寿命短，不能保证防水层耐久性。

（2）查验合格证等鉴别

一查防水涂料是否有合格证，二查合格证信息是否完整，三利用信息技术查卷材电子信息，如扫描二维码，若无法查询信息、查询信息空白或查询的相关信息与材料标签不一致，即可鉴别真伪。

第 8 节　建筑节能材料

为推动绿色建筑高质量发展，2022 年 3 月住房和城乡建设部印发了《“十四五”建筑节能与绿色建筑发展规划》，要求到 2025 年完成既有建筑节能改造面积 3.5 亿 m^2 以上，建设超低能耗、近零能耗建筑 0.5 亿 m^2 以上，装配式建筑占当年城镇新建建筑的比例达到 30%，全国新增建筑太阳能光伏装机容量 0.5 亿 kW 以上，地热能建筑应用面积 1 亿 m^2 以上，城镇建筑可再生能源替代率达到 8%，建筑能耗中电力消费比例超过 55%。到 2030 年前实现碳达峰，到 2060 年前实现碳中和。因此，无论是既有农房改造修缮，还是新建农房都必须满足建筑节能要求，农房建设必须选择建筑节能材料。

鼓励农村住房推广应用建筑节能材料，减少建筑能耗，降低围护结构的耗热量。一是降低墙体、门窗、屋顶、地面的耗热量，二是减少门窗空气渗透热，三是改善围护结构热工性能，其参数包括外墙的热阻、门窗子面积及遮阳状况、屋面隔热情况等。

6.8.1　新型墙体材料

黏土砖是传统的建筑墙体材料，既占用耕地，又生产制作过程产生高能耗，不利于节能和环保要求。因此，农房建造应使用新型墙体材料代替传统建筑墙体材料，主要有烧结砖、蒸压砖、混凝土砌块、蒸压混凝土砌块、石膏墙材和墙板等。烧结砖包括多孔砖与空心砖；蒸压砖包括蒸压灰砂砖与粉煤灰砖；蒸压混凝土砌块包括蒸压加气混凝土砌块、蒸压砂加气混凝土砌块和蒸压粉煤灰加气混凝土砌块、蒸压加气混凝土板；石膏墙材包括石膏砌块、石膏空心砌块和纸面石膏板；墙板包括蒸压陶粒混凝土墙板和建筑用轻质隔墙条板。

当新型墙体材料不能满足保温隔热要求时，还可以采取其他措施，采用岩棉、玻璃棉、聚苯乙烯塑料、聚氨酯泡沫塑料及聚乙烯塑料等新型高效保温绝热材料铺设，也可以采用复合墙体，降低外墙传热系数。特别是既有建筑的墙体应铺设高效保温材料，增强墙体保温效果。

6.8.2　新型屋面保温隔热材料

建筑屋面不仅要做好防水和排水，保证屋面不漏水和渗水等，还要做好屋面保温隔热。往往农房建造过程中容易忽略屋面保温隔热，造成建筑使用空间的浪费。因此，农房屋面保温隔热非常重要，直接影响建筑保温隔热效果。屋面保温常采用高效保温屋面、架空型保温屋面、浮石沙保温屋面和倒置型保温屋面等节能屋面。当前，农房的屋面保温隔热材料主要有聚苯乙烯泡沫、聚氨酯泡沫和水泥粉煤灰等节能材料。

6.8.3　新型建筑门窗保温隔热

门窗常采用增加门窗玻璃层数、门窗上加贴透明聚酯膜、加装门窗密封条、使用低辐射玻璃、封装玻璃和绝热性能好的塑料窗等措施，改善门窗绝热性能，有效降低室内空气和室外空气的热传导，包括节能门窗和节能玻璃。目前，农房的节能门窗有 PVC 门窗、铝木复合门窗、铝塑复合门窗、玻璃钢门窗等，节能玻璃主要有中空玻璃、真空玻璃和镀膜玻璃等。

第7章　农房建设项目管理

第1节　宅基地管理

为加强宅基地用地管理，政府主管部门制定了宅基地的申请、使用及监督等管理制度。

7.1.1　宅基地用地要求

1. 农房建设用地选址应当符合乡（镇）国土空间规划、村庄规划。

2. 农村建设的宅基地尽量使用原有的宅基地、闲置地或村内空闲地，尽量不占或者少占耕地，不得占用永久基本农田。涉及占用农用地的，应当依法办理农用地转用审批手续。

3. 原地拆旧建新原则上不超过原批准用地范围。

4. 农房建设应办理《乡村建设规划许可证》和《农村宅基地批准书》。

5. 农房建设开工前，应当向乡（镇）人民政府申请宅基地用地范围。乡（镇）人民政府受理申请后，应当及时组织有关工作人员实地丈量批放宅基地，确定坐落、四至、界址，明确建设要求。

6. 对合法取得的宅基地使用权、利用宅基地建造的农房及其附属设施，可以依法申请不动产登记。

7. 鼓励自愿有偿退出多占或进城落户未使用的宅基地。

7.1.2　宅基地面积管理

按照一户一宅要求，本着节约用地原则，新建农房的用地面积不得超过以下标准：

1. 城郊、农村集镇和圩区，每户不得超过160m^2。

2. 淮北平原地区，每户不得超过220m^2。

3. 山区和丘陵地区，每户不得超过160m^2。

4. 使用荒山、荒地建房的，每户不得超过300m^2。

7.1.3　宅基地申请管理

1. 申请条件

《安徽省实施〈中华人民共和国土地管理法〉办法》第五十二条规定，符合下列情形之一的，村民可以以户为单位向农村集体经济组织申请宅基地。农村集体经济组织不健全的，向所在的村民小组或者村民委员会提出申请。

（1）无宅基地的。

（2）因结婚等原因，确需建房分户，原宅基地面积低于规定标准的。

（3）因自然灾害或者实施村庄规划需要搬迁的。

（4）经县级以上人民政府批准回原籍落户，没有住宅需要新建住宅的。

（5）原有宅基地被依法征收，或者因公共设施和公益事业建设被占用的。

（6）县级以上人民政府规定的其他条件。

2. 申请程序

《安徽省实施〈中华人民共和国土地管理法〉办法》第五十三条规定，符合农村宅基地申请条件的，农村村民应当向村民小组一级农村集体经济组织提出申请；没有设立村民小组一级农村集体经济组织的，应当向村民小组提出申请。宅基地申请依法经村民小组一级农村集体经济组织或者村民小组集体讨论通过的，应当在本集体经济组织或者村民小组范围内进行公示，公示时间不少于五个工作日。公示无异议的，由村民委员会报乡（镇）人民政府审批；公示有异议的，由村民小组集体经济组织或者村民小组进行调查，经调查异议成立的，退回宅基地申请或者修改分配方案，再次予以公示；异议不成立的，按程序报乡（镇）人民政府审批。涉及占用农用地的，由乡（镇）人民政府向有批准权的人民政府提出农用地转用申请。

农村集中建设居民点的，在充分尊重村民意愿且符合村庄规划的前提下，由一个或者数个村农村集体经济组织或者村民委员会提出用地申请，经乡（镇）人民政府审核后，报设区的市、县（市）人民政府审批。涉及农用地转为建设用地的，应当依法办理转用审批手续。

7.1.4　宅基地审批管理

1. 审查内容

《农村宅基地管理暂行办法》第十八条规定，乡（镇）人民政府受理宅基地申请后，应当组织开展审查。主要审查以下内容：

（1）申请人是否符合申请资格条件。

（2）拟用地块是否符合宅基地合理布局要求和面积标准。

（3）用地建房是否符合有关规划、土地用途管制等要求，拟建房层数、建筑高度、面积是否符合规定等。

拟用地块涉及林业、电力、水利、交通等行业管理的，应当及时征求相关机构的意见。涉及占用农用地的，应当依法办理农用地转用审批手续。

2. 审查结果

《农村宅基地管理暂行办法》第十九条规定，乡（镇）人民政府对符合宅基地批准条件的申请，应当予以批准，核发农村宅基地批准书，并将审批情况向县级人民政府农业农村主管部门备案。乡（镇）人民政府应当建立宅基地申请审批台账，按照档案管理有关规定保管宅基地申请审批资料。提倡将农村村民住宅建设的乡村建设规划许可证由乡（镇）人民政府同农村宅基地批准书一并发放。

3. 不予批准情形

第二十条规定，村民申请宅基地，有下列情形之一的，不予批准。

（1）不符合“一户一宅”规定的。

（2）申请异址新建住宅但未签订退出原有宅基地协议的。

（3）出卖、出租、赠与农村住宅后，再申请宅基地的。
（4）原有宅基地及住宅被征收，已依法进行补偿安置的。
（5）不符合分户申请宅基地条件的。
（6）不符合国土空间规划、村庄规划的。
（7）现有土地资源无法满足分配需求的。
（8）法律、法规和省、自治区、直辖市规定不予批准的其他情形。

第 2 节　质量管理

乡村建设工匠应对农房的施工质量安全负责，严格执行设计文件，按《安徽省农村住房施工技术导则》要求施工，不得擅自修改设计文件，不得偷工减料。乡村建设工匠还应熟悉农房建设的质量控制要点及控制标准。

7.2.1　定位放线

地基和基础施工前，乡村建设工匠应核对轴线定位点等，妥善保护与定期复测。

7.2.2　土方工程

1. 基槽（坑）开挖

（1）施工前应对现场和周边环境调查，复测控制点，校核农房平面位置和标高是否符合要求。

（2）编制施工方案，明确开挖顺序，严禁超挖。

（3）地基基础应避开雨雪天气施工。遇到雨期施工时应采取排水及覆盖措施，防止地表水流入基槽（坑）。冬期施工时应采取保温措施，防止受冻。

（4）开挖较深或土质较差时，应放坡或支护挡土板等，防止槽壁坍塌。

2. 基槽（坑）回填

（1）回填料应满足含水率要求，“手握成团，落地开花”。

（2）回填前应检查基底的垃圾、树根等杂物清除情况。

（3）回填时应控制填筑厚度、夯实程度等。

7.2.3　地基与基础工程

1. 验槽

（1）基槽开挖至设计标高（坚土），乡村建设工匠应会同有关人员进行验槽，确认是否开挖至持力层。

（2）槽底应为无扰动的原状土，必要时采用轻型动力触探等方法检测。

2. 地基

特殊土地基宜按国家现行标准《村镇住宅结构施工及验收规范》GB/T 50900 或当地经验处理。

3. 基础

基底抄平后，应设置基础底面控制桩。

（1）无筋扩展基础

①施工前应弹出基础轴线、边线并复验。

②施工时应对质量、强度、灰缝饱满度、轴线及标高等检验。

③施工后应对强度、轴线位置、基础顶面标高等检验。

（2）钢筋混凝土扩展基础

同无筋扩展基础。

7.2.4　砌体工程

1. 质量控制要求

（1）砌体材料的质量应符合国家现行标准要求，有产品合格证、产品质量检验报告等。严禁使用国家明令淘汰的材料。

（2）施工前应自基准控制点引测标高、轴线，定位放线。施工结束后应校核砌体轴线和标高。

（3）施工时应避开雨雪天气施工。雨天施工时应对当日砌筑的墙体遮盖。继续施工时应复核墙体的垂直度，若垂直度超过允许偏差，应拆除重新砌筑。

（4）宜选用预拌砂浆。

2. 砖砌体

（1）混凝土砖、蒸压砖等非烧结类砖的产品龄期不应小于28d。

（2）烧结类砖及蒸养砖应提前1～2d润湿。严禁采用干砖或处于吸水饱和状态的砖砌筑。

（3）冻胀环境的地区，地面或防潮层以下的砌体不应采用多孔砖。

（4）不同品种的砖不得在同一楼层混砌。

3. 混凝土小型空心砌块砌体

（1）小砌块产品龄期不少于28d。

（2）施工前应按施工图绘制砌块排列图。

（3）地面或防潮层以下的砌块强度等级不低于C20（或Cb20），并用混凝土灌实孔洞。防潮层以上的小砌块应采用专用砂浆砌筑。采用其他砌筑砂浆时应改善砂浆和易性和粘结性。

（4）普通混凝土小型空心砌块不需要浇水湿润，遇天气干燥炎热，宜在砌筑前喷水湿润。轻骨料混凝土小砌块应提前浇水湿润，相对含水率宜为40%～50%。雨天及小砌块表面有浮水时不得施工。

（5）芯柱应采用不封底的通孔小砌块，灌注混凝土宜选用专用混凝土。芯柱混凝土在预制楼盖处应贯通，不得削弱芯柱截面尺寸。

4. 石砌体

（1）砌筑缝隙较大的毛石应先向缝内填灌砂浆并捣实，然后用小石块嵌填，不得先填小石块后填灌砂浆，石块间不得出现无砂浆相互接触现象。

（2）砌筑砖石组合墙时，毛石砌体与砖砌体应同时砌筑，每隔4～6皮砖用2～3皮丁砖与毛石砌体拉结砌合。两种砌体间的空隙应填实砂浆。

（3）毛石墙和砖墙相接的转角处和交接处应同时砌筑。

5. 配筋砌体工程

（1）配筋小砌块的剪力墙应采用专用小砌块和砂浆砌筑，专用小砌块用混凝土灌孔，浇筑芯柱。

（2）钢筋应居中置于水平灰缝内，灰缝的厚度应大于钢筋直径4mm以上。

6. 填充墙砌体

（1）轻骨料混凝土小型空心砌块和蒸压加气混凝土砌块的产品龄期不应小于28d。蒸压加气混凝土砌块的含水率宜小于30%。

（2）吸水率较小的轻骨料混凝土小型空心砌块及采用薄灰砌筑法施工的蒸压加气混凝土砌块砌筑前不应对其浇（喷）水浸润；气候干燥炎热时，吸水率较小的轻骨料混凝土小型空心砌块宜喷水湿润。烧结空心砖、吸水率较大的轻骨料混凝土小型空心砌块应提前1～2d浇（喷）水湿润。蒸压加气混凝土砌块采用专用砌筑砂浆或普通砌筑砂浆砌筑时，应在砌筑当天对砌块砌筑面喷水湿润。

（3）蒸压加气混凝土砌块、轻骨料混凝土小型空心砌块不应与其他块体混砌，不同强度等级的同类砌块不得混砌。

（4）填充墙砌体应在承重主体结构检验批验收合格后砌筑。填充墙与承重主体结构间的空（缝）隙部位应在填充墙砌筑14d后施工。

7.2.5　钢筋混凝土工程

1. 钢筋

（1）钢筋的质量应符合要求。

（2）钢筋加工宜在常温状态下加工，弯折应一次到位。调直后的钢筋应平直，不应有局部弯折。

（3）混凝土浇筑前应检查钢筋数量、规格、位置、净距及垫块保护层厚度等。

（4）钢筋绑扎应牢靠。

（5）钢筋接头的位置应符合要求。有抗震设防要求的结构，其梁端、柱端的箍筋加密区范围内不应钢筋搭接。

2. 混凝土

（1）严禁在配备好的混凝土中加水。当坍落度损失后不能满足施工要求时，应加入原水胶比的水泥浆或掺加同品种的减水剂进行搅拌。

（2）严禁用洒落的混凝土浇筑混凝土结构。

（3）混凝土浇筑时应先浇高强度混凝土，后浇低强度混凝土。浇筑后的混凝土构件外观质量不应存在缺陷。若存在一般缺陷时，应及时处理。若存在严重缺陷，按要求处理。必要时，拆除构件重新制作。

（4）施工缝的结合面应为粗糙面，清除浮浆、松动石子、软弱混凝土层，结合面处应洒水湿润，但不得有积水。

（5）楼板上的堆载不得超过楼板结构设计承载能力。当施工层进料口处施工荷载较大时，楼板下应采取可靠临时支撑措施。

3. 模板与支撑

（1）模板工程应编制施工方案。

（2）模板及支架应根据安装、使用和拆除工况进行设计，并应满足承载力、刚度和整体稳固性要求。

（3）模板及其支架撤除的顺序及平安措施应符合现行国家标准和施工方案的要求。

（4）模板竖杆安装在土层上应符合以下规定：

①土层应坚实、平整，其承载力或密实度应符合施工方案的要求。

②应有防水、排水措施；对冻胀性土，应有预防冻融措施。

③支架竖杆下应有底座或垫板。

7.2.6　装饰工程

1. 一般抹灰

（1）抹灰前基层表面应清除干净，并应洒水润湿或进行界面处理。

（2）抹灰层与基层之间及各抹灰层之间应粘结牢固。

（3）当抹灰总厚度大于或等于 35mm 时，应采用加强网等措施加强，防止脱落。不同材料基体交接处表面的抹灰，应采取防止开裂的加强措施。当采用加强网时，加强网与各基体的搭接宽度不应小于 100mm。

2. 饰面砖工程

（1）饰面砖粘贴牢固。

（2）采用满粘法施工的石板、陶瓷板工程，石板、陶瓷板与基层之间的粘结料应饱满、无空鼓。

3. 涂饰工程

（1）基层处理应符合规定，新建筑物的混凝土或抹灰基层在用腻子找平或直接涂饰涂料前应涂刷抗碱封闭底漆；既有建筑墙面在用腻子找平或直接涂饰涂料前应清除疏松的旧装修层，并涂刷界面剂；混凝土或抹灰基层在用溶剂型腻子找平或直接涂刷溶剂型涂料时，含水率不得大于 8%；在用乳液型腻子找平或直接涂刷乳液型涂料时，含水率不得大于 10%，木材基层的含水率不得大于 12%。

（2）找平层应平整、坚实、牢固，无粉化，起皮和裂缝，内墙找平层的粘结强度应符合现行行业标准《建筑室内用腻子》JG/T 298 的规定。

（3）厨房、卫生间墙面的找平层应使用耐水腻子。

7.2.7　防水工程

1. 室内防水

（1）卫生间、浴室的楼、地面应设置防水层，门口应有阻止积水外溢的措施。

（2）卫生间、浴室和设有配水点的封闭阳台等墙面应设置防水层；防水层高度宜距楼、地面面层 1.2m。

（3）当卫生间有非封闭式洗浴设施时，花洒所在及其邻近墙面防水层高度不应小于 1.8m。

（4）卫生间、厨房采用轻质隔墙时，应做全防水墙面，其四周根部除门洞外，应做 C20 细石混凝土坎台，并应至少高出相连房间的楼、地面饰面层 200mm。

2. 屋面防水

(1) 屋面防水层的厚度应符合要求

(2) 屋面找坡应满足设计排水坡度要求，结构找坡不应小于3%，材料找坡宜为2%；檐沟、天沟纵向找坡不应小于1%，沟底水落差不得超过200mm。

(3) 屋面防水工程完工后，应进行观感质量检查和雨后观察或淋水、蓄水试验，不得有渗漏和积水现象。检查屋面有无渗漏、积水和排水系统是否通畅，应在雨后或持续淋水2h后进行。具备蓄水条件的檐沟、天沟应进行蓄水试验，蓄水时间不得少于24h，并应填写蓄水试验记录。

(4) 屋面细部的防水构造应符合设计和规范要求。

屋面防水细部构造包括檐口、檐沟和天沟、女儿墙及山墙、水落口、伸出屋面管道、屋面出入口、反梁过水孔、屋脊、屋顶窗等部位。

3. 外墙节点构造防水

(1) 阳台应向水落口设置不小于1%的排水坡度，水落口周边应留槽嵌填密封材料。阳台外口下沿应做滴水线。

(2) 穿过外墙的管道宜采用套管，套管应内高外低，坡度不应小于5%，套管周边应作防水密封处理。

(3) 女儿墙压顶宜采用现浇钢筋混凝土或金属压顶，压顶应向内找坡，坡度不应小于2%。当采用混凝土压顶时，外墙防水层应延伸至压顶内侧的滴水线部位；当采用金属压顶时，外墙防水层应做到压顶的顶部，金属压顶应采用专用金属配件固定。

4. 门外窗与外墙的连接处防水

(1) 门窗框与墙体间的缝隙宜采用聚合物水泥防水砂浆或发泡聚氨酯填充。

(2) 门窗上楣的外口应做滴水线；外窗台应设置不小于5%的外排水坡度。

7.2.8 给水排水及供暖工程

1. 管道安装

(1) 建筑给水、排水及供暖工程所使用的主要材料、成品、半成品、配件、器具和设备必须具有中文质量合格证明文件，规格、型号及性能检测报告应符合规范或设计要求，进场时应对其品种、规格、外观等进行验收。生活给水系统所涉及的材料必须达到饮用水卫生标准。

(2) 管道安装的连接方式应符合设计要求。管道支、吊、托架的安装，应符合规范要求。

(3) 各种承压管道系统和设备应做水压试验，非承压管道系统和设备应做灌水试验，排水主立管及水平干管管道均应做通球试验，并形成记录。

(4) 管道安装坡度必须符合设计及规范要求，严禁无坡或倒坡。

2. 地漏水封

地漏的安装应平正、牢固，低于排水表面，周边无渗漏。地漏水封高度不得小于50mm。严禁采用钟罩（扣碗）式地漏。

3. PVC管道的阻火圈、伸缩节

(1) 排水塑料管应按设计要求及位置装设伸缩节。

（2）当建筑塑料排水管穿越楼层、防火墙、管道井壁时，应根据建筑物性质、管径和设置条件以及穿越部位防火等级等要求设置阻火装置。

4. 管道穿越楼板、墙体

（1）管道穿越建（构）筑物外墙时，应采取防水措施。对有严格防水要求的建（构）筑物，必须采用柔性防水套管。

（2）管道穿过墙壁和楼板，应设置金属或塑料套管。穿过楼板的套管与管道之间缝隙应用阻燃密实材料和防水油膏填实，端面光滑。穿墙套管与管道之间缝隙宜用阻燃密实材料填实，且端面应光滑。管道的接口不得设在套管内。

（3）有防水要求的地面，铺设前必须对立管、套管和地漏与楼板节点之间进行密封处理，并应进行隐蔽工程验收；排水坡度应符合设计要求。

（4）安装在楼板内的套管，其顶部应高出装饰地面20mm；安装在卫生间及厨房内的套管，其顶部应高出装饰地面50mm，底部应与楼板底面相平；安装在墙壁内的套管其两端与饰面相平。

5. 水泵安装

水泵安装应牢固，平整度、垂直度等应符合要求。

6. 生活水箱安装

（1）水箱的规格、型号和材质等应符合要求，使用前应按要求进行消毒。

（2）水箱支架或底座安装应平整牢固。

（3）水箱溢流管和泄水管应设置在排水地点附近，但不得与排水管直接连接，出口应设网罩。

第3节　安全管理

乡村建设工匠应掌握施工安全技术，查找施工现场的危险源，消除安全隐患，做好施工现场安全管理。

7.3.1　基槽坑工程

1. 异常情况处理

当开挖揭露的实际土层性状或地下水情况出现异常现象、不明物体，或周边建筑物出现裂缝、变形等异常情况时，应停止开挖。分析异常情况，采取相应处理措施，方可继续开挖。

2. 基槽周边堆载

（1）基槽周边施工材料、设施或车辆荷载严禁超过限载。

（2）基槽坑周边1m范围内不宜堆载，堆土及堆料的高度不宜大于1.5m。

7.3.2　模板及支撑体系

1. 支撑体系材料

模板安装前，应对材料、构配件、扣件进行现场检验，严禁使用不合格材料及有裂缝、变形、滑丝的螺栓。

2. 搭设与使用

（1）严禁木杆、钢管等支架立柱混用。

（2）支架立杆安装在基土上时，基土应坚实，并有排水措施。基土承载不足时，应采取硬化措施。支撑立杆底部应加设垫板，垫板应有足够强度、刚度和支承面积。支架安装在楼板上时，下层楼板应具有承受上层施工荷载的承载能力，否则应加设支撑支架。上层支架立柱应对准下层支架立柱，并应在立柱底铺设垫板。

（3）立杆底距地面 200mm 高处，应沿纵横水平方向设扫地杆。

3. 模板监测

混凝土浇筑时应指定专人对模板及支架进行观察和维护，发生异常情况应及时处理。

4. 拆除

（1）混凝土强度达到规定强度时方可拆模，拆模应从上而下按先支后拆、后支先拆、先拆非承重模板、后拆承重模板的顺序进行。拆下的模板不得抛扔，应按指定地点堆放。

（2）拆模如遇中途停歇，应将已拆松动、悬空、浮吊的模板或支架进行临时支撑牢固或相互连接稳固。对活动部件必须一次拆除。

7.3.3　脚手架

1. 架体材料和构配件

（1）钢管应采用 Q235 普通钢管，直径和厚度应符合要求，外观不得锈蚀、弯折等。

（2）脚手板可采用钢、木、竹材料制作，单块脚手板的质量不宜大于 30kg。

2. 基础

脚手架架体基础应硬化，满足上部承载要求，周边设有排水沟。

3. 扫地杆

作业脚手架底部立杆上应设置的纵向、横向扫地杆，纵向扫地杆距立杆底端不超过 200mm，横向扫地杆应紧靠纵向扫地杆下方的立杆上。

4. 连墙件

连墙件必须与作业脚手架搭设同步安装，严禁滞后安装。连墙件设置的位置、数量应满足要求。开口型脚手架的两端必须设置连墙件，连墙件的垂直间距不应大于建筑物的层高，并不应大于 4m。

5. 施工荷载

脚手架上严禁集中荷载。作业层上的施工荷载应符合设计要求，不得超载；不得将模板支架等固定在架体上；严禁悬挂起重设备，严禁拆除或移动架体上安全防护设施。

6. 拆除

（1）架体的拆除应从上而下逐层进行，严禁上下同时作业。

（2）同层杆件和构配件必须按先外后内的顺序拆除；斜撑杆等加固杆件必须在拆卸至该杆件所在部位时再拆除。

（3）作业脚手架连墙件必须随架体逐层拆除，严禁先将连墙件整层或数层拆除后再拆架体；拆除作业过程中，当架体的自由端高度超过 2 个步距时，必须采取临时拉结措施。

7.3.4 操作平台

1. 移动式操作平台

（1）移动式操作平台面积不宜大于 $10m^2$，高度不宜大于 5m，高宽比不应大于 2∶1，施工荷载不应大于 $1.5kN/m^2$。

（2）移动式操作平台的轮子与平台架体连接应牢固，立柱底端离地面不得大于 80mm，行走轮和导向轮应配有制动器或刹车闸等制动措施。

（3）移动式行走轮承载力不应小于 5kN，制动力矩不应小于 2.5N·m，移动式操作平台架体应保持垂直，不得弯曲变形，制动器除在移动情况外，均应保持制动状态。

（4）移动式操作平台移动时，操作平台上不得站人。

（5）移动式升降工作平台应符合规范要求。

2. 落地式操作平台

（1）落地式操作平台架体构造应符合下列规定：操作平台高度不应大于 15m，高宽比不应大于 3∶1；施工平台的施工荷载不应大于 $2.0kN/m^2$；当接料平台的施工荷载大于 $2.0kN/m^2$ 时，应进行专项设计；操作平台应与建筑物进行刚性连接或加设防倾措施，不得与脚手架连接。

（2）用脚手架搭设操作平台时，其立杆间距和步距等结构要求应符合国家现行相关脚手架规范的要求；应在立杆下部设置底座或垫板、纵向与横向扫地杆，并应在外立面设置剪刀撑或斜撑。

（3）操作平台应从底层第一步水平杆起逐层设置连墙件，且连墙件间隔不应大于 4m，并应设置水平剪刀撑；连墙件应为可承受拉力和压力的构件，并应与建筑结构可靠连接。

（4）落地式操作平台搭设材料及搭设技术要求、允许偏差应符合规范要求；落地式操作平台应按规范要求计算受弯构件强度、连接扣件抗滑承载力、立杆稳定性、连墙杆件强度与稳定性及连接强度、立杆地基承载力等。

（5）落地式操作平台一次搭设高度不应超过相邻两步连墙件；落地式操作平台拆除应由上而下逐层进行，严禁上下同时作业，连墙件应随施工进度逐层拆除。

7.3.5 临时用电

1. 配电系统

（1）电源中性点直接接地的 220/380V 三相四线制低压电力系统，必须采用三级配电系统；采用 TN-S 接零保护系统；采用二级剩余电流保护系统。

（2）配电系统应设置总配电箱、分配电箱、开关箱三级配电装置，实行三级配电。

（3）在施工现场专用变压器的供电的 TN-S 接零保护系统中，电气设备的金属外壳必须与保护零线连接。在 TN 接零保护系统中，通过总剩余电流动作保护器的工作零线与保护零线之间不得再做电气连接。在 TN 接零保护系统中，PE 零线应单独敷设。重复接地线必须与 PE 线相连接，严禁与 N 线相连接。PE 线上严禁装设开关或熔断器，严禁通过工作电流，且严禁断线。

（4）施工现场内所有防雷装置的冲击接地电阻值不得大于 30Ω。做防雷接地机械上的电气设备，所连接的 PE 线必须同时做重复接地，同一台机械电气设备的重复接地和机械的防雷接地可共用同一接地体，但接地电阻应符合重复接地电阻值的要求。每一接地装置的接地线应采用 2 根及以上导体，在不同点与接地体做电气连接。不得采用铝导体做接地体或地下接地线。垂直接地体宜采用角钢、钢管或光面圆钢，不得采用螺纹钢。

2. 总配电箱设置

（1）总配电箱应设在靠近电源的区域，总配电箱的电器应具备电源隔离，正常接通与分断电路，以及短路、过载、剩余电流保护功能。

（2）总配电箱的隔离开关应设置于电源进线端，应采用分断时具有可见分断点，并能同时断开电源所有极的隔离电器；如采用分断时具有可见分断点的断路器，可不另设隔离开关。

（3）总配电箱的熔断器应选用具有可靠灭弧分断功能的产品。

（4）总开关电器的额定值、动作整定值应与分路开关电器的额定值、动作整定值相适应。

（5）总配电箱应装设电压表、总电流表、电度表及其他需要的仪表；专用电能计量仪表的装设应符合当地供用电管理部门的要求；装设电流互感器时，其二次回路必须与保护零线有一个连接点，且严禁断开电路。

3. 分配电箱

（1）总配电箱以下可设若干分配电箱；分配电箱应设在用电设备或负荷相对集中的区域，分配电箱与开关箱的距离不得超过 30m。

（2）动力配电箱与照明配电箱宜分别设置；当合并设置为同一配电箱时，动力和照明应分路配电；动力开关箱与照明开关箱必须分设。

（3）配电箱的电器安装板上必须分设 N 线端子板和 PE 线端子板。N 线端子板必须与金属电器安装板绝缘；PE 线端子板必须与金属电器安装板做电气连接。进出线中的 N 线必须通过 N 线端子板连接；PE 线必须通过 PE 线端子板连接；配电箱内的连接线必须采用铜芯绝缘导线。

（4）分配电箱位装设总隔离开关、分路隔离开关以及总断路器、分路断路器或总熔断器、分路熔断器。

4. 开关箱设置

（1）分配电箱以下可设若干开关箱，开关箱与其控制的固定式用电设备的水平距离不宜超过 3m。

（2）每台用电设备应有各自专用的开关箱，严禁用同一个开关箱直接控制 2 台及 2 台以上用电设备（含插座）。

（3）开关箱必须装设隔离开关、断路器或熔断器，以及剩余电流动作保护器；当剩余电流动作保护器是同时具有短路、过载、剩余电流保护功能的剩余电流断路器时，可不装设断路器或熔断器；隔离开关应采用分断时具有可见分断点，能同时断开电源所有极的隔离电器，并应设置于电源进线端。当断路器具有可见分断点时，可不另设隔离开关；开关箱内的连接线必须采用铜芯绝缘导线。

（4）开关箱中的隔离开关只可直接控制照明电路和容量不大于 3.0kW 的动力电路，但不应频繁操作；容量大于 3.0kW 的动力电路应采用断路器控制，操作频繁时还应附设接触器或其他启动控制装置。

5. 配电线路

（1）架空线必须采用绝缘导线；在跨越铁路、公路、河流、电力线路档距内，架空线路不得有接头；架空线路的档距不得大于35m；架空线路与邻近线路或固定物的距离应符合规范要求；架空线路必须有短路保护；架空线路必须有过载保护。

（2）电缆中必须包含全部工作芯线和用作保护零线或保护线的芯线；需要三相四线制配电的电缆线路必须采用五芯电缆。五芯电缆必须包含淡蓝、绿/黄两种颜色绝缘芯线；淡蓝色芯线必须用作N线；绿/黄双色芯线必须用作PE线，严禁混用。

（3）电缆线路应采用埋地或架空敷设，严禁沿地面明设，并应避免机械损伤和介质腐蚀；埋地电缆路径应设方位标识；电缆线路必须有短路保护和过载保护。

（4）在建工程内的电缆线路应采用埋地暗敷设方式，严禁敷设在脚手架上；电源线路沿墙体、梁、柱等明敷设方式，应采取支吊架、钢索或绝缘子固定。

（5）室内配线必须采用绝缘导线或电缆；室内配线应根据配线类型采用瓷瓶、瓷（塑料）夹、嵌绝缘槽、穿管或钢索敷设；潮湿场所或埋地非电缆配线必须穿管敷设，管口和管接头应密封；当采用金属管敷设时，金属管必须做等电位联结，且必须与PE线相连接；室内配线必须有短路保护和过载保护。

6. 线路防护设施设置

（1）在建工程不得在外电架空线路正下方施工、搭设作业棚、建造生活设施或堆放构件、架具、材料及其他杂物等。

（2）在建工程（含脚手架）的周边与外电架空线路的边线之间的最小安全操作距离应符合规范要求。当达不到规范要求时，必须采取绝缘隔离防护措施，并应悬挂醒目的警告标识。

（3）架设防护设施时，必须经有关部门批准，采用线路暂时停电或其他可靠的安全技术措施，并应有电气工程技术人员和专职安全人员监护。

（4）电气设备现场周围不得存放易燃易爆物、污染源和腐蚀介质，否则应予清除或做防护处置，其防护等级必须与环境条件相适应；电气设备设置场所应能避免物体打击和机械损伤，否则应采取防护处置。

7. 漏电保护器参数应符合规范要求

（1）总配电箱中漏电保护器的额定漏电动作电流应大于30mA，额定漏电动作时间应大于0.1s，但其额定漏电动作电流与额定漏电动作时间的乘积不应大于30mA·s。

（2）开关箱中漏电保护器的额定漏电动作电流不应大于30mA，额定漏电动作时间不应大于0.1s。使用于潮湿或有腐蚀介质场所的漏电保护器应采用防溅型产品，其额定漏电动作电流不应大于15mA，额定漏电动作时间不应大于0.1s。

（3）总配电箱和开关箱中漏电保护器的极数和线数必须与其负荷相数和线数一致。

7.3.6　现场消防安全管理

1. 施工现场平面布局

（1）易燃易爆危险品库房应远离明火作业区、人员密集区和建筑物相对集中区。

（2）临时消防车道的净宽度和净空高度均不应小于4m。

2. 施工现场建筑防火

（1）施工单位应向居住和使用者进行消防宣传教育，告知建筑消防设施、疏散通道的位置及使用方法，同时应组织疏散演练。

（2）外脚手架搭设不应影响安全疏散、消防车正常通行及灭火救援操作，外脚手架搭设长度不应超过该建筑物外立面周长的1/2。

7.3.7 安全防护

1. 洞口防护

（1）当竖向洞口短边边长小于500mm时，应采取封堵措施。当垂直洞口短边边长大于应在临空一侧设置高度不小于1.2m的防护栏杆，并应采用密目式安全立网或工具式栏板封闭，设置挡脚板。

（2）当非竖向洞口短边边长为25～500mm时，应采用承载力满足使用要求的盖板覆盖，盖板四周搁置应均衡，且应防止盖板移位。

（3）当非竖向洞口短边边长为500～1500mm时，应采用盖板覆盖或防护栏杆等措施，并应固定牢固。

（4）当非竖向洞口短边长大于或等于1500mm时，应在洞口作业侧设置高度不小于1.2m的防护栏杆，洞口应采用安全平网封闭。

2. 临边防护

（1）坠落高度基准面2m及以上进行临边作业时，应在临空一侧设置防护栏杆，并应采用密目式安全立网或工具式栏板封闭。

（2）施工的楼梯口、楼梯平台和梯段边，应安装防护栏杆；外设楼梯口、楼梯平台和梯段边还应采用密目式安全立网封闭。

（3）建筑物外围边沿处，对没有设置外脚手架的工程，应设置防护栏杆。

第二篇

技能理论

第8章　农房设计

第1节　建筑设计

安徽省乡村建筑设计对于两层以下（含两层）居民自建住房的设计，应遵循《安徽省农房设计技术导则》，对于三层的乡村建筑也可参照该导则进行设计，但其结构应按现行国家标准《建筑抗震设计规范》GB 50011 等相关规范进行设计。三层以上农房及公共建筑应严格按照国家和我省现行相关标准进行设计并严格履行基本建设程序。

8.1.1　建筑平面设计应遵循的原则

1. 农房设计应充分考虑居住习惯和家庭构成，做到住宅套型合理，功能完善。

2. 按照农民生活习惯，组织好起居、睡眠、学习、会客、餐饮、存放工具等基本功能空间。

3. 卧室、起居室（厅）、厨房、卫生间、阳台等基本居住空间划分应实现寝居分离、食寝分离、洁污分离；卧室和起居室等主要房间宜布置在南向，厨房、卫生间、储藏室等辅助房间宜布置在北向或外墙侧，厨房和卫生间排风口的设置应考虑主导风向影响，避免强风时的倒灌现象和油烟等对周围环境的污染。

4. 应依据方便生产的原则设置农机具房、农作物储藏间等辅助用房，并与居住用房适当分离；可设置晒台或利用屋面以方便晾晒谷物。

5. 建筑功能分区应实现人畜分离，畜禽栅圈不应设在居住功能空间上风向位置和院落出入口位置，基底应采取卫生措施处理。

6. 房间尺寸以满足生产生活需要为宜，建筑室内净高不宜超过 3.3m。住房开间尺寸不应大于 6m。单面采光房间的进深不宜超过 6m（图 8-1）。

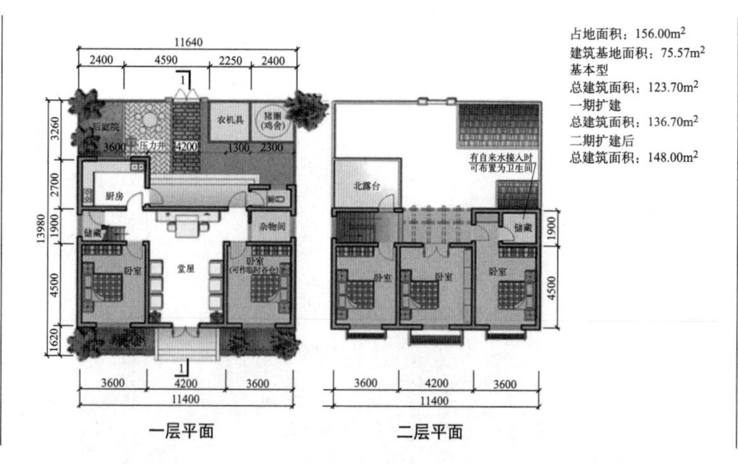

图 8-1　农房典型平面图（户型来自《安徽省和美乡村农房设计图集》）

8.1.2　建筑立面的风格

1. 建筑外观设计需尊重当地的建筑风貌、地方特色。在兼顾经济性、可实施性的基础上，全面展现当地乡土文化的特色，应在建筑形式、细部设计和装饰方面充分吸取地方、民族的建筑风格，采用传统构件和装饰。

2. 建筑材料的使用应结合当地特有资源条件，鼓励使用当地的石材、生土、竹木等乡土材料。

3. 应充分考虑节能材料、构造的应用，优先使用太阳能设备的地区，并考虑农房外观一体化设计。

4. 属于传统村落和风景保护区范围的农村住房，其形制、高度、屋顶、墙体、色彩等应与其周边传统建筑及景观风貌保持协调。

8.1.3　建筑防火及建筑节能

1. 消防设计、防火设计应结合当地经济发展状况、村庄规模、地理环境、建筑性质等，采取相应的消防安全措施，做到安全可靠、经济合理、有利生产、方便生活。

2. 农房的屋顶宜选用浅色饰面、隔热通风屋面、东向、西向，外墙宜选用花格构件或爬藤植物遮阳。

3. 农房建筑外门窗宜选用节能门窗。

4. 建筑外窗通风开口面积：外窗的开启位置和可开启面积应有利于自然采光和自然通风，外窗可开启面积不宜小于外窗面积的 30%；卧室、起居室（厅）、明卫生间的外窗可开启面积，不宜小于该房间地板面积的 8%；厨房外窗的可开启面积不宜小于该房间地面面积的 10%，并且不应小于 0.6m^2。

5. 建筑向阳面的外窗及透明玻璃门，宜采取遮阳措施；外窗设置外遮阳时，除应遮挡太阳辐射外，还应避免对窗口通风产生不利影响。

6. 建筑地面宜做防潮处理。

第 2 节　结构设计

农村建筑结构形式主要为砌体结构、钢筋混凝土房屋、木结构、石结构等结构体系。结构设计最基本的安全保障就是选用合理结构方案即结构体系和建筑材料，做到安全适用、经济合理、确保质量。

8.2.1　基础设计

基础设计优先采用天然地基，宜放在均匀稳定的老土上；不宜在软弱黏性土、液化土、新近填土或严重不均匀土层建造房屋，否则应采用相应处理措施；在膨胀土或者冻土层上修建房屋时应按照当地有关规定执行。

当基础埋置在易风化的岩层上时，施工时应在基坑开挖后立即铺筑垫层。同时基槽开挖后应尽早封闭，避免暴晒和雨水浸泡。当存在相邻房屋时，新建房屋的基础埋深不宜大于原有房屋基础。当埋深大于原有房屋基础时，两基础应保持一定的距离，其数值不小于基底高差的两倍。

常见基础形式有无筋扩展墙下条形基础和柱下独立基础。

农房基础的埋置深度（从室外地坪到基础底面的距离）不宜小于 500mm。同时当同一房屋基础底面不在同一标高时，应按 1∶2 的台阶逐步放坡（图 8-2）。

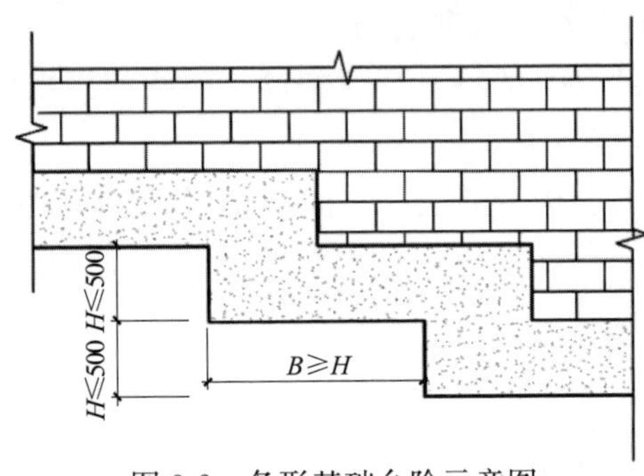

图 8-2　条形基础台阶示意图

B—放坡宽度；H—放坡高度

8.2.2　墙体设计

1. 应优先采用横墙承重或纵横墙共同承重的结构体系；纵横墙的平面布置宜均匀对称，沿竖向应上下连续。

2. 砌体结构房屋的局部尺寸不应过小，局部尺寸宜符合要求。

3. 实心砖墙、蒸压砖墙其厚度不小于 240mm；多孔砖墙其厚度不小于 190mm；小砌块墙其厚度不小于 190mm。

8.2.3　屋（楼）盖厚度设计

屋（楼）盖板厚设计单向板（长宽比大于 2.0 时）应不小于短跨长度的 1/30，双向板（长宽比不大于 2.0 时）应不小于短跨长度的 1/40，且板厚不小于 80mm；为保证楼（屋）盖与墙体连接以及楼（屋）盖构件之间连接，楼（屋）盖构件的支承长度不应小于表 8-1 的规定；搁置在墙上的木屋架或木梁下应设置木垫板或混凝土垫块，木垫板的长度和厚度分别不宜小于 500mm、60mm，宽度不宜小于 240mm 或墙厚；木垫板下应铺设砂浆垫层；木垫板与木屋架、木梁之间应采用铁钉或扒钉连接。

屋（楼）盖构件的最小支撑长度（单位：mm）　　**表 8-1**

构件名称	预应力圆孔板		木屋架、木梁	对接木龙骨、木檩条		搭接木龙骨、木檩条
位置	墙上	混凝土梁上	墙上	屋架上	墙上	屋架上、墙上
支承长度与连接方式	80(板端钢筋连接并灌缝)	60(板端钢筋连接并灌缝)	240(木垫板)	60(木夹板与螺栓)	120(砂浆垫板、木夹板与螺栓)	满搭

8.2.4　混凝土框架结构设计

1. 框架柱截面宽度和高度不应小于 300mm，宜取 400mm，柱与柱之间的距离宜控制在 5～8m 之间。

2. 框架柱配筋不应小于 4ϕ16，箍筋在地坪以下及柱两端不小于 1/6 柱高且不小于

500mm 范围内间距不大于 100mm，其他区域不大于 200mm，箍筋直径宜取 $\phi 8$；从框架梁上起的框架柱，全高箍筋间距不应大于 100mm。

3. 框架柱纵向钢筋的绑扎接头应避开柱端的箍筋加密区。

4. 框架梁（两端均连接框架柱的梁），截面宽度不应小于 200mm，截面高度与宽度比值不宜大于 4；截面高度取值为该梁跨度的 1/10 左右，且最小高度不应小于 400mm；与框架梁连接的其他梁，截面宽度不宜小于 200mm，截面高度取值为该梁跨度的 1/12～1/15，且最小高度不应小于 300mm。

5. 框架梁纵筋由计算确定，箍筋在梁两端 1.5 倍梁高且不小于 500mm 范围内间距不大于 100mm，其他区域不大于 200mm，箍筋直径宜取 $\phi 8$；框架梁上起有框架柱，全高箍筋间距不应大于 100mm，且箍筋直径取 $\phi 10$。

6. 具体设计还需参考现行国家标准《混凝土结构设计规范》GB 50010 和《建筑抗震设计规范》GB 50011。

8.2.5　设备专业设计

设备专业设计可参见《安徽省农房设计技术导则》及当地经验。

第9章　农房测量放线

第1节　定位放线

定位与放线是建筑施工重要的环节，直接影响建筑物的准确度，是考察乡村建设工匠的技能水平的重要依据。

9.1.1　定位放线的内容

按照设计图纸要求或农房房主意愿及农房场地，采用科学的方法测定农房轴线位置和细部构造位置。

1. 测定农房各角点高程和轴线位置，埋设各大角的控制桩，作为地基开挖及农房施工的放线依据。

2. 测定细部构造位置，作为农房内部构造与门窗的定位依据。

3. 复核农房位置、高程及尺寸。

9.1.2　定位的方法

1. 农房定位

农房定位是将农房外轮廓的轴线交点测设到地面上。农房定位可以采用控制点、建筑基线（方格网）、毗邻农房或道路定位等进行定位。

农房以控制点测定农房定位点，采用直角坐标、极坐标等方法将农房轴线测设到地面上。农房利用原基线（如拆除重建的农房）或方格网，采用直角坐标法将农房测设到地面上。新建农房周边利用毗邻农房、构筑物或道路的位置关系，采用延长线法、平行线法、直角坐标法等将农房测设到地面上（图 9-1）。

2. 农房放线

农房放线是指利用已定位的农房外轮廓轴线交点桩，详细测设其各轴线交点的位置，并引测至适宜位置，做好标记（图 9-2）。

图 9-1　毗邻农房定位

图 9-2　轴线和控制点投测

（1）测设细部轴线交点放线

根据相邻边缘纵横线的交点，确定各角点，作为农房的主要定位点。利用全站仪、卷尺等依次测定细部构造定位点，打好木桩，作为定位桩。

（2）轴线引测

定位桩易被开挖土方时破坏，造成后续施工和质量控制失去控制。为使各阶段施工能恢复轴线位置，将轴线引测到开挖范围以外的安全位置，并做好标记。轴线引测有龙门板和控制桩两种方法。

在农房四周和中间隔墙的两侧距开挖边线外侧2m处，打入木桩（龙门桩）和顶设水平木板（龙门板），用经纬仪或拉线法将各轴线引测到龙门板上，并钉好小钉（即轴线钉）（图9-3）。将控制轴线桩引测到开挖边线外侧4m外的安全地方，埋入地下或引入到毗邻农房或构筑物上，做好标记，代替轴线控制桩（图9-4）。龙门板占地较大，使用材料较多，施工中容易遭到破坏。因此农房引测多采用轴线控制法。

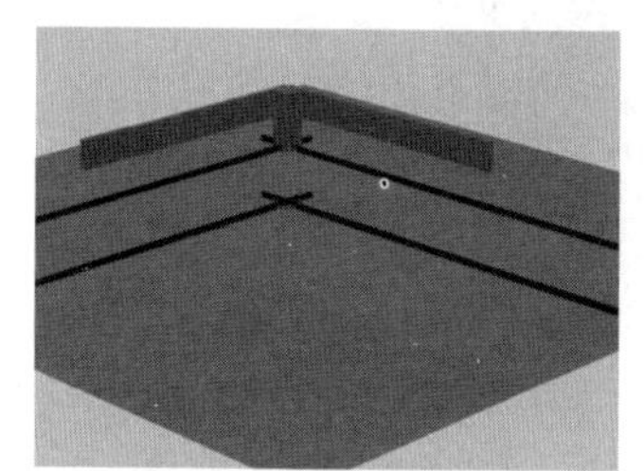

图9-3　龙门板控制

图9-4　轴线引测控制桩

9.1.3　定位放线施工

1. 定位放线流程

场地平整 → 控制点定位 → 轴线引测 → 细部定位 → 复核

2. 施工条件

（1）对乡村建设工匠进行设计交底，熟悉基础施工图。

（2）制定测量方案，对测量人员进行技术交底。

（3）合理安排工期，避开雨雪、大风天气。

3. 施工要点

（1）场地平整

定位放线前，应拆除场地内的旧农房或构筑物，清除杂物、树木、废墟，保证场地表面平整。采用合理地面排水措施，防止雨水进入场地。

（2）控制点定位

场地平整后，乡村建设工匠使用全站仪等测设靠近道路、农房（或控制点）的第1个定位控制点，打入木桩，做好标记（图9-5）。再用测量工具顺次测定其他大角定位控制点。测设后用科学的方法（如勾股定理）复核（图9-6、图9-7）。

（3）轴线引测

将大角定位控制点向外引测，作为基槽（坑）开挖的控制依据，并做好保护。

（4）内部构造与细部定位

轴线引测后，利用定位主轴线测设内部构造、细部轴线，引测到龙门板或控制桩，做好标记（图 9-8），作为细部定位的依据。

图 9-5　测设定位点

图 9-6　钢尺复核

图 9-7　直角尺复核

图 9-8　内部构造与细部定位

（5）复核

各轴线测定后，按照施工图纸复核农房的位置、尺寸，确保定位准确无误。

9.1.4　定位放线要求

1. 定位放线顺序为先整体后细部，先场地控制网，再建筑控制网，最后细部控制。
2. 轴线控制桩不少于 4 个。
3. 控制桩应按照标准进行埋设，一般应埋设在距基坑放坡线 4m 以外的通视良好、安全、坚固的地方，其深度应大于所在地的冻土线深度，桩顶周围应砌筑 200mm 高的保护台或设置其他保护措施。

第 2 节　施工测量放线

9.2.1　基础施工测量

1. 基槽（坑）开挖放线

按基础施工图测算开挖基槽（坑）边线。以轴线控制桩拉线为中心，以基础和垫层的大样尺寸的 1/2 宽度向两边放出基槽开挖边线（图 9-9）。

2. 撒白灰

沿基槽开挖边线撒白灰（图 9-10），作为基槽（坑）开挖的依据。

3. 基槽（坑）开挖标高控制

开挖前，应在龙门板或轴线控制桩上设置水平控制线，做好标记。开挖时，对较深基槽（坑）应在槽（坑）壁上距槽（坑）底 300～500mm 处打入水平小木桩，间距 5m 左

(a) 独立基础开挖边线

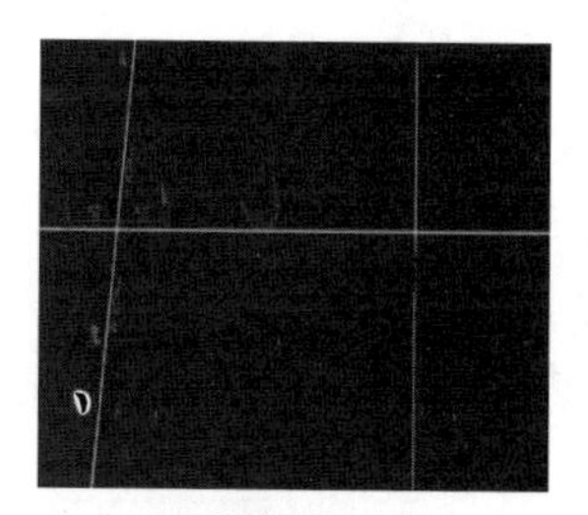

(b) 基槽开挖边线

图 9-9　弹出土石方开挖边线

图 9-10　农房放线撒白灰

右，作为开挖深度、槽（坑）底清理或垫层施工的依据。

9.2.2　主体结构施工测量

1. 轴线测量

（1）首层上部结构轴线测量

基础施工完毕后，根据轴线控制桩用经纬仪或拉线将首层墙体的轴线投测到基础防潮层上，做好标记。检查墙体轴线是否符合要求。检查合格后，把墙体轴线延伸到基础外墙或外框柱外侧作为墙柱轴线，并弹出墨线，作为向上投测、结构大角监测、外部装饰使用的依据。

（2）二层及以上结构轴线测量

二层及以上可用吊坠线或经纬仪等方法将首层轴测标记到各施工层上。

2. 门窗、洞口轴线测量

墙体轴线引测后，根据施工图沿墙、柱轴线测放门窗、洞口位置线，并引测到外墙侧面。

3. 标高测量

（1）各层标高测量

各层标高可采用皮数杆传递、钢尺直接丈量或悬吊钢尺等方法测量。砌块墙体用皮数杆控制高程，根据标高、砌块厚度和砂浆厚度在皮数杆上画线作为标记。砌块墙体或其他构件以起始标高（±0.000）为准，用钢尺沿垂直方向向上测量至施工层，二层及以上施工层均由起始标高向上传递，不得按楼层传递。为保证钢尺测量精度，测量时尺身应铅直，必要时对尺长和温度改正。

（2）装饰及门窗洞口标高测量

在各施工层墙面画出 50cm 水平标高控制线（即 50 线），作为农房室内施工和装饰的依据。

门窗、洞口、过梁等标高测量可采用皮数杆、钢尺直接测量标高位置。当高度超过一尺长时，应精确地定出第二基点，由第二基点向上量测。

4. 垂准测量

垂准测量有内控法和外控法两种方法，农房建设的竖向控制常采用外控法，其测量方法有吊线坠法。

（1）以农房首层主体结构四周的轴线交点为准投测，逐步向上引测。

（2）悬吊时上端固定，中间没有障碍物，尤其没有侧向抗力。

（3）乡村建设工匠投测时，应垂直结构面正视观测，用钢尺测量投测线与结构面的距离。

（4）投测中要防风吹和震动，尤其是侧向风吹。

第10章　地基与基础施工

第1节　地基与基础施工要求

10.1.1　施工流程

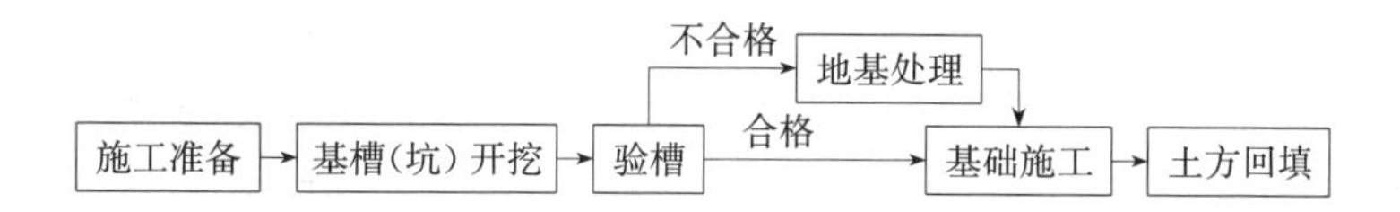

10.1.2　农房的地基与基础施工要求

《安徽省农村住房施工技术导则》规定：

1. 地基和基础施工前，应了解邻近既有建筑物或构筑物的结构形式、基础埋深和地基情况等；当地基和基础施工可能影响邻近既有建筑物或构筑物的安全时，应采取有效的处理措施。

2. 地基和基础宜避开雨天施工；雨期施工时，应采取排水及覆盖措施。有冰雪或冰冻天气时，应尽量避免地基和基础施工或采取可靠措施。

3. 当遇有沟槽、洞穴、古井、古墓、暗塘等软硬不均匀土层，应挖除软弱土层或填充物，并应换土填实；当遇有文物、化石或古迹遗址等，应立即保护好现场并报请当地文物管理部门处理。

4. 应根据房屋地基和基础情况决定基础圈梁的设置。

第2节　基槽（坑）开挖施工

10.2.1　基槽（坑）开挖施工流程

通常情况下，农房的基础工程量不大，技术简单，独立和条形基础居多。

10.2.2　施工现场条件

（1）会审乡村建筑施工图等设计文件和技术要求。

（2）编制地基与基础施工方案，做好地基与基础施工技术交底。

（3）勘查施工现场，了解新建农房周边的毗邻建筑物、构造物及其他情况。

（4）施工场地达到三通一平。

10.2.3　开挖要求

1. 基槽（坑）开挖前，基槽四周或两侧易设置排水沟或土堤，防止地表水流入基槽（坑），以免造成基槽（坑）底部积水。

2. 基槽应从一端向另一端，自上而下一次开挖。视具体情况，也可采用分段分层开挖。

3. 开挖基槽（坑）可以采用直立开挖或放坡，以人工挖土和机械挖土两种方式为主（图 10-1）。

4. 施工要点如下：

（1）基槽（坑）深度较大时或土质较差时，应采取放坡或临时性支撑加固，防止基槽（坑）坍塌。

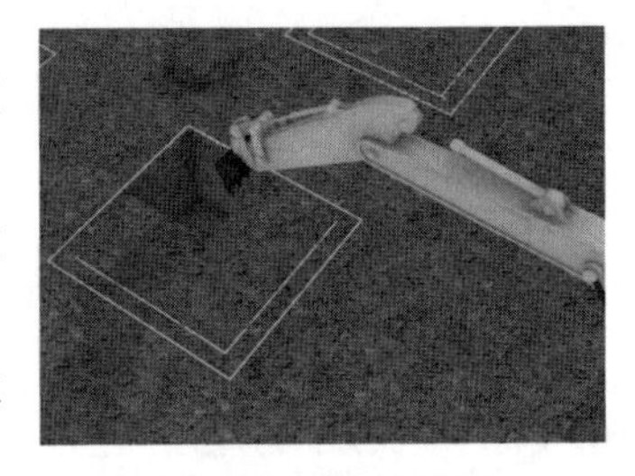

图 10-1　机械开挖

（2）距槽（坑）底设计标高 50cm 以内时，测量人员应配合超出距槽（坑）底标高的 50cm 水平线，打入小木桩，作为底部土方开挖的控制桩，防止超挖，以免造成土体扰动。

（3）挖土机沿基槽（坑）边缘移动时，距离基槽（坑）上缘的宽度不得小于基槽深度的 1/2。

（4）基槽（坑）开挖后不能及时进行下一工序施工时，宜在基底标高以上预留 15～30cm 原土层，待验槽前挖除。

（5）基槽边堆土、堆料及施工机具距离基槽壁的边缘不宜小于 1m，且堆土及堆料的高度不宜大于 1.5m（图 10-2）。

图 10-2　槽边堆土

（6）边挖边检查基槽（坑）边的宽度和坡度，不够时及时修整。挖至底部标高时，校核标高及尺寸，修整槽帮、铲平，清除多余土方。

10.1.4　验槽

1. 验槽要求

（1）基槽开挖至老土层后（设计标高），乡村建设工匠应会同户主及相关人员验槽。

（2）重点检查房屋的四个大角、上部结构变化较大和土质有明显不同等的区域。

2. 验槽方法

通常采用观察法验槽。对于基底以下的土层不可见部位，辅以钎探法检验。

3. 验槽内容

（1）检查基槽的位置、尺寸、深度是否与设计图纸上相符。

（2）检查槽壁、槽（坑）底土质的类型和均匀程度。

（3）检查是否有异常土质存在。

（4）查验基槽中是否有旧建筑、古井、古墓、洞穴、地下掩埋物、人防工程等。

（5）核查基槽边坡外缘与附近建筑物的距离，基坑开挖是否对建筑物的稳定产生影响。

第 3 节　地基处理

10.3.1　农房地基要求

1. 农房的基础持力层应设置在老土层以下不小于 300mm；除岩石地基外，基础埋置深度不应小于 500mm（原土表面起算，膨胀土地区不小于 1000mm）。

2. 同一幢农房的基础不应设在土质明显不同的地基上。

3. 坡顶建房时，基础应距边坡一定距离，具体视土质情况定。当边坡角大于 45°或坡高大于 8m 时，并应由专业技术人员进行边坡稳定性验算，防止边坡滑动。对于稳定的边坡，基础底面外边缘线至坡顶水平距离不得小于 20m。应尽量避免在边坡底部建造农房。

10.3.2　不良地基危害

若地基均匀沉降且沉降量不大时，对农房影响不大，属于正常现象。当地基产生明显不均匀沉降时，将会对农房产生危害（图 10-3）。

(a) 墙体裂缝

(b) 房屋倾斜

(c) 房倒屋塌

图 10-3　地基不良对农房的危害

10.3.3　地基加固处理

1. 当地基为软弱土、新近填土或严重不均匀土层时，宜用灰土、砂、砂石或碎砖对地基进行换填加固处理（图 10-4）。

(a) 灰土地基加固

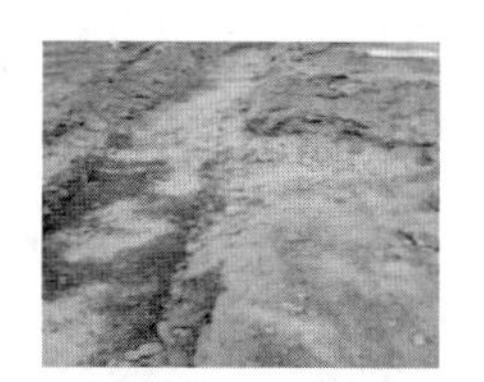

(b) 砂土地基加固

图 10-4　换填地基加固处理

2. 当地基为沙土、碎石等饱和度较低的土层或松散土层时，宜采用强夯法对地基进行夯实处理（图 10-5）。

图 10-5　地基夯实加固

3. 当地基为软弱土层、淤泥土或软土地基时，宜采用灰土搅拌桩、预制或现浇混凝土桩、木桩、竹桩对地基进行加筋处理（图 10-6）。

(a) 搅拌桩

(b) 预制桩

(c) 竹桩

图 10-6　地基加筋加固

第 4 节　基础工程施工

10.4.1　砖基础施工

1. 施工流程

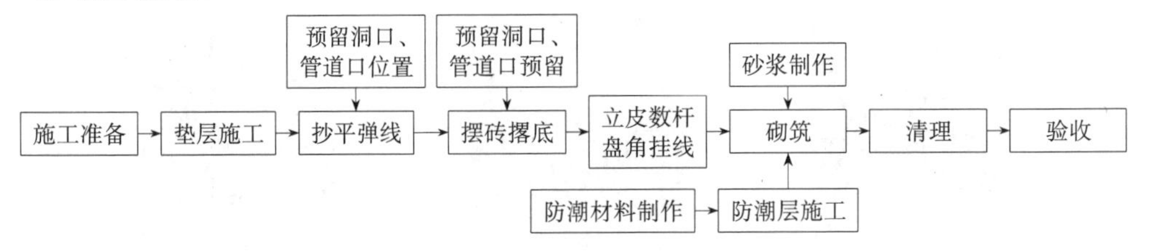

2. 施工内容（表 10-1）

混凝土梁砖基础施工内容　　表 10-1

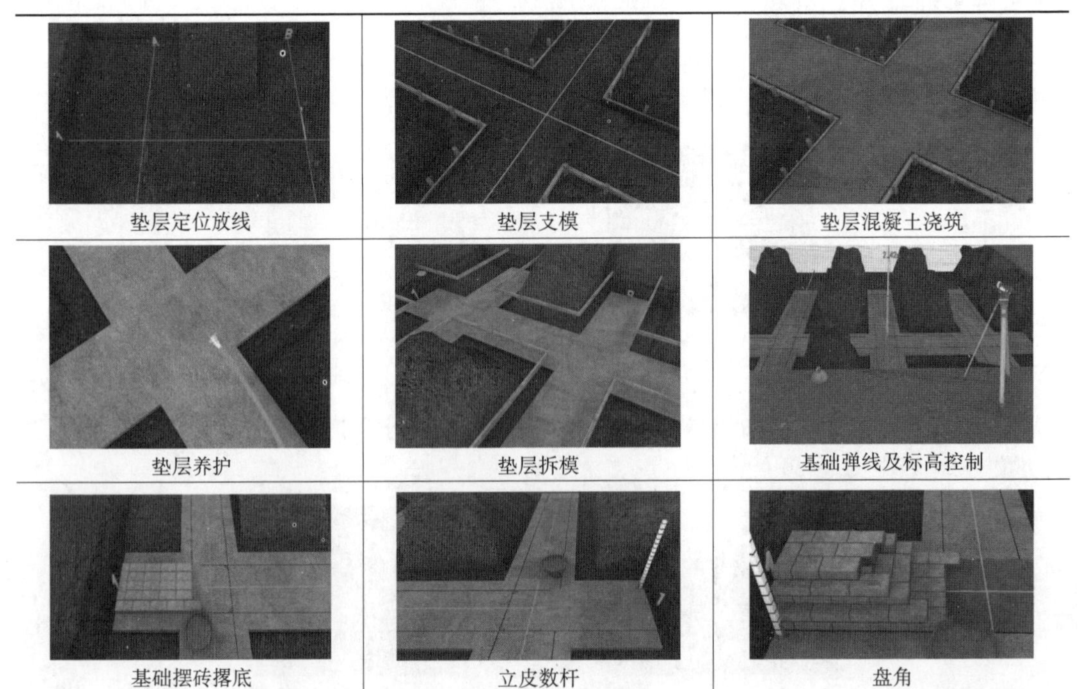

垫层定位放线	垫层支模	垫层混凝土浇筑
垫层养护	垫层拆模	基础弹线及标高控制
基础摆砖撂底	立皮数杆	盘角

续表

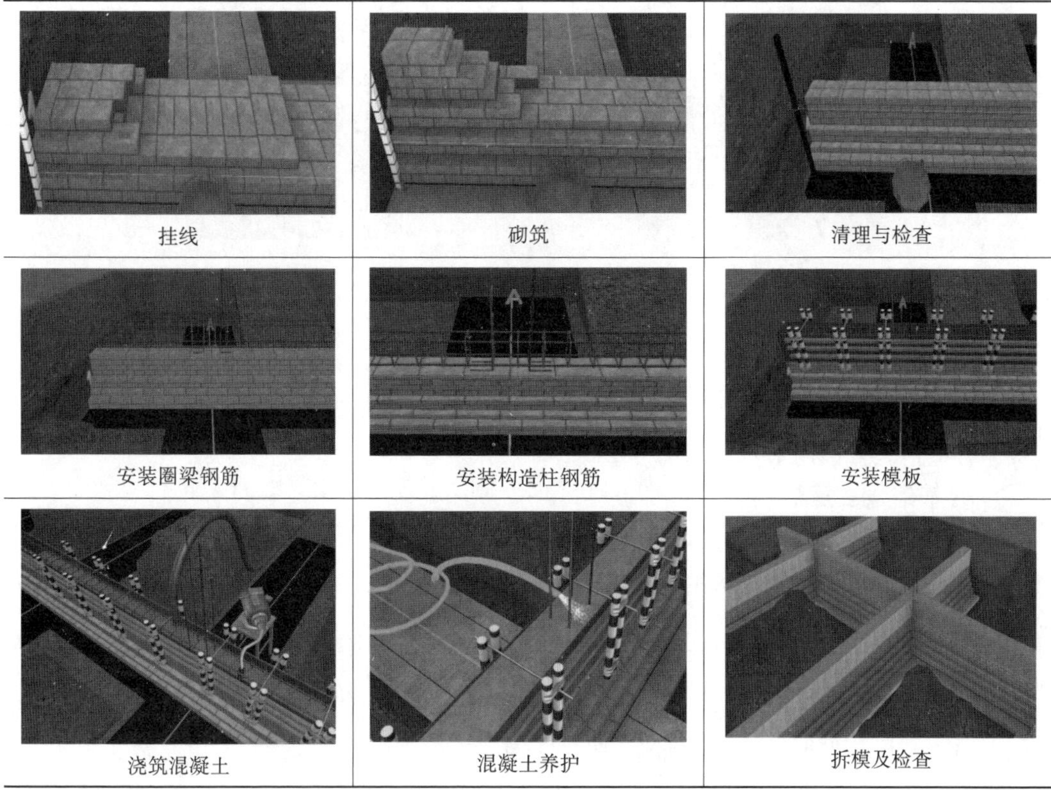

挂线　砌筑　清理与检查

安装圈梁钢筋　安装构造柱钢筋　安装模板

浇筑混凝土　混凝土养护　拆模及检查

3. 施工条件

（1）编制基础施工方案，做好基础施工技术交底。

（2）基槽底部表面已平整或清理干净，必要时润湿。

（3）常温施工时，烧结砖表面提前 1～2d 洒水润湿，含水率宜为 10%～15%。农房采用断砖法等简易方法，现场检验砖含水率，砖截面四周融水深度为 15～20mm。

（4）砂浆配合比根据设计要求和施工方案确定。一般情况下，应按《安徽省农村住房施工技术导则》执行。

4. 拌制砂浆

（1）采用机械或人工拌制水泥砂浆，优先选用机械搅拌或预拌砂浆。拌制砂浆的投料顺序为砂→水泥→水，拌制时间不少于 1.5min（图 10-7）。

（2）砂浆配合比应采用重量比，计量精度水泥为±2%，砂为±5%。

（3）现场拌制的砌筑砂浆（水泥砂浆）应随拌随用。水泥砂浆宜在拌成后 3 小时内使用完毕；当施工期间气温超过 30℃时，应在拌成后 2h 内使用完毕。

5. 组砌方法

（1）组砌方法

“一顺一丁”（满丁满条）。

（2）砌筑方法

砖基础常采用的砌筑方法有“三一法”和铺浆法两种。铺砂浆长度不得超过 750mm。当施工期间气温超过 30℃时，铺浆长度不得超过 500mm，最上层为丁砖。

(a) 人工拌制

(b) 机械拌制

图 10-7　拌制砂浆

6. 垫层施工

根据基础设计和施工方案，支设基础垫层的侧模，然后浇筑混凝土及养护，最后拆除模板。有些地区直接用地基加固代替垫层。

7. 砖基础施工要点

（1）抄平弹线

砌筑前先清理垫层表面灰尘等并找平。抄平后，应做好基础底面标高控制，弹出基础墙体位置线。

（2）摆砖撂底

沿墙体位置线用干砖试摆，确定排砖方法和错缝位置，使基础平面尺寸符合要求。若基础有预留洞口、管道口时应按施工图纸要求留设（图 10-8）。

排砖时，水平灰缝厚度和竖向灰缝宽度宜为 10mm，且不应小于 8mm，也不应大于 12mm。基础大放脚的退台处面层应丁砖砌筑，一层一退的里外均应砌丁砖；二层一退的第一层为条砖，第二层砌丁砖（图 10-9）。

图 10-8　砖基础留设管道孔洞

图 10-9　基础大放脚退砖

（3）立皮数杆、盘角、挂线

在墙的转角处及交接处应设置皮数杆，皮数杆的间距不宜大于 15m。砌砖前，每次盘角不要超过 5 层。新盘的大角及时吊、靠。若发现偏差及时修正。挂线宜采用外手挂线。一砖半墙及以上应双面挂线。砌砖一定要跟线，“上跟线，下跟棱，左右相邻要对平”。

（4）砌筑

先砌筑基础转角及纵横交接处，再砌筑基础墙。基础底标高不同时，应按 1∶2 的台阶逐步放坡；砌筑时应从低处砌起，并由高处向低处搭砌。

（5）处于抗震设防地区的基础留设构造柱和地圈梁，应满足圈梁和构造柱施工要求。

（6）基础防潮层

基础砌至防潮层时，须先找平，再铺设 1：2.5 防水砂浆或改性沥青防水卷材做防潮层。抗震设防地区不宜用卷材作为基础墙的防潮层。防潮层铺设前，应将基础墙面清扫干净并浇水湿润，防潮层铺设厚度不宜小 20mm。

（7）清理、验收

砖基础砌完，应及时清理基槽内杂物和积水，并组织有关人员验收。同时，做好回填土准备。

8. 农房砖基础施工要求

（1）应采用烧结实心砖并用水泥砂浆砌筑，不应采用空心砖、空心砌块或欠火砖。

（2）砌筑基础前，应校核放线尺寸，其轴线（开间、进深）的尺寸允许偏差应控制在±10mm。四大角应是直角。

（3）同一幢农村住房不宜采用不同类型的基础。

（4）基础砌筑或浇筑完成后，基础顶面应找平，并复核基础轴线、边线及标高位置。

（5）基础中的预留洞口及预埋管道，应随砌随留、随砌随埋，管道上部应预留沉降空隙。

（6）对膨胀土地基，基础侧面宜选用非膨胀土做隔离层，隔离层厚度不宜小于上部结构墙体厚度。

（7）对淤泥质土地基，基础施工时应预留沉降标高差。

10.4.2　钢筋混凝土独立基础施工

1. 施工流程

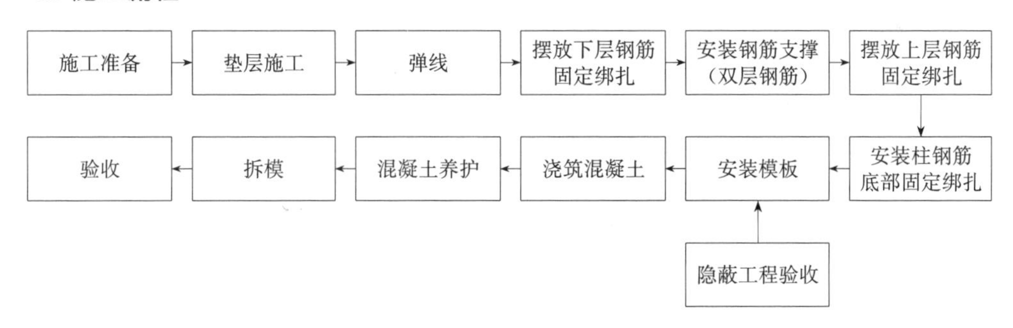

2. 施工内容（表 10-2）

钢筋混凝土独立基础施工内容　　表 10-2

	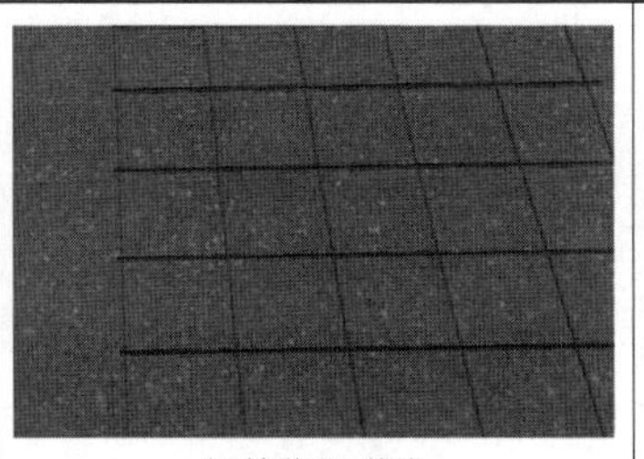	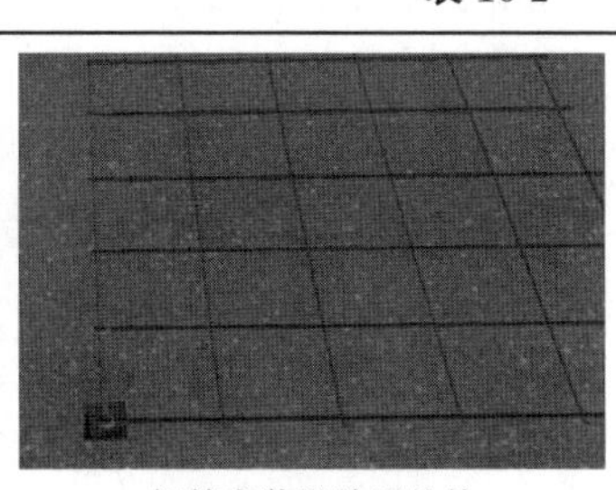
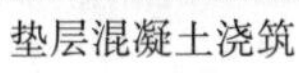垫层混凝土浇筑	钢筋位置弹线	钢筋安装及放置垫块

续表

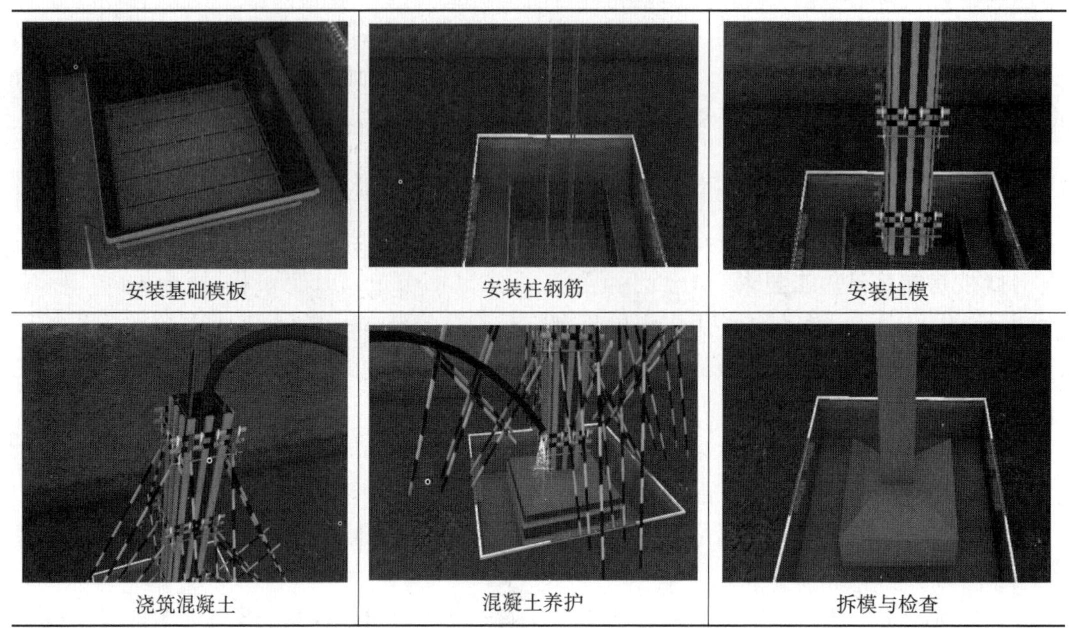

3. 独立基础钢筋绑扎

绑扎要点：

（1）垫层表面清理干净，保证平整，划出钢筋安装位置线。基础钢筋网划线从基础中线开始，在基础垫层上以钢筋间距往两边分别划线（图 10-10）。

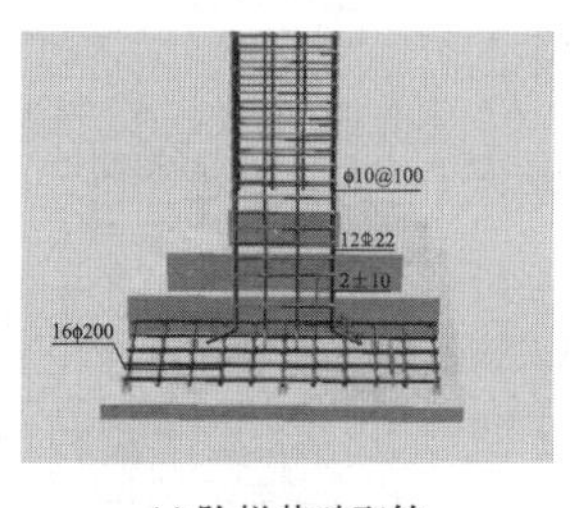

(a) 阶梯基础配筋

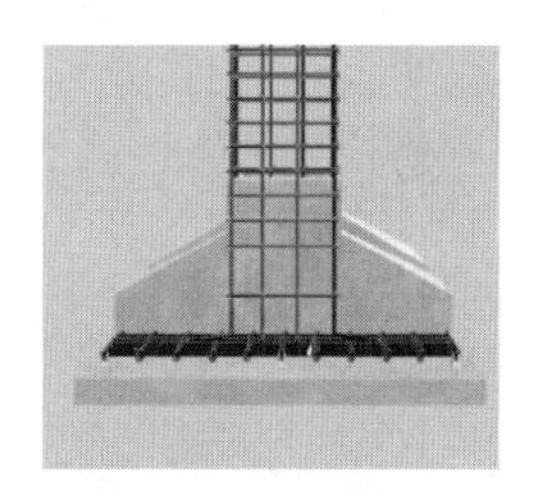

(b) 锥形基础配筋

图 10-10　独立基础钢筋示意图

（2）摆放基础钢筋网，长钢筋应放在下面，短钢筋应放在上面。采用双层钢筋网时，下部钢筋弯钩朝上，上部弯钩朝下，不要倒向一边。在上层钢筋网下面应铺设钢筋撑脚或混凝土撑脚，间距 1m，以保证钢筋位置正确。钢筋撑脚直径选用应符合下列要求，当板厚 $h \leqslant$ 30cm 时，钢筋直径为 8～10mm；当板厚 h = 30～50cm 时，钢筋直径为 12～14mm；当板厚 h > 50cm 时，钢筋直径为 16～18mm。四周两行钢筋交叉点应每点扎牢，不允许漏扣。中间部分交叉点可相隔交错扎牢，但必须保证受力钢筋不位移。双向主筋的钢筋网，则须将全部钢筋相交点扎牢。绑扎时应注意相邻绑扎点的铁丝扣要成八字形，以免网片歪斜变形。

（3）安装柱钢筋。柱插筋弯钩部分必须与底板筋成 45°绑扎，连接点处必须全部绑扎，距底板 5cm 处绑扎第一道箍筋，距基础顶 5cm 处绑扎最后一道箍筋，作为标高控制筋及定位筋，柱插筋最上部再绑扎一道定位筋。上下箍筋及定位箍筋绑扎完成后将柱插筋调整到位并临时固定，绑扎其余箍筋，保证柱插筋不变形走样，两道定位筋在基础混凝土浇完后，必须进行更换。

（4）底部钢筋网片应与混凝土保护层同厚度的水泥砂浆或塑料垫块垫塞，以保证混凝土保护层厚度。

4. 基础模板安装（图 10-11）

独立基础模板由拼板、斜支撑和其他固定设施构成，上小下大，一般为阶梯形，可以使用木模或钢模支设，农房建设中木模较为常见。该模板无需支设支撑体系，安装在垫层上，利用地基土体进行支撑。

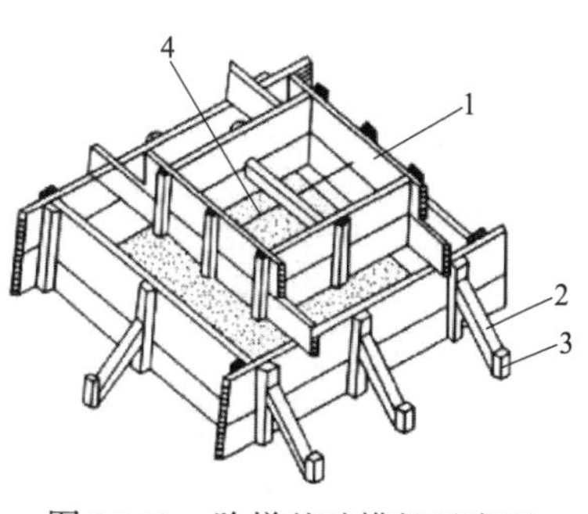

图 10-11　阶梯基础模板示意图

1—拼板；2—斜撑；3—木桩；4—铁丝

（1）模板安装流程

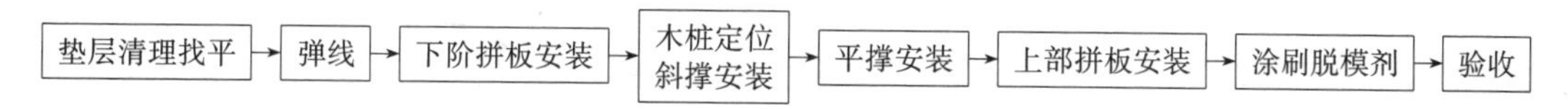

（2）安装要点（图 10-12）

①清理垫层表面污物，并弹出基础中线、模板位置线。

②安装下阶一侧拼板。把截好尺寸的板条和拼条用钉子钉牢（也可使用模板预拼装），拼成侧板，并在侧板内表面弹出中线。再将下阶其余 3 块侧拼板组拼成方框，并校正尺寸及角部方正。

③模板周围钉上木桩，用平撑与斜撑支撑顶牢。

④安装上阶模板。将上阶拼板安装下阶模板上，与下阶模板中线对准。安装时要保证上下模板不发生相对位移。

⑤用平撑和斜撑顶牢上阶模板。

⑥选用合适的脱模剂均匀涂刷或者润湿木模板。冬期施工不得润湿模板。

图 10-12　台阶基础模板安装实例

（3）模板拆除

①模板拆除时间

模板拆除时间取决于混凝土强度、气温及结构构件等，一般不少于 12h。侧模拆除应在混凝土强度达到一定强度，能保证其表面光洁，不缺棱掉角时，方可拆除。

②拆除的模板应及时清理与修复，分类堆放、外运。

③拆除模板时，不得用大锤、撬棍硬碰猛撬、硬砸、拉倒，以免混凝土的外形和内部

受到损伤，防止混凝土基础出现裂纹。

5. 混凝土浇筑

（1）混凝土垫层浇筑

混凝土垫层应一次浇筑，表面应压光。有防水要求的应按设计或施工方案处理。

（2）混凝土浇筑

①台阶基础应按台阶一次浇筑完毕，不允许留设施工缝。

②台阶基础每层混凝土浇筑顺序，先边角后中间，应使混凝土充满模板。

③锥形基础的混凝土振捣完毕后，人工将斜坡表面整平。

10.4.3　钢筋混凝土条形基础

条形基础钢筋安装与独立基础相似，但存在部分不同（表 10-3）。

钢筋网摆放时，短向受力钢筋应放在下面，长向分布钢筋应放在上面。T 字形与十字形交接处的钢筋应沿一个主要受力方向通长放置。基础梁钢筋就地安装绑扎，或组装完成的钢筋骨架安装绑扎。

钢筋混凝土条形基础施工内容　　**表 10-3**

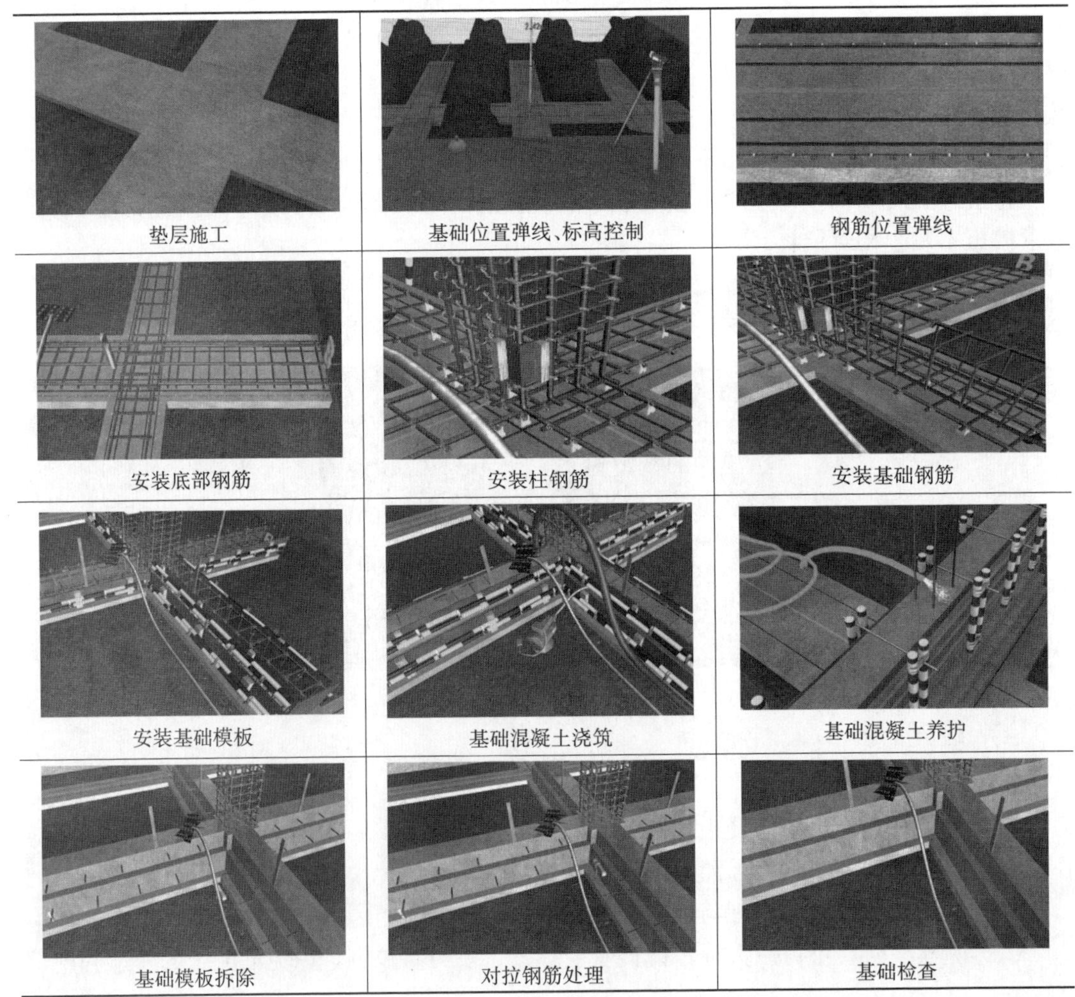

垫层施工	基础位置弹线、标高控制	钢筋位置弹线
安装底部钢筋	安装柱钢筋	安装基础钢筋
安装基础模板	基础混凝土浇筑	基础混凝土养护
基础模板拆除	对拉钢筋处理	基础检查

1. 钢筋绑扎

条形基础绑扎顺序：基础底部钢筋网安装绑扎—安装纵筋、弯起钢筋—安装箍筋—绑扎骨架钢筋—绑扎骨架与钢筋网—安装绑扎柱插筋（图 10-13、图 10-14）

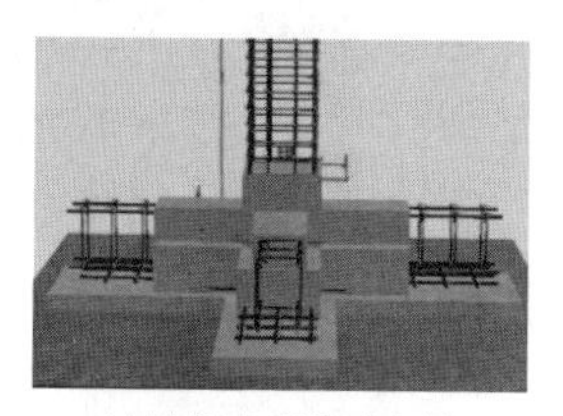

(a) 阶梯条形基础配筋

(b) 锥形条形基础配筋

图 10-13　条形基础钢筋示意图

基础底部钢筋绑扎	基础梁钢筋绑扎	柱插筋绑扎

图 10-14　条形基础钢筋绑扎

2. 条形基础模板安装

条形基础模板由拼板、斜支撑、平撑和搭头木构成，直接支撑基础垫层上。农房建设常使用木模或钢模支设（图 10-15）。还有部分农房采用砖胎膜，作为永久性模板，无需拆除（图 10-16）。

图 10-15　条形基础木模板

图 10-16　砖胎膜

安装流程：垫层清理找平 → 弹线 → 安装拼板 → 安装平撑和斜撑 → 涂刷涂膜剂 → 验收

（1）安装要点

①清理垫层表面污物，并弹出模板位置线（图 10-17）。

②对准边线垂直竖立拼板（侧板），用水平尺校正拼板顶面水平。

③钉牢再斜撑和平撑。若基础较长，应先安装基础两端的端模板，校正后在拼板上口拉通线，对照通线再安装中部拼板。为防止在浇筑混凝土时模板变形，保证基础宽度的准确，在侧板上口每隔一定距离钉上搭头木。

④均匀涂刷脱模剂。

图 10-17　条形基础模板安装

⑤若采用砖胎膜，先弹胎膜位置线，然后用立砖或半砖砌筑砖胎膜。

(2) 模板拆除

同钢筋混凝土独立基础。

3. 混凝土浇筑

(1) 混凝土应分层分段连续浇筑，一般不留设施工缝，呈阶梯形向前推进。

(2) 浇筑应从低处开始，沿长度方向从一端向另一端浇筑。

第 5 节　土方回填

基础施工完毕后，即可对农房进行回填土。

10.5.1　回填施工流程

基槽清理 → 检验土质 → 分层铺平 → 分层夯(压)实 → 检验土的密实度 → 清理整平 → 验收

土方回填内容见表 10-4。

土方回填施工内容　　表 10-4

 取土	 土方整平
 压实或夯实	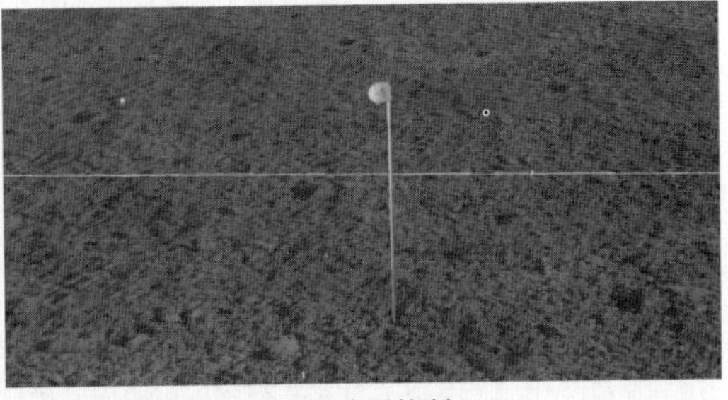 土方分层控制

续表

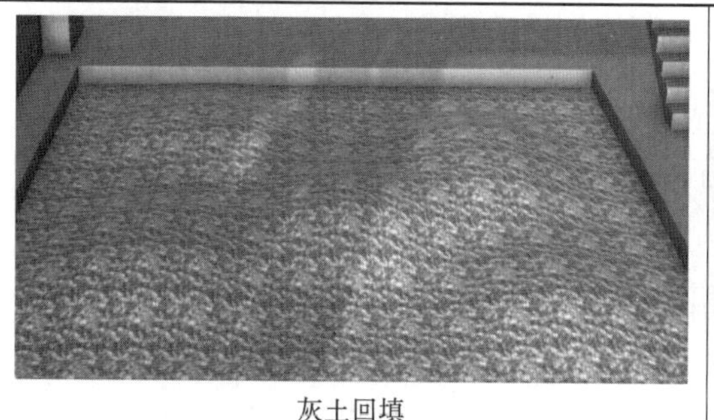	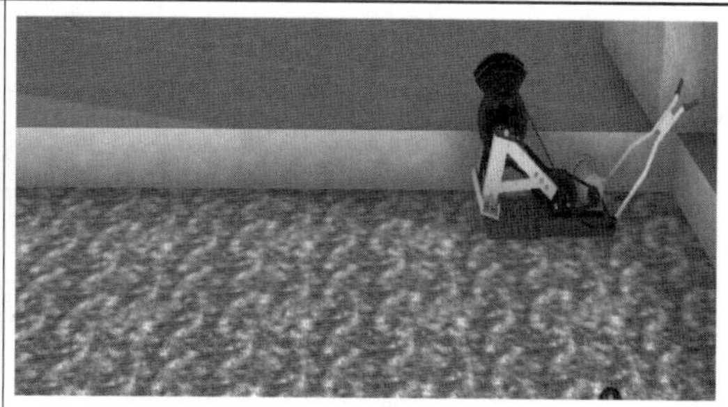
灰土回填	灰土夯实

10.5.2　施工现场条件

1. 施工前应根据工程特点、填方土料种类、密实度要求、施工条件等，合理地确定填方土料含水率控制范围、虚铺厚度和压实遍数等参数。宜优先利用基槽中挖出的土，但不得含有有机杂质。使用前应过筛，其粒径不大于 50mm ，含水率应符合规定。一般要求黏性土“手握成团，落地开花”。还可以用砂、碎石、混凝土、砂浆等回填，或者上部铺设预制混凝土板架空，起防潮、散水作用（图 10-18）。

(a) 素土回填

(b) 混凝土回填

(c) 碎石料回填

(d) 铺设预制板

图 10-18　不同材料回填

2. 回填前，应清除基槽内的各种有机杂物、垃圾等，排干基槽底积水。

3. 施工前，应做好水平标志，以控制回填土的高度或厚度。

4. 膨胀土地区基槽的开挖和回填，还应符合下列要求：

（1）坡地施工时，挖方作业应由坡上方自上而下开挖，填方作业应由下至上分层夯填，且坡面形成后应及时封闭。

（2）基槽开挖和回填时，应避免暴晒或泡水；开挖应避开雨季，开挖至基底后，应及时进行封闭。基础施工完毕后应对基槽（坑）立即回填封闭，分层夯实，回填土高度应高于原土表面，以免基底受到雨水侵扰。

（3）回填土料宜采用非膨胀土或膨胀土中掺加石灰及其他松散材料拌合后的改良土。

10.5.3　施工要点

1. 回填方式有人工回填或机械回填两种（图 10-19）。

2. 宜根据基底排水方向，由高至低在两侧同时分层回填并夯实。

（1）回填土料可采用非膨胀素土或灰土，回填土应分层回填（分层厚度不大于 300mm）并进行分层夯实。一般蛙式打夯机每层铺土厚度为 200～250mm；人工打夯不大于 200mm。

(2) 在基础两侧回填土料时，应保持两侧回填土料的回填量与夯实程度一致。

(3) 回填上每层至少夯打三遍。打夯应一夯压半夯，穷夯相接，行行相连，纵横交叉。并且严禁采用水浇使土下沉的所谓“水夯”法。

图 10-19　机械回填

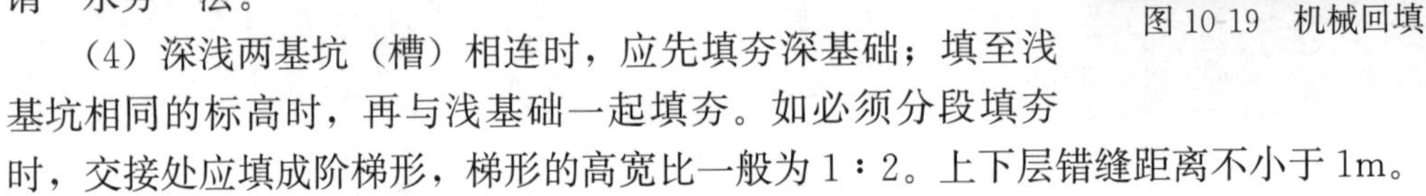

(4) 深浅两基坑（槽）相连时，应先填夯深基础；填至浅基坑相同的标高时，再与浅基础一起填夯。如必须分段填夯时，交接处应填成阶梯形，梯形的高宽比一般为 1∶2。上下层错缝距离不小于 1m。

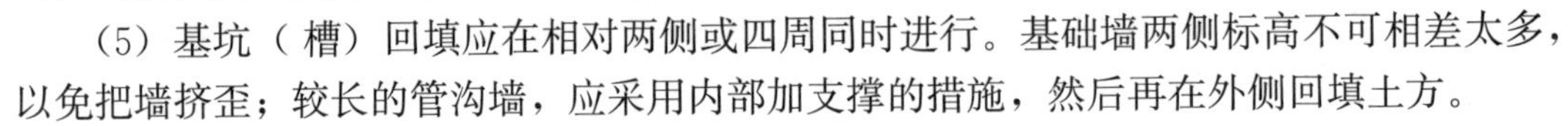

(5) 基坑（槽）回填应在相对两侧或四周同时进行。基础墙两侧标高不可相差太多，以免把墙挤歪；较长的管沟墙，应采用内部加支撑的措施，然后再在外侧回填土方。

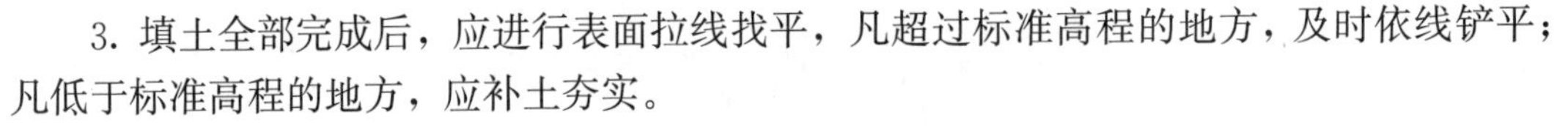

3. 填土全部完成后，应进行表面拉线找平，凡超过标准高程的地方，及时依线铲平；凡低于标准高程的地方，应补土夯实。

第 6 节　地基与基础施工的常见质量问题

10.6.1　土石方开挖的常见质量问题

土石方开挖的常见质量问题有超挖、基槽积水、坍塌、尺寸及位置不符合农村居民（设计）要求等（图 10-20）。

(a) 基槽超挖

(b) 底部积水

(c) 槽壁坍塌

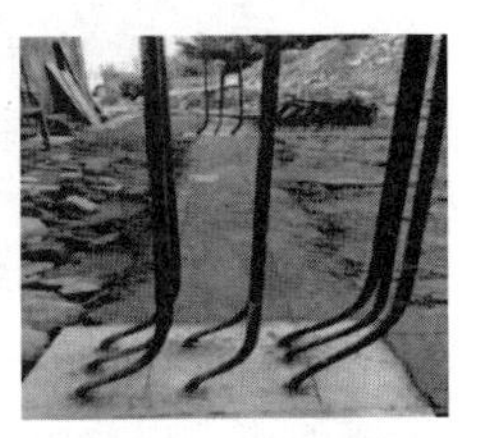

(d) 基槽位置偏差

图 10-20　基槽常见质量问题

10.6.2　砖基础的常见质量问题

砖基础的常见的质量问题有位置偏差、基础标高不在同一水平面、防潮层失效、螺丝墙、砂浆不饱满、错缝、通缝、瞎缝、假缝、透明缝或竖缝歪斜等。

10.6.3　钢筋混凝土基础的常见质量问题

钢筋混凝土基础的常见质量问题有基础位移偏差、基础变形、钢筋间距与绑扎不符合规范、柱筋偏移、混凝土不密实、混凝土跑模与胀模、保护层厚度不足等。

10.6.4　回填土的常见质量问题

回填土的常见质量问题有回填土下沉、土夯压不密等。

第 11 章　砌体结构施工

第 1 节　砖墙砌体施工

11.1.1　组砌方式（表 11-1）

农房砖墙体的组砌方式比较　　表 11-1

组砌方式	优点	缺点	适用	图示
一顺一丁	错缝搭接牢靠，墙体整体性好，操作简单，易于控制	竖缝不宜对齐，砍砖较多	应用较广	
三顺一丁	砍砖较少，工效较高	平整度等不宜控制，影响质量	一砖及以上墙体	
梅花丁	砌法难度最大	墙体强度最高	砌筑外墙	
两平一侧	节约用砖	费工，抗震性差	3/4 砖墙	
全顺	砌筑单一，速度快	承重效果差	1/2 砖	

11.1.2　砌筑方法

墙体的砌筑方法有“三一法”、铺浆法和挤浆法等，其中“三一法”和挤浆法是乡村建筑墙体施工常用的方法。

11.1.3　质量要求

砖基础组砌的质量要求：横平竖直，上下错缝，砂浆饱满，内外搭砌（图 11-1、图 11-2）。

图 11-1　横平竖直，上下错缝

图 11-2　内外搭砌，砂浆饱满

按现行国家标准《砌体结构工程施工质量验收规范》GB 50203 规定，接搓形式有斜槎和直槎两种（图 11-3、图 11-4）。

图 11-3　斜槎

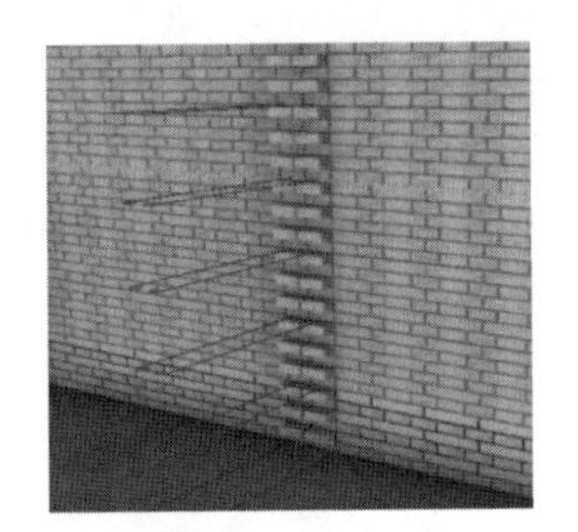

图 11-4　直槎

11.1.4　砂浆拌制

采用机械或人工拌制水泥混合砂浆（图 11-5、图 11-6）。现场拌制的砌筑砂浆应随拌随用。混合砂浆宜在拌成后 4h 内使用完毕；当施工期间气温超过 30℃时，应在拌成后 3h 内使用完毕。配制砌筑砂浆时，各组分材料应采用质量计量，水泥及各种外加剂配料的允许偏差为±2%；砂、粉煤灰、石灰膏等配料的允许偏差为±5%。

图 11-5　自落式搅拌机

图 11-6　强制性搅拌机

施工中不应采用强度等级小于 M5 水泥砂浆替代同强度等级水泥混合砂浆，如需替代，应将水泥砂浆提高一个强度等级。

11.1.5　砖墙砌体施工

1. 施工流程

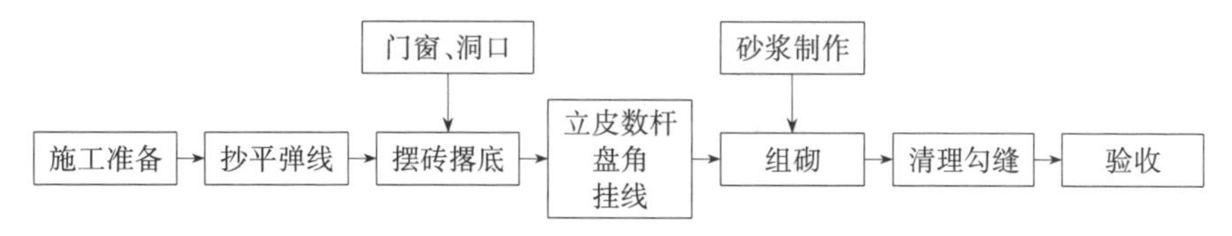

砖墙砌筑示意见表 11-2。

砖墙砌筑示意　　**表 11-2**

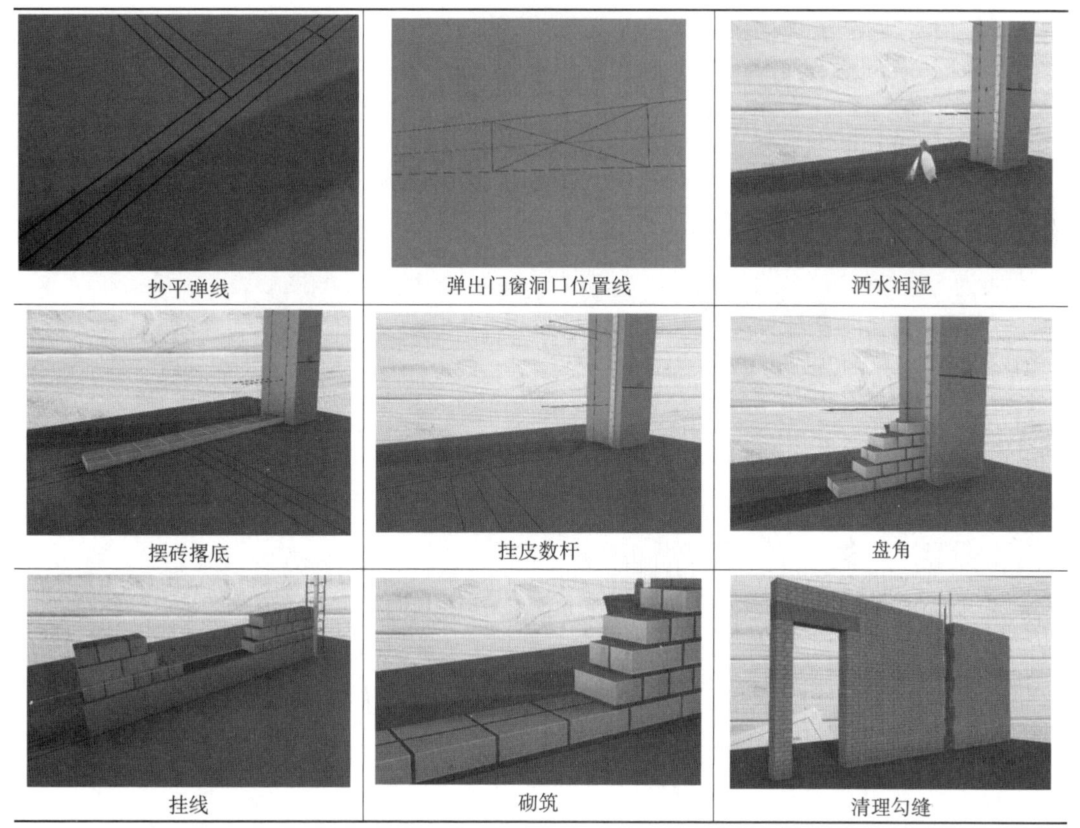

抄平弹线	弹出门窗洞口位置线	洒水润湿
摆砖撂底	挂皮数杆	盘角
挂线	砌筑	清理勾缝

2. 施工条件

（1）基础、圈梁或板面上部抄平弹线，并完成复核。

（2）常温施工时，砖表面提前 1～2d 洒水润湿，含水率应符合要求，烧结普通砖含水率宜为 10%～15%，灰砂砖、粉煤灰砖含水率宜为 5%～8%，混凝土砖不得洒水，现场检验砖含水率的简易方法采用断砖法，砖截面四周浸水深度为 15～20mm（图 11-7）。冬期施工注意洒水要求。蒸养砖龄期不少于 28d。

（3）砂浆配合比根据实际材料确定，应按《安徽省农村住房施工技术导则》执行。

（4）编制砌体工程施工方案，做好乡村建设工匠技术交底。

3. 施工要点

砌筑要求如下：

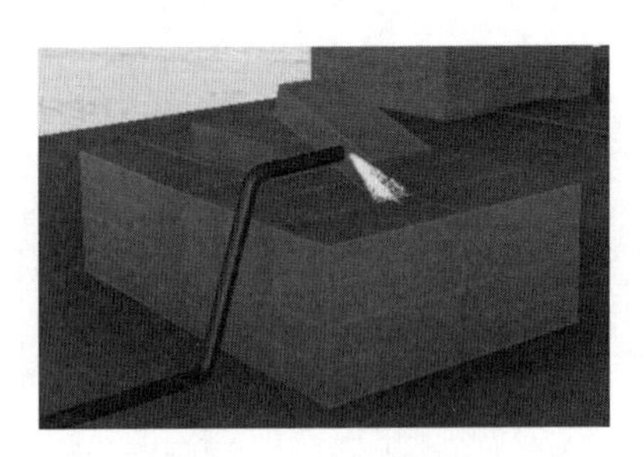

图 11-7　砖洒水润湿

（1）砖砌体砌筑方法应科学，内外搭砌，上下错缝。

（2）通常情况下，转角、门窗立边砖柱等部位使用“七分头砖”。

当采用一顺一丁组砌砖墙时，转角接头处七分头的顺面方向依次砌顺砖，丁面方向依次砌丁砖（图 11-8）。

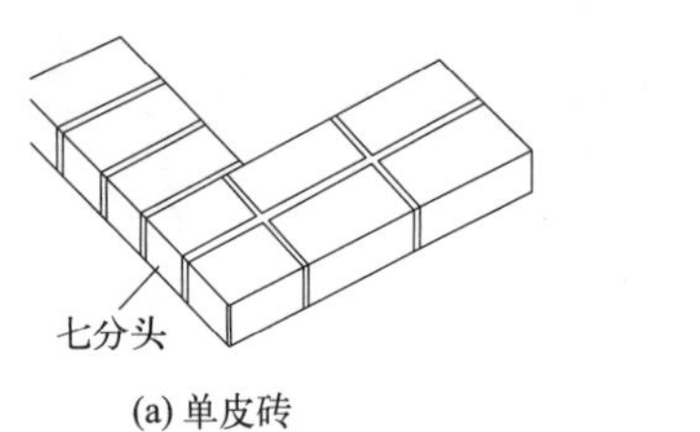

(a) 单皮砖

七分头

(b) 双皮砖

图 11-8　24 墙转角组砌

丁字接头处应分皮相互砌通，内角相交处的竖缝应错开 1/4 砖长，并在横墙端头处加砌七分头砖。十字接头处应分皮相互砌通，立角处的竖缝相互错开 1/4 砖长（表 11-3）。

丁字、十字接头组砌　　**表 11-3**

接头形式	丁字	十字
第一皮砖		
第二皮砖		

（3）承重墙的每层墙的最上一皮砖，楼板、梁、柱及屋架的支承处，砖砌体的阶台水平面上及挑出层的外皮砖，应整砖丁砌（图 11-9）。

（4）多孔砖的孔洞应垂直于受压面砌筑。半盲孔多孔砖的封底面应朝上砌筑（图 11-10）。

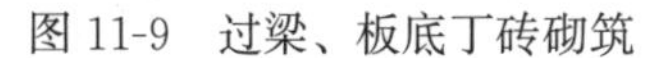

图 11-9　过梁、板底丁砖砌筑

图 11-10　多孔砖孔洞朝上

（5）砖砌体的转角处和交接处应同时砌筑，严禁无可靠措施的内外墙分砌施工。在抗震设防烈度为 8 度及 8 度以上地区，对不能同时砌筑而又必须留置的临时间断处应砌成斜槎（表 11-4）。普通砖砌体斜槎水平投影长度不应小于高度的 2/3，多孔砖砌体的斜槎长高比不应小于 1/2。斜槎高度不得超过一步脚手架的高度。

留槎示意图　　**表 11-4**

留槎形式	直槎	斜槎
第一皮砖		
第二皮砖		
铺设拉结钢筋		
留槎		

非抗震设防及抗震设防烈度为 6 度、7 度地区的临时间断处，当不能留斜槎时，除转

角处外，可留直槎，但直槎必须做成凸槎，且应加设拉结钢筋。拉结钢筋应符合下列要求：

① 每 120mm 墙厚放置 1ϕ6 拉结钢筋（120mm 厚墙应放置 2ϕ6 拉结钢筋）。

② 间距沿墙高不应超过 500mm，且竖向间距偏差不应超过 100mm。

③ 埋入长度从留槎处算起每边均不应小于 500mm，对抗震设防烈度 6 度、7 度的地区，不应小于 1000mm。

④ 末端应有 90°弯钩。

（6）砖砌体每日砌筑高度宜控制在 1.5m 或一步脚手架高度内。超过规定高度时应搭设脚手架。冬期、雨期施工时，日砌筑高度不宜超过 1.2m。

（7）出檐砌体应按层砌筑，同一砌筑层应先砌墙身后砌出檐。

（8）当房屋相邻结构单元高差较大时，宜先砌筑高度较大部分，后砌筑高度较小部分。

（9）门窗洞口或管道应在砌筑时预留或预埋，并应符合设计规定。未经设计同意，不得随意在墙体上开凿水平沟槽。对宽度大于 300mm 的洞口，上部应设置过梁。

当墙体上留置临时施工洞口时，洞口净宽度不应大于 1m，其侧边距交接处墙面不应小于 500mm，顶部宜设置过梁，亦可在洞口上部采取逐层挑砖的方法封口，并应预埋水平拉结筋（图 11-11）。墙梁构件的墙体部分不宜留置临时施工洞口。当需留置时，应会同设计单位确定。临时施工洞口补砌时，块材及砂浆的强度不应低于砌体材料强度。钢筋砖过梁内的钢筋应均匀、对称放置，过梁底面应铺 1∶2.5 水泥砂浆层，其厚度不宜小于 30mm，钢筋应埋入砂浆层中，两端伸入支座砌体内的长度不应小于 240mm，并应有 90°弯钩埋入墙的竖缝内。

图 11-11　门窗洞口过梁

（10）与构造柱相邻部位砖墙应砌成马牙槎，马牙槎应先退后进，每个马牙槎沿高度方向的尺寸不宜超过 300mm（五退五进或三退三进），凹凸尺寸宜不少于 60mm（图 11-12）。

设置钢筋混凝土构造柱的砌体，应按先砌墙后浇筑构造柱混凝土的顺序施工。浇筑混凝土前应将砖砌体与模板浇水润湿，并清理模板内残留的杂物。

砌筑时，砌体与构造柱间应沿墙高每 500mm 设拉结钢筋。设置 2ϕ6 拉结钢筋，拉结钢筋每边伸入墙内不宜小于 1000mm。钢筋混凝土构造柱的竖向受力钢筋应在基础梁和楼层圈梁中锚固，锚固长度应符合设计要求。

构造柱混凝土可分段浇筑，每段高度不宜大于 2m。浇筑构造柱混凝土时，应采用小型插入式振捣棒边浇筑边振捣的方法。

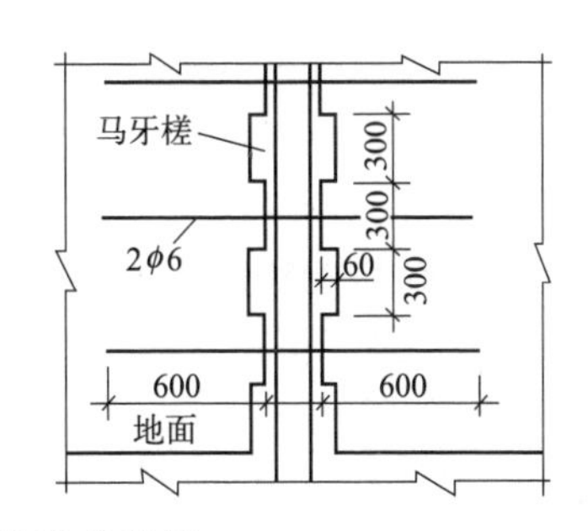

图 11-12　砖墙与构造柱连接

第 2 节　砌块墙砌体施工

11.2.1　施工流程

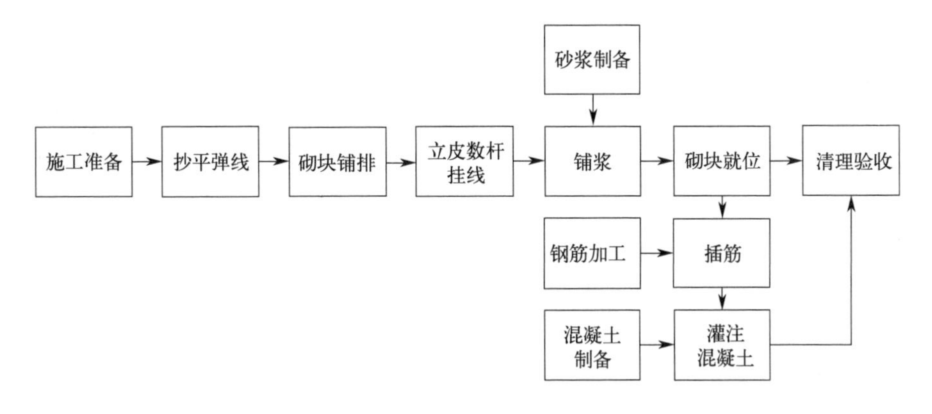

11.2.2　施工要点

1. 砌块施工要点

（1）砌筑应立皮数杆、拉准线，从转角处或定位处开始，内外墙同时砌筑、纵横墙交错搭接（图 11-13、图 11-14）。

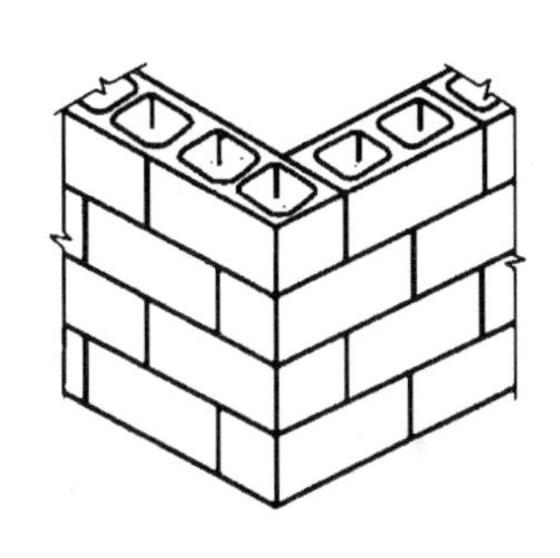

图 11-13　砌块墙转角处搭砌

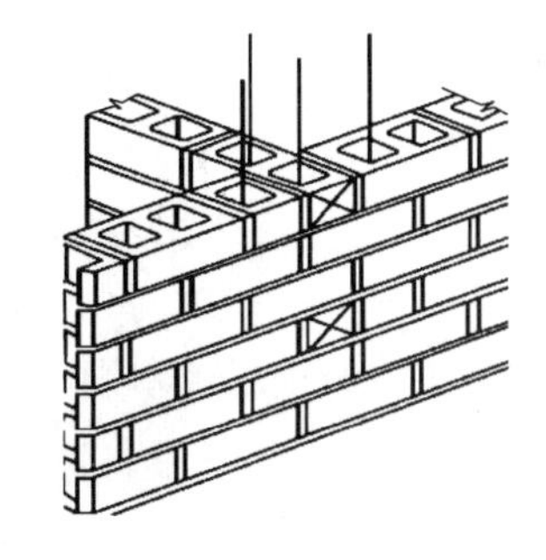

图 11-14　T 字连接处搭砌

（2）砌筑应按照“对孔、错缝、反砌”的原则，即上皮砌块的孔洞对准下皮砌块的孔洞，小砌块应地面朝上反砌（图 11-15）。错缝应符合要求，竖缝通缝不得超过 2 皮小砌块。单排孔小砌块的错缝搭接长度应为块体长度的 1/2，多排孔小砌块的错缝搭接长度不宜小于砌块长度的 1/3。普通混凝土小砌块错缝长度不小于 90mm，轻骨料混凝土砌块错缝长度不小于 120mm（图 11-16）。当不能满足搭砌要求时，应在水平灰缝中设 $\phi4$ 钢筋网片，且网片两端与该位置的竖缝距离不得小于 400mm 或采用配块（图 11-17）。

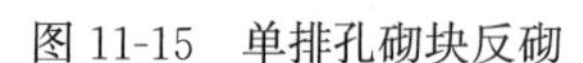

图 11-15　单排孔砌块反砌

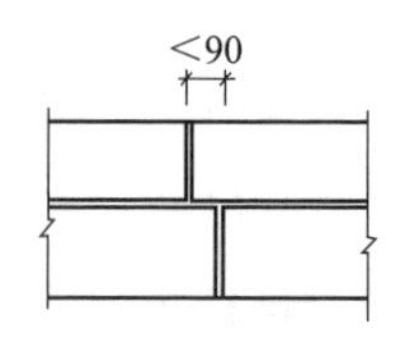

图 11-16　砌块错缝

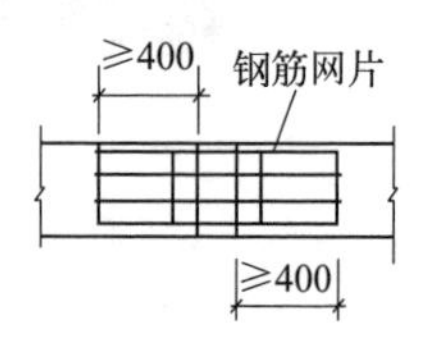

图 11-17　铺设钢筋网片

（3）墙体转角处和纵横交接处应同时砌筑。临时间断处应砌成斜槎，斜槎水平投影长度不应小于斜槎高度。临时施工洞口可预留直槎，但在补砌洞口时，应在直槎上下搭砌的小砌块孔洞内用强度等级不低于 Cb20 或 C20 的混凝土灌实。

（4）砌筑小砌块时，宜使用专用铺灰器铺放砂浆，且应随铺随砌。当未采用专用铺灰器时，砌筑时的一次铺灰长度不宜大于 2 块主规格块体的长度。水平灰缝应满铺下皮小砌块的全部壁肋或单排、多排孔小砌块的封底面；竖向灰缝宜将小砌块一个端面朝上满铺砂浆，上墙应挤紧，并应加浆插捣密实。

（5）直接安放钢筋混凝土梁、板或设置挑梁墙体的顶皮小砌块应正砌，并应采用强度等级不低于 Cb20 或 C20 混凝土灌实孔洞，其灌实高度和长度应符合设计要求。

（6）固定现浇圈梁、挑梁等构件侧模的水平拉杆、扁铁或螺栓所需的穿墙孔洞，宜在砌体灰缝中预留，或采用设有穿墙孔洞的异型小砌块，不得在小砌块上打洞。利用侧砌的小砌块孔洞进行支模时，模板拆除后应采用强度等级不低于 Cb20 或 C20 混凝土填实孔洞。

（7）砌块墙体的转角处及纵横墙交接处应设置构造柱。构造柱与墙体设拉结筋，沿墙体全长贯通。构造柱施工时应按要求留置马牙槎，马牙槎宜先退后进（图 11-18）。

图 11-18　砌块与构造柱连接

（8）正常施工条件下，小砌块砌体每日砌筑高度宜控制在 1.4m 或一步脚手架高度内。

2. 混凝土芯柱施工要点

（1）混凝土芯柱设置在小型砌块墙体的转角处和纵横墙交接处。在砌块的洞口中插入不应小于 1ϕ12 带肋钢筋，并浇筑不低于 C20 或 Cb20 的细石混凝土（表 11-5）。

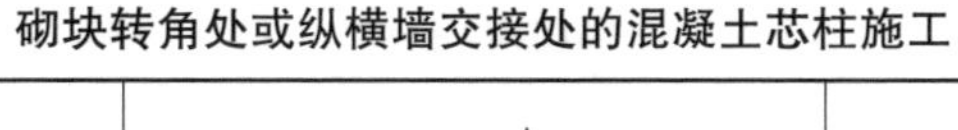

砌块转角处或纵横墙交接处的混凝土芯柱施工　　表 11-5

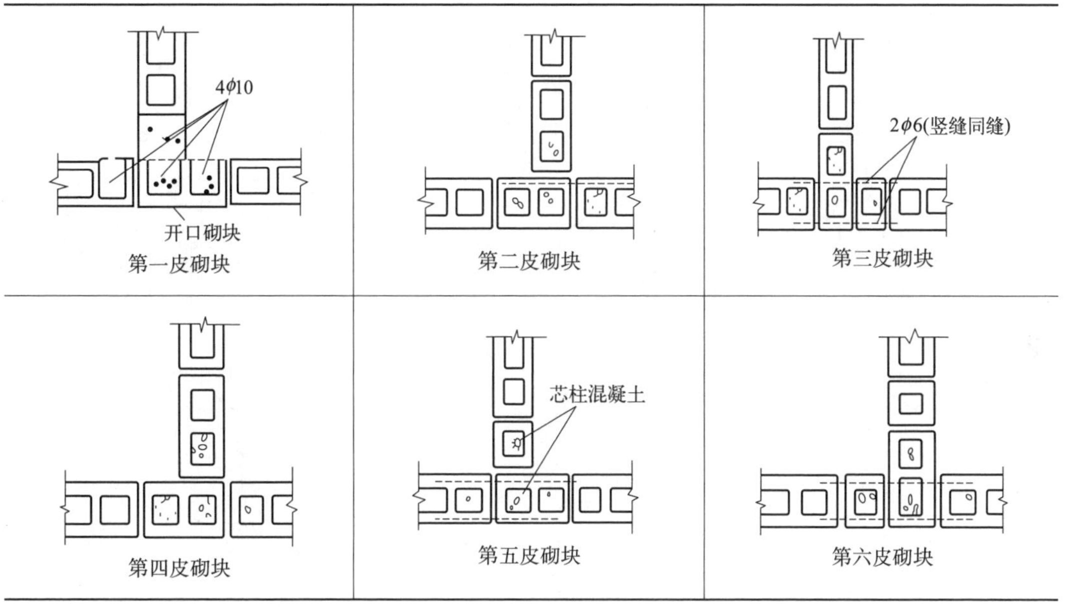

（2）芯柱钢筋，底部应伸入基础或与基础圈梁锚固，顶部应与屋盖圈梁锚固（图 11-19）。

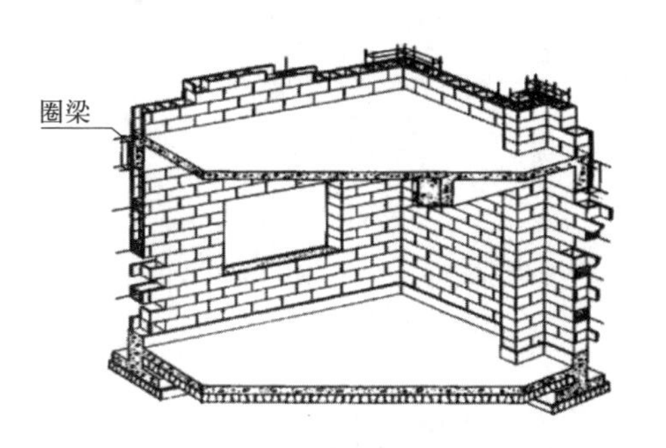

图 11-19　芯柱与基础、圈梁连接

（3）砌筑砂浆强度达到一定强度（≥1MPa）后方可浇灌芯柱混凝土，浇灌混凝土前应清除孔洞内砂浆杂物，并用水冲洗，先注入适量的与混凝土相同的去石水泥砂浆，再分层、连续浇筑，连续浇筑高度不应大于 1.8m。边浇筑混凝土边振捣密实。振捣时宜选用插入式振捣棒。芯柱混凝土的坍落度不宜小于 50mm。

（4）芯柱应沿房屋全高贯通，并与各层圈梁整体现浇。芯柱处沿墙高每隔 400mm 应设 ϕ4 钢筋网片拉结，每边伸入墙体不小于 600mm。

第3节　填充墙施工

11.3.1　填充墙施工内容（表11-6）

框架结构填充墙施工　　表11-6

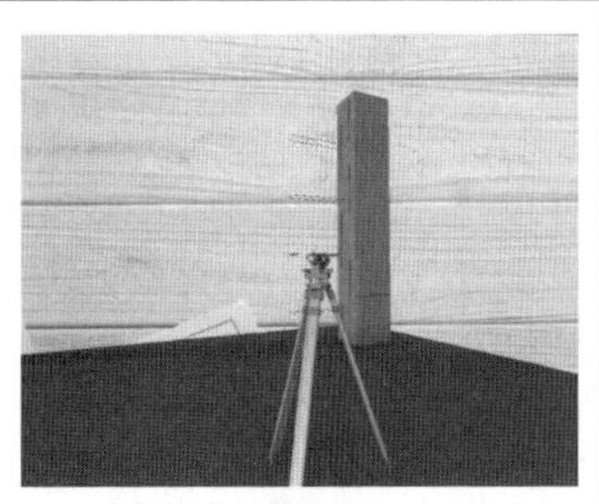 定位放线	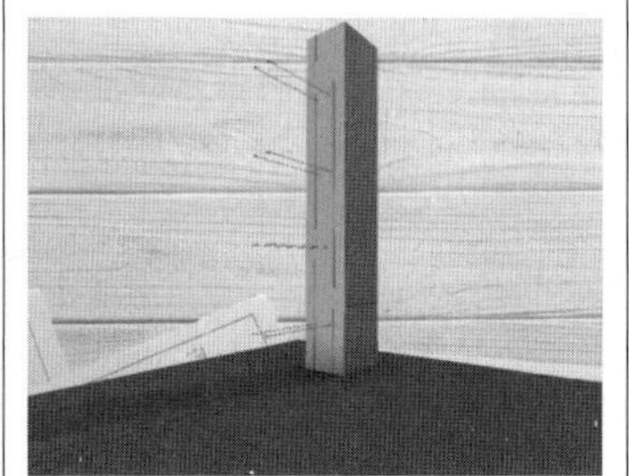 构造柱及拉结钢筋植筋	 安装构造柱箍筋
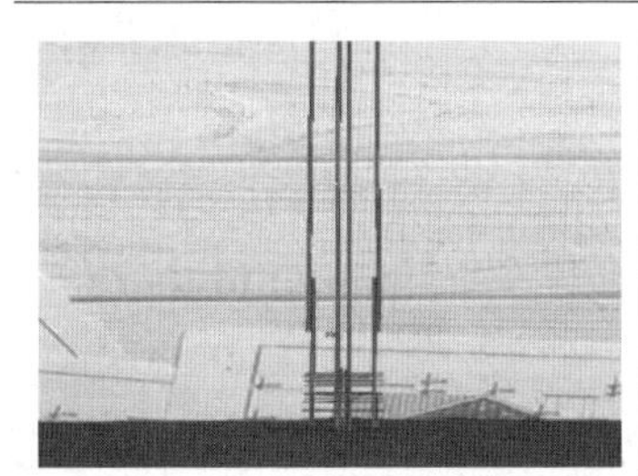 安装构造柱纵筋	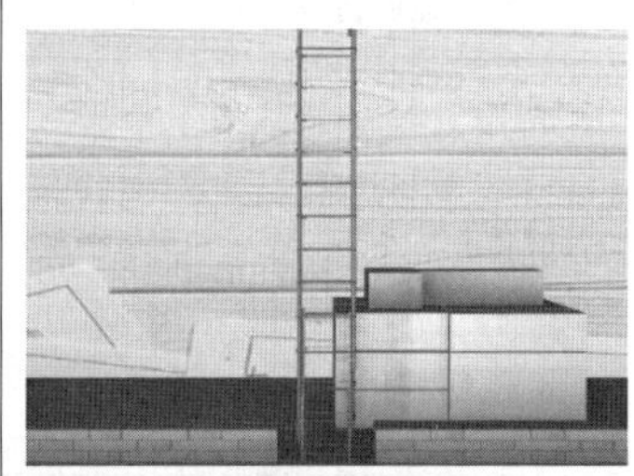 绑扎构造柱钢筋	 砌筑填充墙
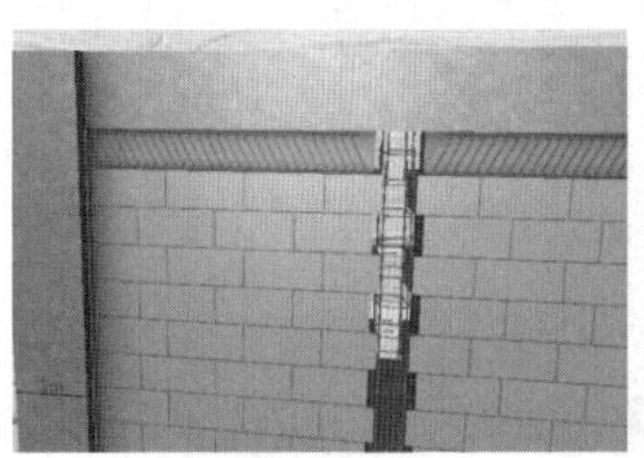 补砌填充墙上部	 安装构造柱模板	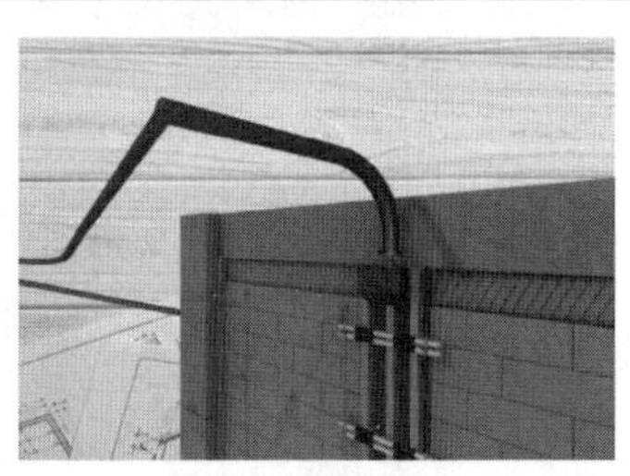 浇筑构筑柱混凝土
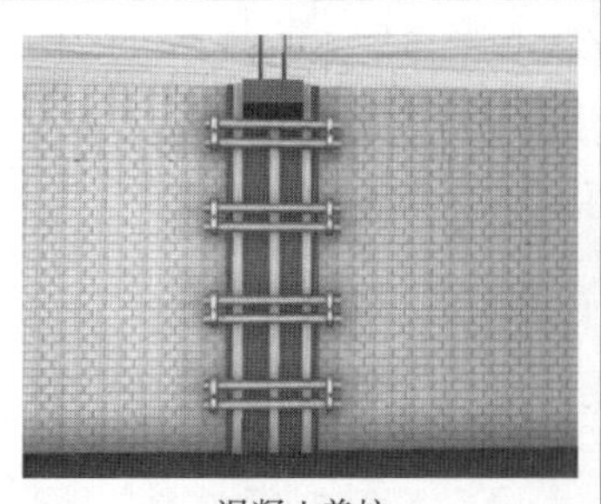 混凝土养护	 拆装模板	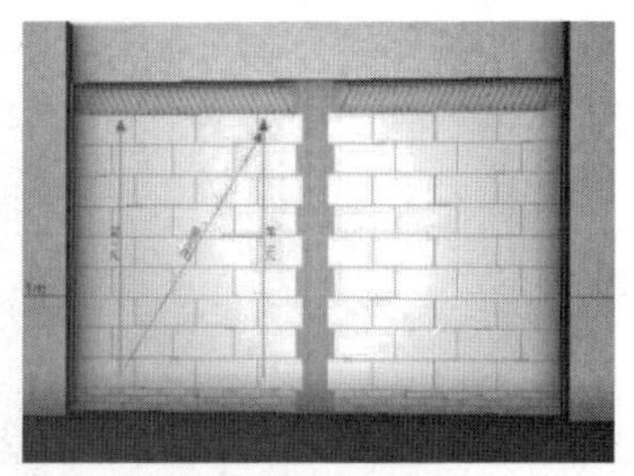 拆除多余混凝土

11.3.2　填充墙构造柱施工

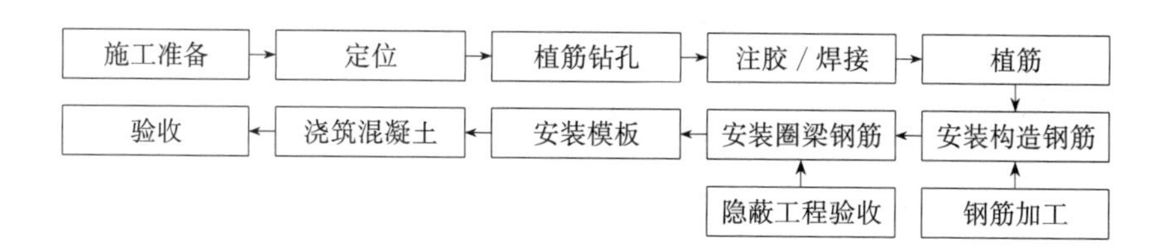

11.3.3　施工条件

1. 会审施工图纸，把握施工重点、难点。

2. 编制施工方案，向乡村建设工匠做好技术交底。

3. 砂浆由实验室按照设计要求做配合比试配或参照《安徽省农村住房施工技术导则》砂浆配合比执行，准备好试模。

4. 提前 1～2d 对砖浇水湿润，砖含水率控制在 8%～15%，严禁现用现浇。

11.3.4　植筋施工

1. 基层处理与找平

砌筑前先将楼地面上的泥土、浮浆、碎渣等清理干净，除去浮尘。楼地面标高不平整用细石混凝土找平。

2. 定位放线

（1）根据施工图纸和施工实际情况，在结构墙或柱上弹好 1000mm 的标高线。在楼地面上弹好墙身线、门洞口线、填充墙立边线，并将洞口边线标高控制在梁柱上。

（2）立皮数杆，在结构墙、柱上弹好过梁或圈梁位置线、墙体拉结筋位置线。

3. 墙或板面拉筋植筋

用冲击钻钻眼成孔，孔深不小于 100mm，用吹风机将孔内灰尘吹干净，再用水将孔内冲洗干净。干燥后，将植筋胶涂抹钢筋上，慢慢塞进孔内，静置 72h。经检拉拔试验合格后方可砌筑。

11.3.5　砌筑施工

1. 施工要点

（1）砌筑前，提前将柱、墙等结合部位润湿，以保证粘结牢固。

（2）砌体施工时，必须在墙体挂线，挂线一定要拉紧绷直。

（3）墙体底部用普通砖打底，其高度不宜小于 200mm。

（4）砌块或空心砖砌筑采用铺浆法施工，其灰缝厚度同砖墙或砌块墙施工要求。砂浆饱满度应符合要求，水平灰缝的砂浆饱满度不得低于 80%，垂直灰缝不得出现透明缝、瞎缝或假缝。

（5）砌筑应从转角处或交叉墙开始顺序推进，内外墙应同时砌筑，纵横墙应交叉搭砌，砌筑时应上下错缝，填充墙不得通缝，搭接长度不宜小于砌块长度的 1/3。

（6）宜采用外手挂线，保证砖墙两面平整，控制抹灰厚度。灰缝应随砌筑随勾缝。

（7）填充墙的转角处和交接处应同时砌筑，严禁无可靠措施的内外墙分砌施工。对不能同时砌筑而且必须留置的临时间断处应砌成斜槎，斜槎水平投影长度不得小于高度的2/3。

2. 注意事项

（1）填充墙砌至梁底、板底时应留一定的空隙。砌筑后至少隔14d方可补砌挤紧。顶部补砌应在下部墙体稳定后进行斜砌。斜砌应采用侧砖或立砖斜砌挤紧，倾斜度宜为60°左右，斜砌砖逐块敲紧砌实，砂浆填满，封堵严实。在施工斜顶砖时，必须首先平铺水泥实心砖一层，防止砂浆下漏。

（2）砌筑外墙时，尽量不留或少留脚手眼，墙中如预留脚手眼，不得用干砖填塞，应在抹灰前安排用水泥砂浆填实，以防留下墙体渗、漏隐患。

11.3.6　构造柱、圈梁施工

1. 构造柱、圈梁设置

独立墙长大于5m时，墙体中部设置或门窗洞口两侧设置构造柱；无翼墙的“一”字形墙端头、悬挑梁端部砌体、纵横墙交界处设置构造柱。墙高超过4m（100mm厚墙无门窗洞者高度超过3m，有洞口者超过2.5m）时，在墙体高度中部设置与柱连接且沿墙全长贯通的圈梁。砌体洞口顶部应设置过梁，圈梁位置与门窗洞口上方的过梁同一高度且连续。当圈梁被洞口截断时，在洞口上方按圈梁要求增设附加圈梁，附加圈梁与圈梁的搭接长度不小于$2H$（H为圈梁与附加圈梁的垂直距离），且不小于1m。

2. 施工要点

（1）钢筋植筋后，应根据构造柱、圈梁、过梁的截面位置将结构混凝土接触面凿毛，并用水冲洗干净。

（2）构造柱、圈梁钢筋采用搭接，搭接长度满足钢筋搭接$31d$（d为钢筋直径），主筋保护层均为20mm。

（3）构造柱、圈梁等模板的支设要密封严实，防止漏浆。

（4）构造柱支模至梁底300mm高处时，用模板支设45°角的混凝土浇筑进料口，在浇筑完混凝土并达到初凝后，将此三角形部分混凝土凿除。

（5）混凝土浇筑前应先浇水湿润，浇筑要振捣密实。构造柱混凝土可以采用分段进行，每次浇筑至圈梁或窗台压顶位置。

（6）浇筑圈梁、过梁混凝土时，混凝土梁面应找平拉毛。

（7）在混凝土施工过程中，要注意对钢筋和砌体的成品保护，严禁随地倾倒和遍地洒落混凝土，混凝土流浆要及时清理干净。

第4节　砌体结构施工的常见质量问题

11.4.1　位置偏差

定位放线错误、轴线位移等原因造成上墙体轴线出现位置偏差。

11.4.2　墙体标高不在同一水平面

砌筑前未找平，水平缝铺灰厚度不均匀，砌筑方法选择不当等，这些易造成墙体标高不在同一水平面。

11.4.3　螺丝墙

砌筑时不立皮数杆，不拉通线，水平灰缝平直度严重超差，砌体出现“螺丝墙”。

11.4.4　砂浆不饱满

砂浆配合比未按要求执行、砂浆稠度和铺砖未洒水等造成砂浆饱满度不够（图 11-20）。

11.4.5　错缝、通缝、瞎缝、假缝、透明缝或竖缝歪斜

选砖不当、组砌形式混乱或砍砖不合理等造成墙体错缝、通缝、瞎缝、假缝、透明缝或竖缝歪斜（图 11-21）。

图 11-20　砂浆不饱满

图 11-21　墙体错缝、通缝

11.4.6　留槎不当

施工组织方式选择不当，建设工匠随意留槎或不留槎，随意放置拉结钢筋或未放置拉结钢筋，易出现留槎不符合技术标准或设计要求。

11.4.7　墙体裂缝

墙体因承载等因素影响可能会出现八字裂缝、水平裂缝、竖向裂缝、斜向裂缝等质量问题。

第 12 章　框架结构施工

第 1 节　框架结构施工要求

12.1.1　框架结构施工流程

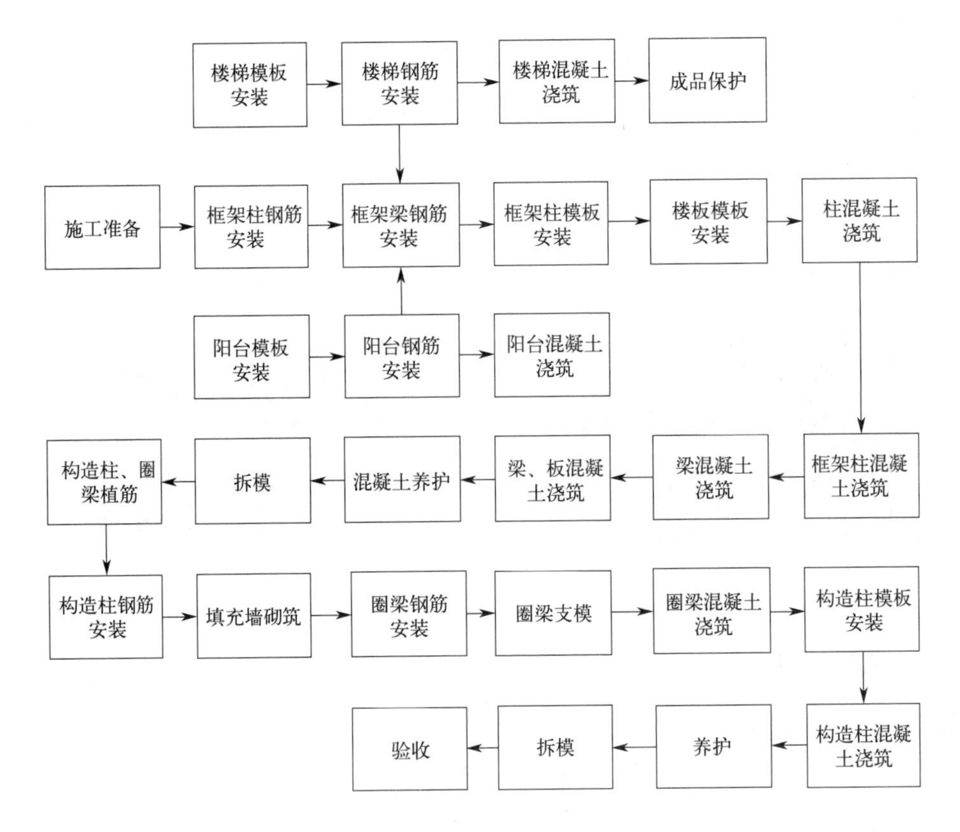

12.1.2　框架结构施工内容（表 12-1）

框架结构施工内容　　表 12-1

轴线引测与定位放线	框架柱钢筋安装	主梁模板安装

续表

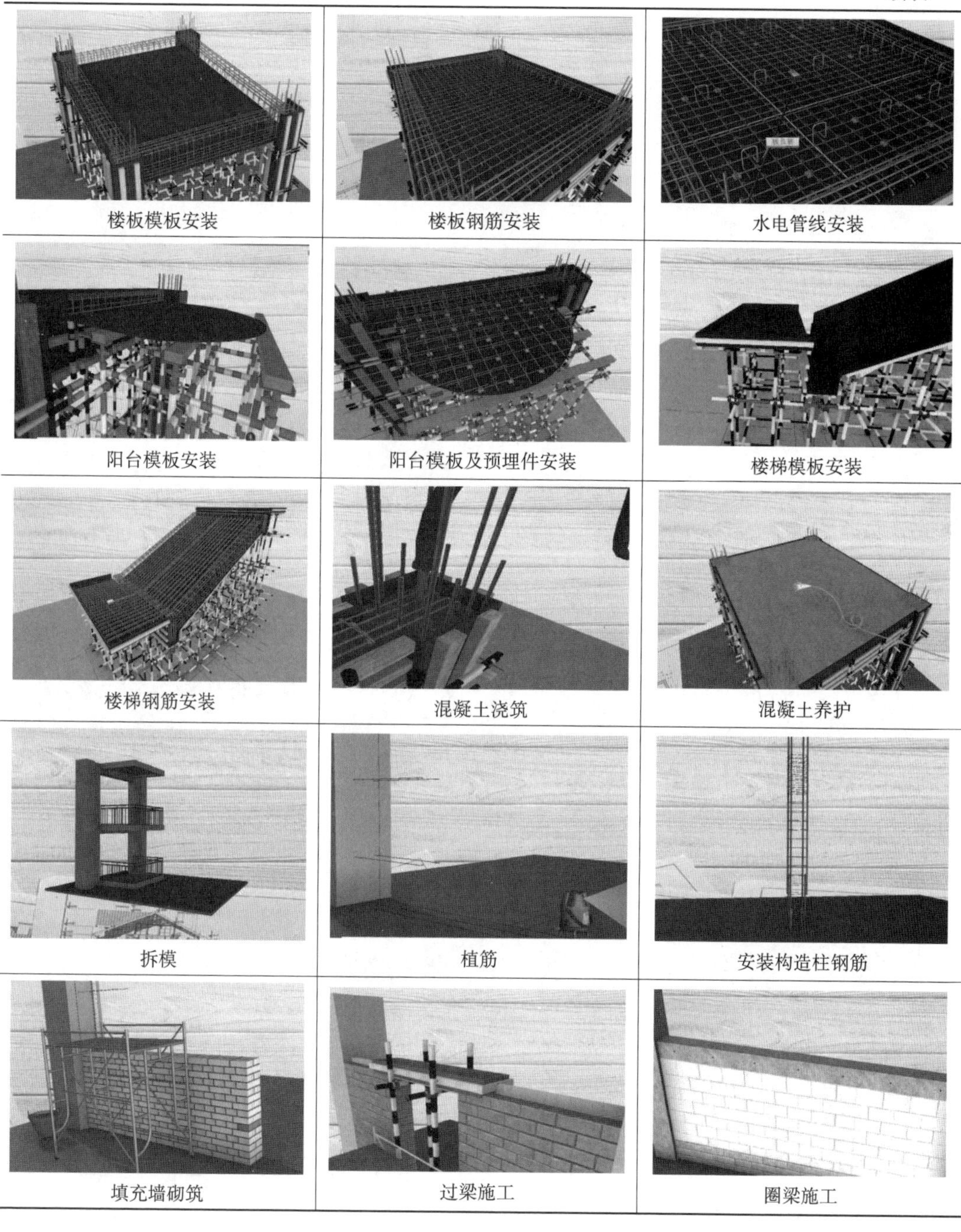

楼板模板安装	楼板钢筋安装	水电管线安装
阳台模板安装	阳台模板及预埋件安装	楼梯模板安装
楼梯钢筋安装	混凝土浇筑	混凝土养护
拆模	植筋	安装构造柱钢筋
填充墙砌筑	过梁施工	圈梁施工

12.1.3　有关要求

1. 施工前，应根据梁、柱、楼板、阳台和楼梯等主要构件的特点确定具体施工方法，并应做好场地平整、水电供应、材料和施工机具进场等准备工作。

2. 加强检查混凝土基础、梁柱节点和梁板节点等重要部位的模板安装、钢筋绑扎和混凝土浇筑。

第 2 节　框架柱施工

12.2.1　框架柱施工流程

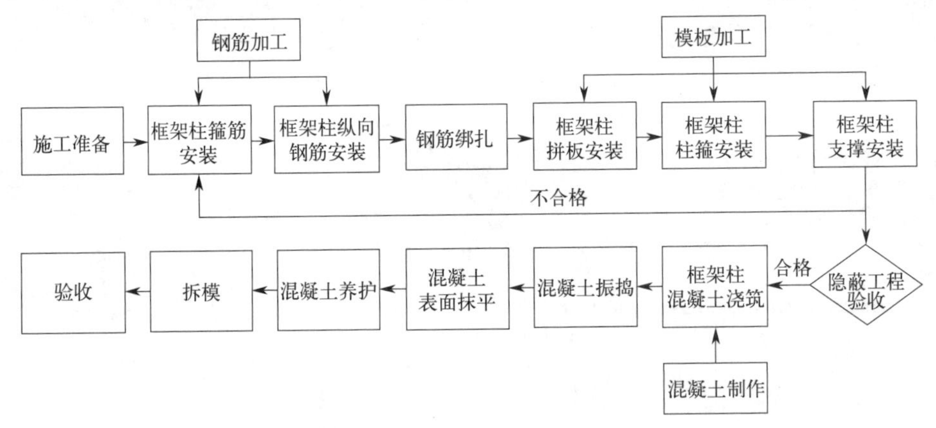

框架柱施工内容见表 12-2。

框架柱施工内容　　表 12-2

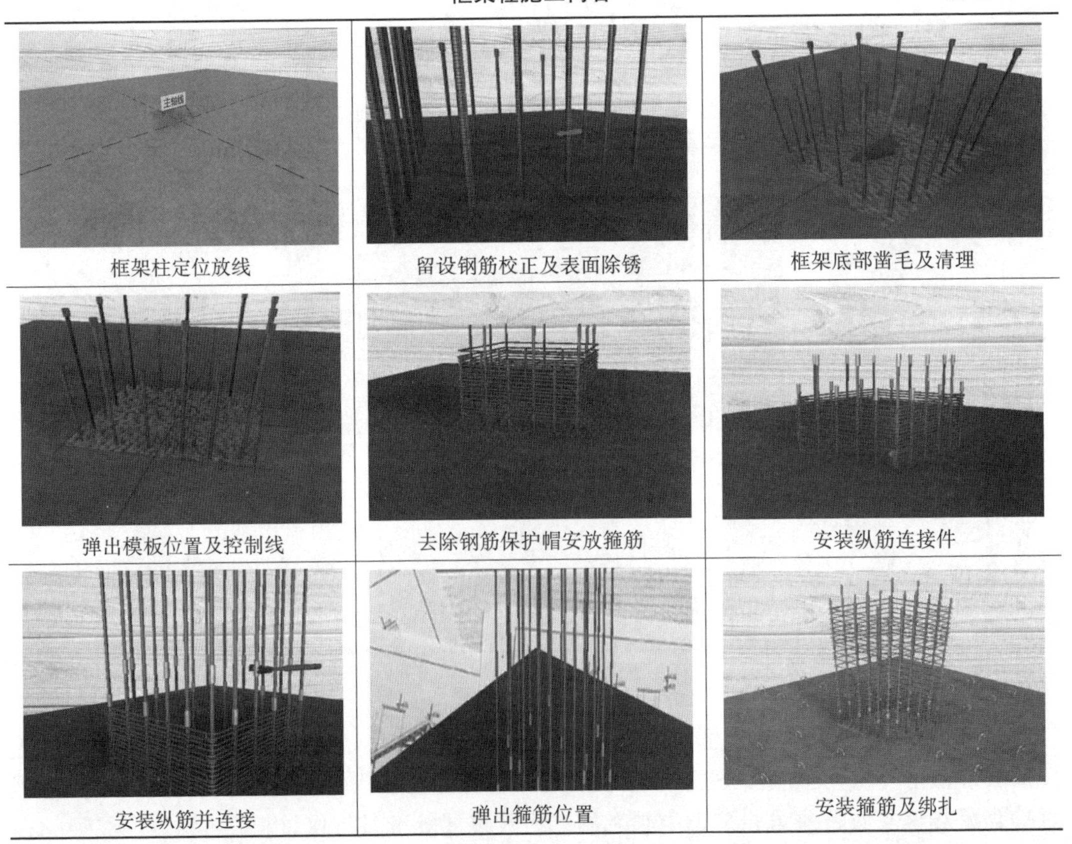

续表

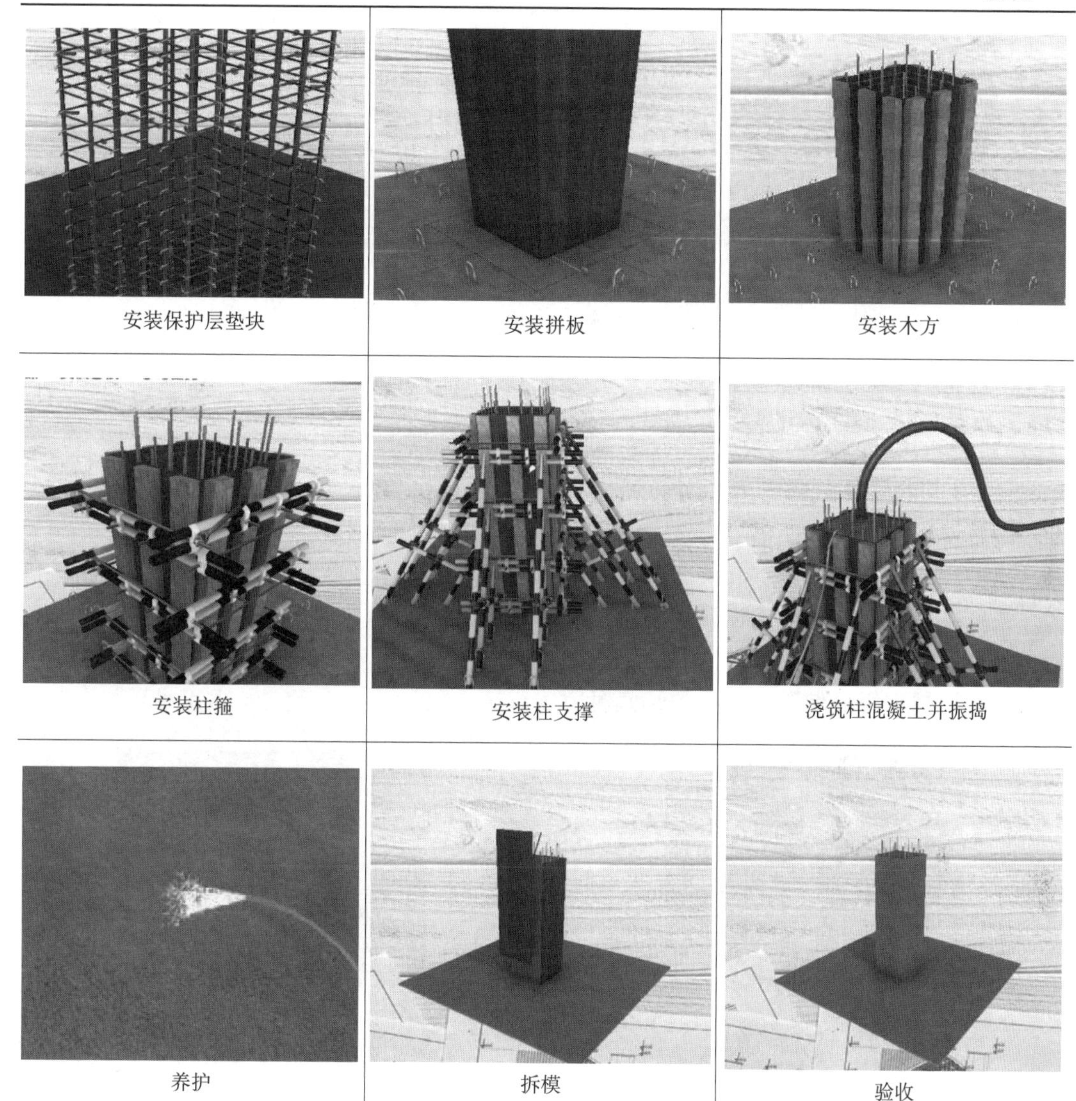

安装保护层垫块	安装拼板	安装木方
安装柱箍	安装柱支撑	浇筑柱混凝土并振捣
养护	拆模	验收

12.2.2　钢筋加工与安装

1. 钢筋加工流程

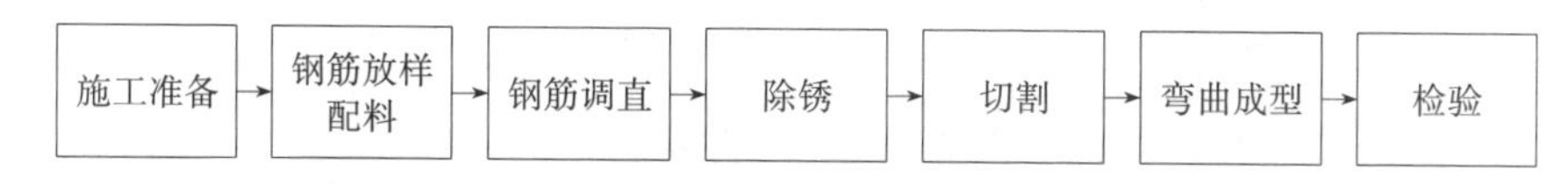

（1）钢筋放样与配料

钢筋放样与配料是钢筋工程施工的重要环节。乡村建设工匠按照设计要求和实际情况，计算钢筋下料尺寸，对钢筋翻样，编制出钢筋下料单。钢筋配料是根据构件尺寸、钢筋形状和混凝土保护层厚度等确定的。混凝土的最小保护层厚度是指从结构构件中钢筋外边缘至构件外表面的混凝土表面距离，应满足规范要求（表 12-3）。

混凝土保护层的最小厚度（单位：mm） **表 12-3**

序号	环境类别			板、墙	梁、柱
1	一		室内正常环境	15	20
2	二	a	室内潮湿环境，非严寒和非寒冷地区的露天环境，与无侵蚀性的水或土壤直接接触的环境	20	25
3	二	b	严寒和寒冷地区的露天环境，与无侵蚀性的水或土壤直接接触的环境	25	35
4	三	a	受除冰盐的环境，严寒和寒冷地区冬季水位变动的环境	30	40
5	三	b	受除冰盐的环境，盐渍土环境	40	50

注：1. 混凝土强度等级≤C25 时，表中保护层厚度数值应增加 5mm。
2. 钢筋混凝土基础宜设置混凝土垫层，基础中钢筋的混凝土保护层厚度应从垫层顶面算起，且不应小于 40mm。
3. 板的混凝土等级强度>C25 时，保护层厚度应不少于 20mm，且不应小于钢筋的公称直径。

（2）钢筋调直除锈

用冷拉、调直机、锤直和扳直等方法将钢筋调直（图 12-1）。钢筋在调直的过程中除锈。未经调直的钢筋可采用钢丝刷、酸洗、喷砂等方法除锈。

（3）钢筋切割

钢筋切割有机械切割和人工剪切两种方式（图 12-2）。

图 12-1　钢筋调直机

图 12-2　钢筋切断机

（4）钢筋弯曲

将切割好的钢筋按设计要求弯曲成型。钢筋弯曲一般有手工弯曲和机械弯曲（图 12-3）。

图 12-3　钢筋弯曲机

2. 钢筋连接

钢筋连接有绑扎、焊接和机械连接等方法，其连接应符合规范要求。为保证钢筋接头的传力性能，钢筋接头还必须满足以下要求：

①受力钢筋的接头宜设置在受力较小处。同一纵向受力钢筋不宜设置两个或两个以上接头。接头末端至钢筋弯起点的距离不应小于钢筋直径的 10 倍。

②当受拉钢筋直径大于 25mm、受压钢筋直径大于 28mm 时，不宜采用绑扎搭接接头。

③同一纵向受拉尽量减少接头，通长布置。

（1）绑扎连接

①同一构件中相邻纵向受力钢筋的绑扎搭接接头宜相互错开。

②钢筋绑扎搭接接头长度应符合设计要求。当无设计要求时，应满足最小搭接长度。

③钢筋绑扎搭接时，纵向受拉钢筋的最小锚固长度 l_a 也应满足规定要求。

④同一连接区段内，纵向受拉钢筋搭接接头面积百分率应符合设计要求；当设计无具体要求时，应符合规定。对梁类、板类及墙类构件，不宜大于 25%；对柱类构件，不宜大于 50%。当工程中确有必要增大受拉钢筋搭接接头面积百分率时，对梁类构件，不应大于 50%，对板、柱类构件，根据实际情况放宽。

⑤钢筋净距

搭接接头中钢筋的横向净距不应小于钢筋直径，且不应小于 25mm。

⑥纵向受力钢筋搭接区范围内应配置箍筋，当无设计要求时应满足要求。

（2）焊接连接

钢筋焊接连接有闪光对焊、电弧焊、电渣压力焊和气压焊等方法。农房钢筋连接常采用电渣压力焊、电弧焊（图 12-4）。

受力钢筋采用焊接接头时，设置在同一构件内的焊接接头应相互错开。钢筋焊接接头区段长度为 35*d*（*d* 为纵向钢筋直径），且不小于 500mm。在接头区段内同一钢筋不得有两个接头，受力钢筋截面面积占受力钢筋总截面面积的百分率应符合规定：非预应力筋受拉区不宜超过 50%；受压区和装配式构件连接处不限制。

（3）机械连接

机械连接的方式有挤压套筒、螺纹套筒等施工方法（图 12-5）。

图 12-4　电渣压力焊

图 12-5　直螺纹套筒连接

3. 钢筋绑扎

（1）固定钢筋位置

钢筋安装应采用定位件固定钢筋的位置，保证钢筋位置准确，定位件可采用支架、撑件或垫筋。

（2）钢筋绑扎

①钢筋绑扎方式有一面顺扣、十字花扣、反十字花扣、兜扣和缠扣等方式。

②钢筋的交点须用铁丝扎牢，直径12mm及以上钢筋用20号铁丝绑扎，直径10mm及以下钢筋用22号铁丝绑扎。

4. 框架柱钢筋安装

（1）安装要点

①做好施工准备工作，弹好柱的轴线、边线保证柱的位置正确。

②凿去混凝土施工缝表面浮浆并清理干净。柱插筋有偏位，应提前处理好。

③按图纸要求计算好箍筋数量，柱的纵向受力钢筋搭接长度范围内，应按设计要求配置箍筋；箍筋间距不应大于搭接钢筋较小直径的10倍，且不应大于200mm。将箍筋套在下层伸去的柱头钢筋上。

④搭设柱钢筋安装脚手架并铺满脚手板，确保建筑工匠操作安全。

⑤将柱的纵向钢筋搭接接长，绑扎搭接接头及长度应符合设计要求。采用柱的竖向钢筋搭接时，搭接长度内绑扣不少于3个，绑扣朝柱中心。角部主筋弯钩与模板成45°，中间主筋弯钩与模板成90°，弯钩朝内。

⑥在柱的对角线主筋上画出箍筋位置线。按箍筋位置线将套入的箍筋从下向上移动，自上而下绑扎。柱的箍筋弯钩叠合处沿柱的竖向钢筋交错布置，并绑扎牢固。绑扎箍筋时，转角处采用兜扣绑扎，中间采用八字扣绑扎，绑扣应相互形成八字形。

⑦柱上下端的箍筋加密，应符合设计要求。柱箍筋端头的平直部分混凝土面保持平行。

⑧柱筋其底板上口增设一道限位箍，保证柱钢筋的定位。柱筋上口设置一钢筋定位卡，保证柱筋位置准确。

⑨为了保证柱筋的保护层厚度，采用在柱主筋外侧卡上塑料卡，塑料卡的厚度为柱筋保护层厚度。

⑩梁和柱的箍筋，应与受力钢筋垂直设置，其交叉点必须全部扎牢；箍筋弯钩叠合处，应沿受力钢筋方向错开设置。

（2）注意事项

①钢筋定位

钢筋原始位置的正确才能保证钢筋在施工中的正确位置，故要保证钢筋原始位置的正确。

②钢筋保护层控制

用塑料垫块保证柱主筋的保护层厚度，保护层厚度依照规范。

12.2.3　模板安装

1. 模板系统的构成

模板是钢筋混凝土施工的重要组成部分，能够使构件按照要求的几何尺寸成型。模板系统包括模板板块和支架系统两大部分，还有适量的紧固件。模板拼板是由面板、次肋、主肋等组成，支架则有支撑、桁架、系杆、对拉螺栓等形式。钢木模板系统的组成见图 12-6。

图 12-6　钢木模板系统的组成

2. 模板的要求

（1）具有足够的承载力、刚度和稳定性，保证施工中不变形，不破坏，不倒塌。

（2）保证构件形状尺寸和相互位置的准确性。

（3）表面平整、干净，接缝严密，保证不漏浆。

（4）支拆方便，便于施工。

（5）保证质量前提下多次周转使用，降低工程成本，经济合理。

3. 常见框架柱模板

柱模板由内、外拼板、柱箍、底部固定框组成，断面尺寸不大但较高，长细比较大。底部开清理孔，顶部开梁缺口，中间沿高度方向自柱底开浇筑孔（图 12-7）。

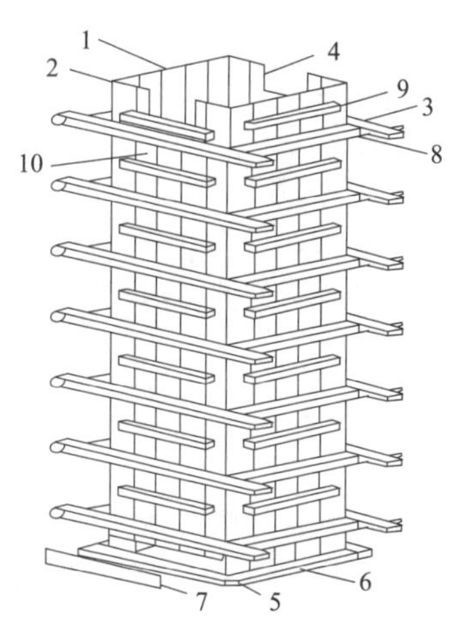

图 12-7　柱模板

1—内拼板；2—外拼板；3—柱箍；4—梁缺口；5—清理孔；6—木框；7—盖板；8—拉紧螺栓；9—拼条；10—三角木条

柱箍设在拼板外部，保证模板在混凝土侧压力作用下不变形。柱箍的间距与混凝土侧压力大小及拼板厚度有关，侧压力愈向下愈大，因此愈靠近模板底端，柱箍就愈多，愈向顶端，柱箍愈少。如柱子断面较大，一般在柱子四周的拼条后面还加有背枋。三角木条钉在模板的四角，防止柱面棱角易于碰损。

柱底设有木框，固定柱子的水平位置。

4. 框架柱模板安装

（1）框架柱模板安装与拆除内容（表 12-4）

框架柱模板安装与拆除内容　　**表 12-4**

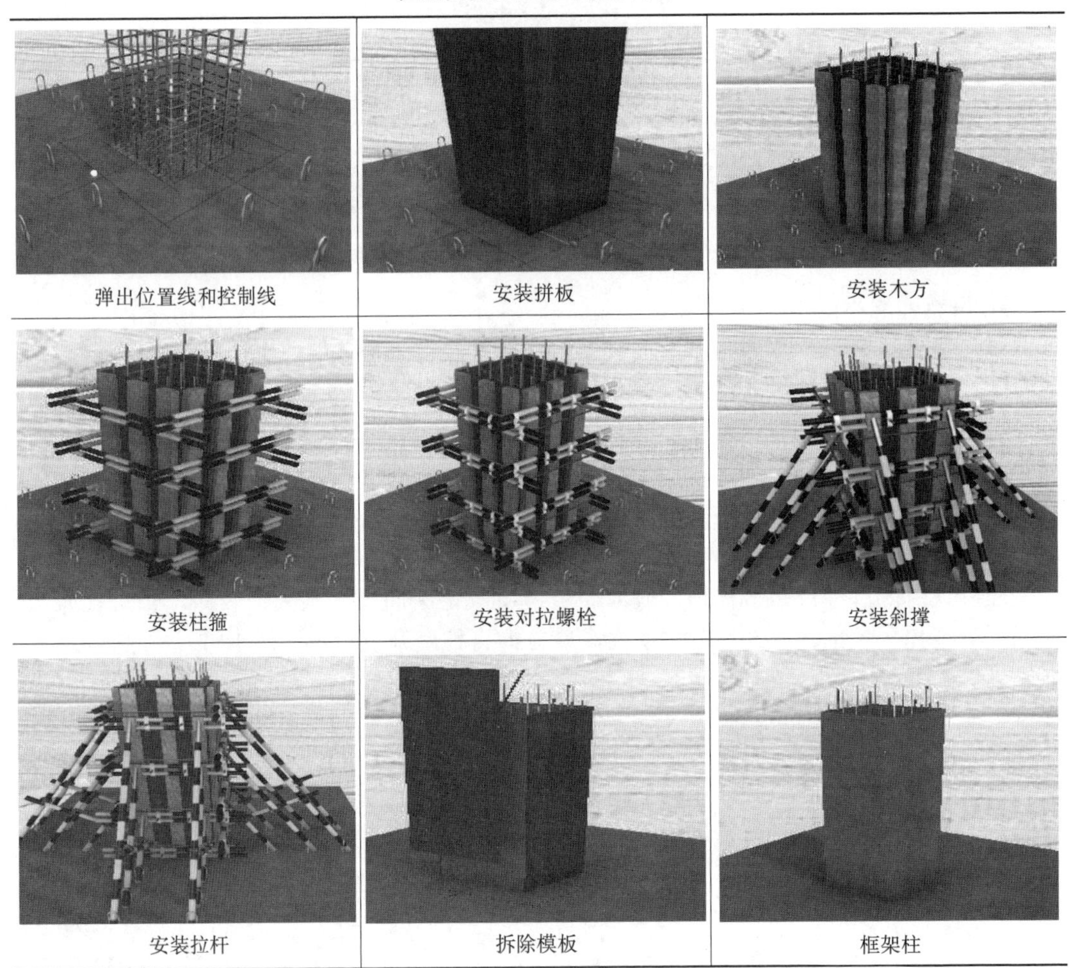

弹出位置线和控制线	安装拼板	安装木方
安装柱箍	安装对拉螺栓	安装斜撑
安装拉杆	拆除模板	框架柱

（2）框架柱模板安装要点

①柱模板配板时，应一次到位，不准二次立模。

②用水泥砂浆找平基础顶面或楼面，弹出柱模的安装位置线。

③安装通排柱模板时，应先装两端，拉线校正中间柱后，再安装中间柱。根据柱模板的安装位置线，安装内外拼板，用斜撑临时固定。校正垂直度后再钉牢固。

④用角钢或钢管、木方安装柱箍。柱箍应能承受振捣混凝土传至柱箍的拉力，且应能控制柱模板的变形。

安装柱箍前，先用 50mm×100mm 的方木做胶合板背楞，背楞间距不超过 250mm。

为防止张模、侧面鼓出、拼缝漏浆、柱身扭曲等安装柱箍后，用对拉螺栓固定。距基础顶面或楼面的 1/2 柱高范围内间距不超过 450mm，1/2 柱高以上间距不得超过 600mm（图 12-8）。

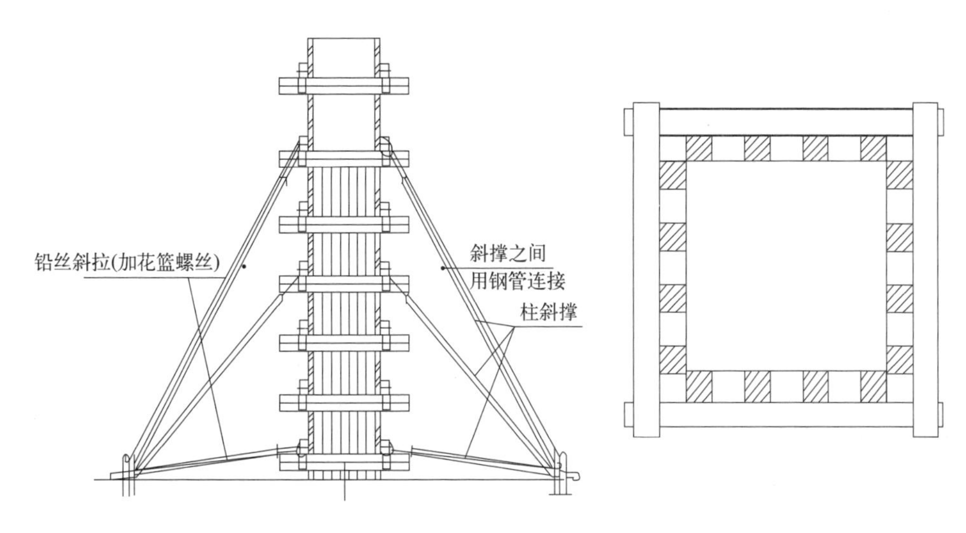

图 12-8　柱模板示意图

⑤自地面每隔 2m 留一道施工口，便于混凝土振捣。柱底留设清理孔。

⑥采用木支架时，单根木支柱承受的荷载不宜大于 8kN。木支架中的主楞（外楞）、次楞（内楞）、斜撑宜采用不小于 50mm×100mm 的方木，方木间距不宜大于 300mm；木支柱宜采用 100mm×100mm 方木或梢径为 80～120mm 的圆木；木支架应钉牢楔紧，支柱之间应加强拉结连系。木支柱底部可用对拔木楔调整标高并应用铁钉固定。

⑦采用钢管支架时，钢管支架的管径不宜小于 48mm，并应扣接成整体排架；其立柱纵横间距不宜大于 1.2m，水平杆间距不宜大于 1.8m，且宜设置扫地杆，并应设置斜撑。

⑧支架应搭设在坚实的基土或基面上；对于松软的回填土应做夯实处理并加垫木板，木板厚度不宜小于 40mm。多雨季节和多雨地区的搭设在基土上的支架立柱下方应设置排水沟。上、下楼层支架的立柱宜对准。在上层楼面支撑体系未拆除之前，不宜拆除下层支架。

5. 模板拆除

（1）模板拆除时间

模板拆除时间取决于混凝土强度、气温及结构构件等，一般不少于 12h。

①侧模拆除

侧模拆除应在混凝土强度达到一定强度，能保证其表面光洁，不缺棱掉角时，方可拆除。

②底模拆除

底模拆除必须待同条件养护的混凝土试块达到设计强度，当设计强度无要求时，应达到规定的抗压强度后，方可拆除（表 12-5）。

底模拆除时混凝土强度要求 **表 12-5**

结构类型	结构跨度(m)	达到设计要求的混凝土强度标准值的百分率(%)	20℃温度条件下参考龄期(d)
板	≤2	≥50	5
	>2,≤8	≥75	42.5 级普通水泥:10 32.5 级矿渣水泥、火山灰质水泥:15
	>8	≥100	28
梁、拱	≤8	≥75	42.5 级普通水泥:10 32. 5 级矿渣水泥、火山灰质水泥:15
	>8	≥100	28
悬臂构件	—	≥100	28

(2) 拆除顺序

框架结构模板应遵循拆模顺序，先拆柱模板，然后拆楼板底模，再拆梁侧模，最后拆梁底模。

(3) 拆除注意事项

①上层楼板正在浇筑混凝土时，不得拆除下层楼板模板支架，再下一层楼板模板支架仅可拆除部分支架。跨度不小于 4m 的梁下均应保留支架，其间距不得小于 3m。

②拆模时不应对楼板形成冲击，应尽量避免混凝土表面和模板损坏。

③拆除的模板和支架应及时清理与修复，分类堆放、外运。

④已拆除模板及支架的结构，达到混凝土设计强度等级后方可承受全部使用荷载。当施工荷载所产生的效应比使用荷载的效应更不利时，必须经核算，加设临时支撑。

⑤拆除模板时，不得用大锤、撬棍硬碰猛撬、硬砸、拉倒，以免混凝土的外形和内部受到损伤，防止混凝土墙面及门窗洞口等处出现裂纹。

(4) 框架柱模板拆除

农房框架柱的混凝土浇筑 24h 后且保证不损坏柱棱角的条件下方可拆除柱模板。

12.2.4 混凝土施工

1. 混凝土施工内容（表 12-6）

混凝土施工内容 **表 12-6**

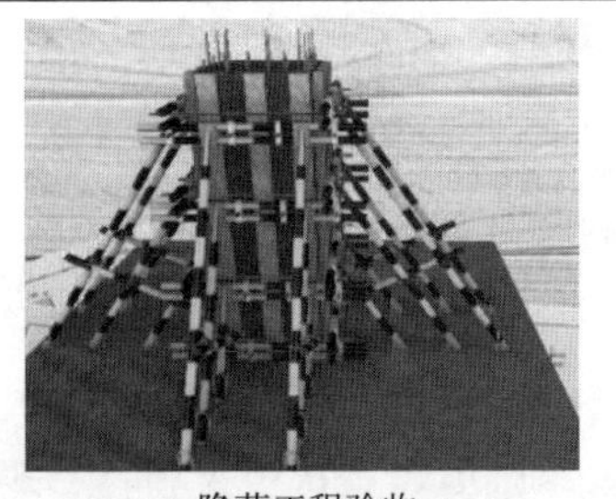 隐蔽工程验收	 混凝土拌制	 混凝土运输

续表

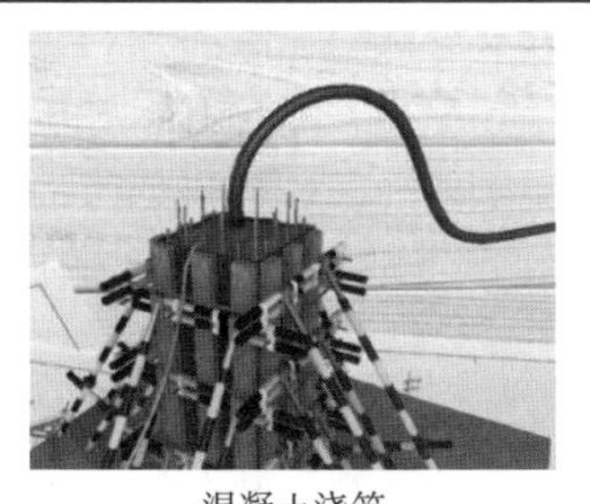 混凝土浇筑	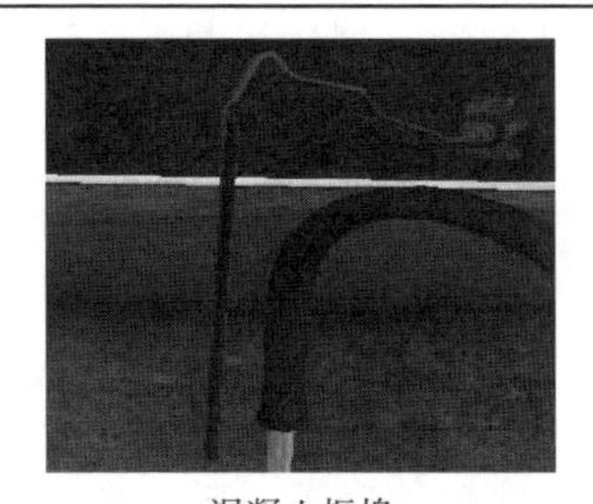 混凝土振捣	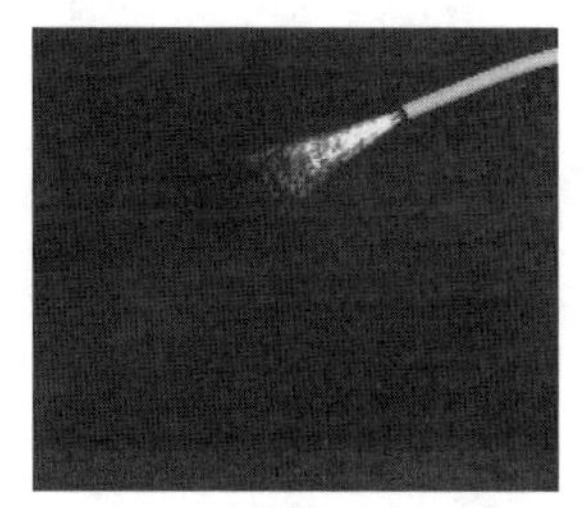 养护

2. 混凝土拌制

（1）混凝土搅拌机

混凝土搅拌机按原理分，分为自落式和强制式，强制式又分为立轴式和卧轴式。乡村建筑常采用自落式，也有采用立轴强制式混凝土搅拌机和卧轴强制式混凝土搅拌机，其出料容量有 50L、150L、250L、350L、500L、1000L 等（图 12-9）。

(a) 强制式搅拌机

(b) 自落式搅拌机

图 12-9　混凝土搅拌机

（2）投料顺序

混凝土搅拌的投料方法有一次投料法和二次投料法。

（3）搅拌要求

①搅拌时间

混凝土搅拌时间适度。搅拌时间太长，不利于混凝土质量，降低工作效率。搅拌时间太短，搅拌不均匀，也不利于混凝土质量。

②进出料容量

出料容量是搅拌机每次（盘）可搅拌出的混凝土体积称为搅拌机的出料容量。进料容量是指每次可装入干料的体积。几何容量是指搅拌筒内部体积。搅拌筒的利用系数是进料容量与几何容量的比值，一般为 0.22～0.40。出料系数是出料容量与进料容量的比值，一般为 0.60～0.70，通常取 0.65。

③搅拌注意事项

a. 新搅拌机使用前应根据使用说明书的要求试运转，检查搅拌机性能，确认正常，方可作业。

b. 拌制第一盘混凝土时，搅拌机先加水润湿，进料石子减半。

c. 拌制过程中，随拌随用，不得边进料边出料。

d. 拌制完成后或停歇时间较长，应将搅拌机内分的混凝土倾倒出来，并用清水和石子清理干净，不得留水。

e. 严格控制混凝土施工配合比，拌制混凝土的砂、石、水等应过磅，不得随意增减。

3. 混凝土运输

（1）保证混凝土在初凝前浇入模板并捣实完毕。

（2）保证混凝土浇筑能够连续完成。

（3）采用商品混凝土，应保证运输过程混凝土不离析、不漏浆，具有足够的坍落度。

4. 混凝土浇筑

（1）浇筑顺序

一般先浇高强度混凝土，再浇低强度混凝土，先浇柱及柱梁节点处的混凝土，再浇梁的混凝土，然后浇板的混凝土。浇筑柱混凝土时，由外向内对称浇筑。柱混凝土浇筑后停歇 1～1.5h，具有一定强度时再浇梁板。梁板混凝土也可同时浇筑。

（2）浇筑高度

混凝土自吊斗下落的自由倾落高度不得超过 2m，若超过 2m 应采取措施。竖向构件的浇筑高度不超过 3m，若超过 3m 应采用串桶、溜槽或导管等。

（3）分段分层浇筑

浇筑分层高度应根据混凝土供应能力、一次浇筑方量、混凝土初凝时间、结构特点、钢筋疏密综合考虑决定，一般不超过 500mm。

（4）连续浇筑

浇筑混凝土应连续进行。如必须间歇，其间歇时间应尽量缩短，并应在前层混凝土初凝之前将次层混凝土浇筑完毕。间歇的最长时间应按所用水泥品种、气温及混凝土凝结条件确定，一般不超过 2h，若超过 2h 应按施工缝处理。

（5）浇筑时注意事项

浇筑混凝土时应经常观察模板、钢筋、预留孔洞、预埋件和插筋等有无移动、变形或堵塞情况，发现问题应立即处理，并应在已浇筑的混凝土初凝前修正完好。

5. 混凝土密实成型

混凝土密实成型可采用插入式振捣棒、表面振动器等密实，必要时人工辅助。农房建设常选用插入式振捣棒密实成型。

6. 施工缝

（1）施工缝的位置

施工缝的位置应设置在结构受剪力较小和便于施工的部位，且应符合下列规定。

①水平施工缝的留设位置

柱、墙施工缝可留设在基础、楼层结构顶面，柱施工缝与结构上表面的距离宜为 0～100mm，墙施工缝与结构上表面的距离宜为 0～300mm。也可留设在楼层结构底面，施工缝与结构下表面的距离宜为 0～50mm。当板下有梁托时，可留设在梁托下 0～20mm 范围内。

②竖向施工缝的留设位置应符合下列规定：

有主次梁的楼板施工缝应留设在次梁跨度中间的1/3范围内；长短边之比大于2的板，施工缝可留设在平行于板短边的位置；楼梯梯段施工缝宜设置在梯段板跨度下部的1/3范围内；墙的施工缝宜设置在门洞口过梁跨中1/3范围内，也可留设在纵横交接处；砖墙的十字、丁字、转角墙垛、门窗洞、预留洞的上部及圈梁与其他混凝土构件交接处，如带有雨篷、阳台、天沟板等的圈梁属于薄弱环节或关键部位，浇筑圈梁时应连续浇筑混凝土，除此之外的部位均可留置施工缝。

（2）施工缝处理

①先浇筑的混凝土，其抗压强度不应小于1.2MPa。

②继续浇筑前，应清除先浇筑混凝土表面的水泥薄膜和松动石子以及软弱混凝土层，并加以充分湿润和冲洗干净，且不得积水。做到去掉乳皮，微露粗砂，表面粗糙。

③浇筑前施工缝处宜先铺上与混凝土配合比相同的水泥砂浆，再浇筑混凝土。

④混凝土应细致振捣密实，保证新旧混凝土的紧密结合。

7. 框架柱混凝土浇筑

①柱混凝土浇筑前，柱底部的新旧混凝土结合处应先填5～10cm厚与混凝土配合比相同的减石子砂浆。

②柱混凝土应分层浇筑振捣，使用插入式振捣器时每层厚度不大于50cm。柱子混凝土的分层厚度采用混凝土标尺杆计量每层混凝土的浇筑高度，混凝土振捣人员必须配备充足的照明设备，保证振捣人员能够看清混凝土的振捣情况。

③柱子混凝土应一次浇筑完毕，如需留施工缝时应留在主梁下面，无梁楼板应留在柱帽下面。

④浇筑完后，应及时将伸出的搭接钢筋整理到位。

8. 混凝土养护

（1）混凝土养护基本要求

①混凝土浇筑完毕后的12h内应进行养护。

②混凝土养护用水应与拌制用水相同。浇水次数应能保持混凝土处于湿润状态。

③养护时间

a. 采用硅酸盐水泥、普通硅酸盐水泥或矿渣硅酸盐水泥拌制的混凝土，养护时间不少于7d。

b. 掺用缓凝型外加剂或有抗渗要求的混凝土，养护时间不得少于14d。

c. 冬期施工的混凝土养护不少于14d。

④混凝土强度≤1.2MPa时，不得在其上安装模板及支架。

（2）养护方法

按工艺分，混凝土养护分为自然养护和蒸汽养护，自然养护又分为洒水养护、覆盖养护和喷涂养护等。根据构件特点、现场条件、环境温度、技术要求，农房建设常采用洒水养护和覆盖养护。

第 3 节　框架梁施工

12.3.1　框架梁施工流程与施工内容

框架梁施工流程：

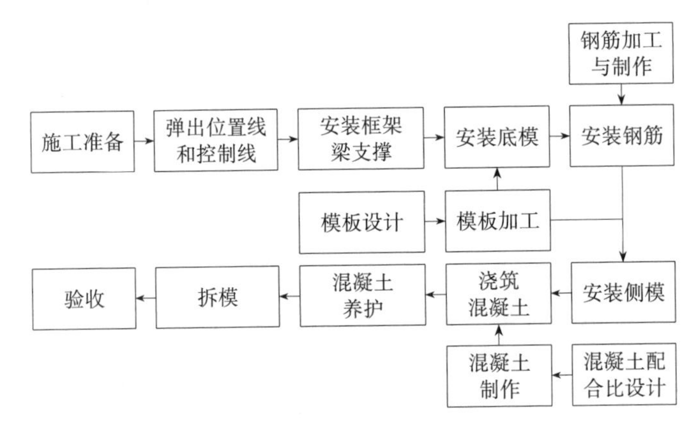

框架梁施工内容（表 12-7）。

框架梁施工内容　　　　**表 12-7**

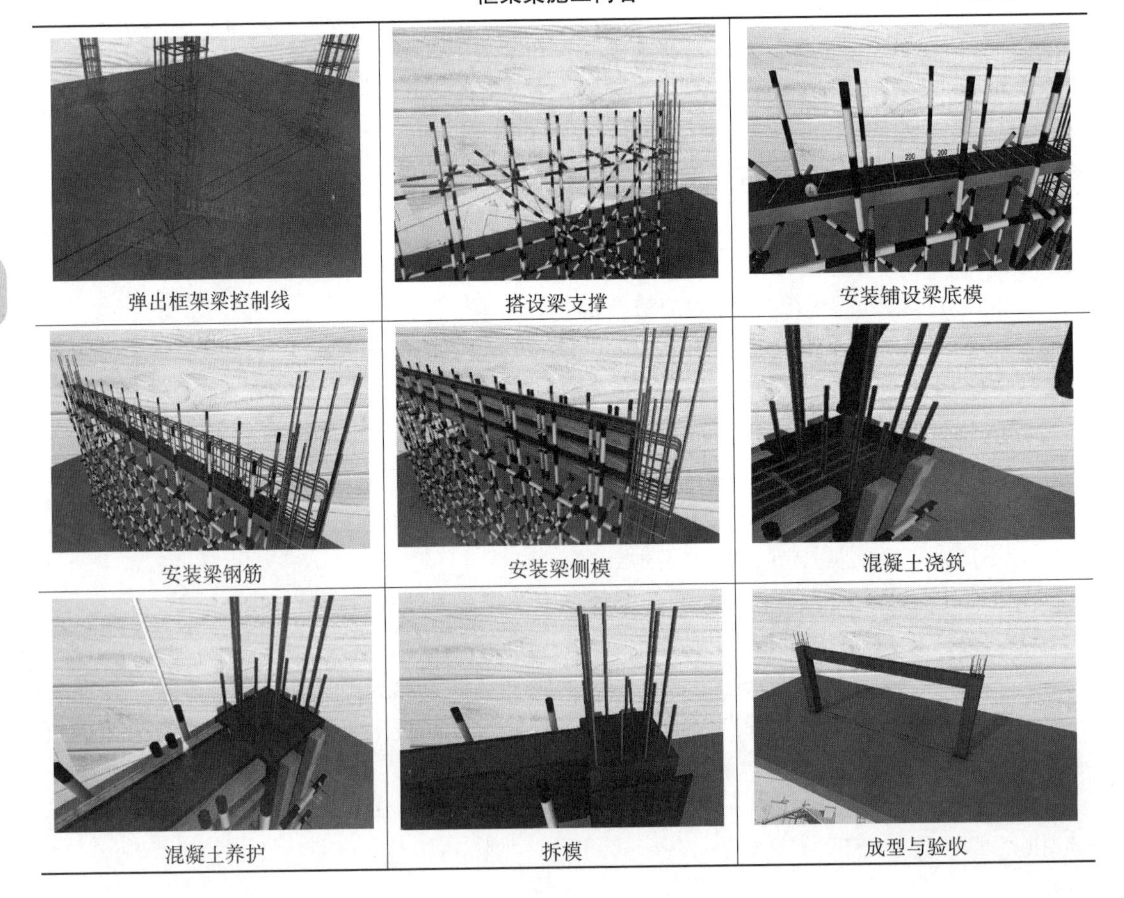

12. 3. 2　框架梁模板安装

1. 框架梁模板施工内容（表 12-8）

梁模板安装内容　　表 12-8

 楼地面清理	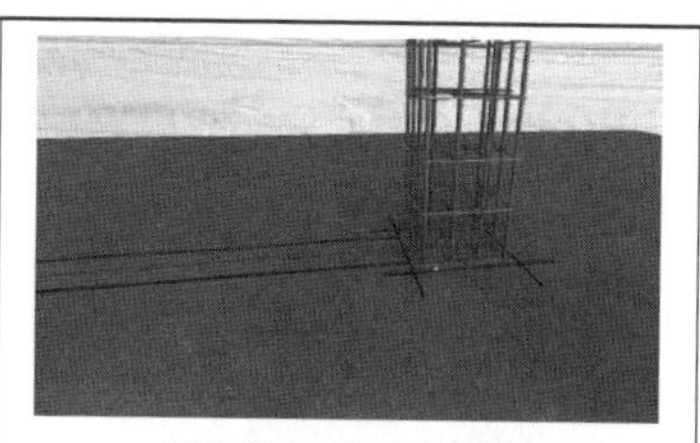 弹出梁底位置控制线	 弹出和模板梁底标高控制线
 安装垫块	 安装支座与搭设立杆	 搭设扫地杆
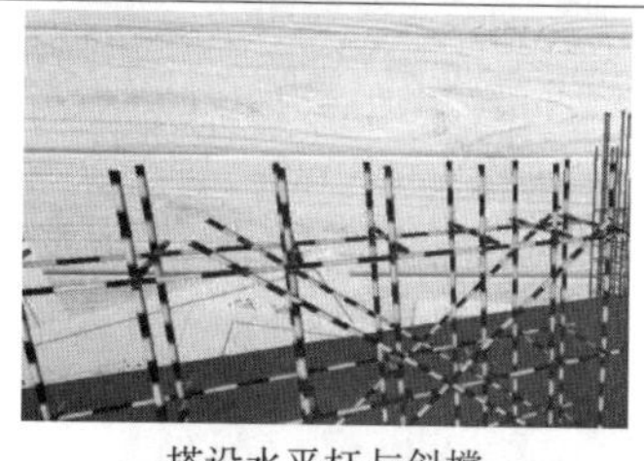 搭设水平杆与斜撑	 铺设梁底模	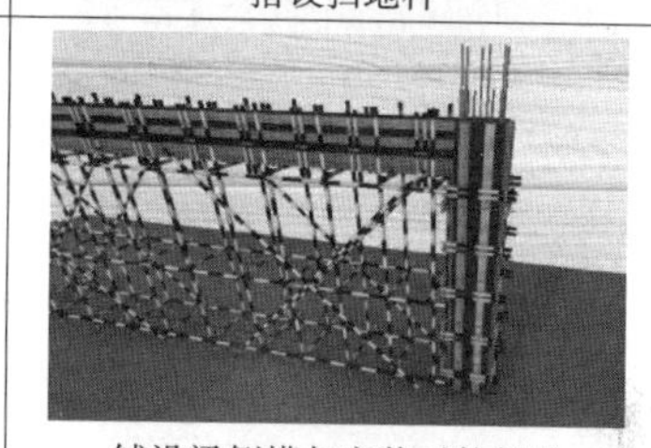 铺设梁侧模与安装对拉螺栓
 隐蔽工程验收	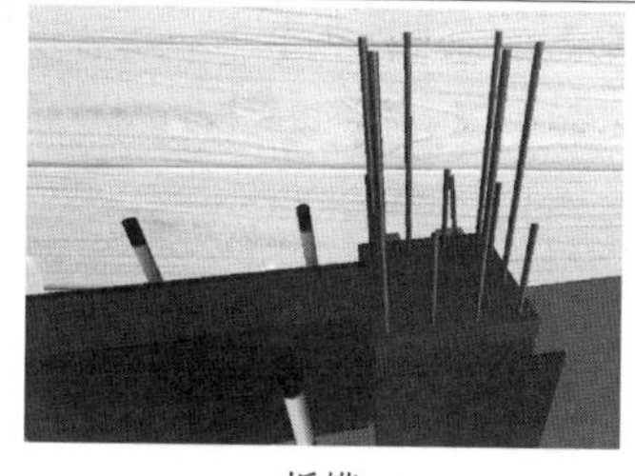 拆模	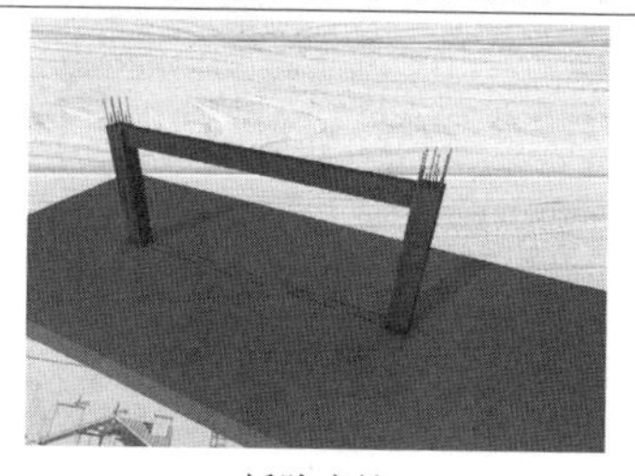 拆除支撑

2. 框架梁模板安装要点

（1）在柱子混凝土上弹出梁的轴线及水平线，并复核。

（2）在楼板或地面上安装梁模板支架，若支撑在地面上时，地面应平整夯实。支架下应铺设垫块或通常脚手板。多层建筑施工时，楼层间的上下支架应在同一条直线上。一般单排立支架，若梁截面尺寸较大时，可以双排或多排立支架，间距 80～120cm。若梁高度较高时，支架应增设水平拉杆，第一道离地 50cm，以上每隔 2m 设一道。

（3）采用钢支撑胶合板时，搭设梁底横木，间距符合模板设计要求。

（4）按设计标高调整支架的标高，拉线安装梁底模板。若梁跨度大于 4m，应控制好梁底的起拱高度，符合模板设计要求。如设计无规定，起拱高度为全跨长度的 1/1000～3/1000。

（5）底模板经过验收无误后，将其固定好。

（6）安装梁侧模板，将两侧模板与底模固定好。梁侧模板上口要拉线找直，用梁内支撑固定。

（7）复核梁模板的截面尺寸，与相邻梁柱模板连接固定。

（8）安装后校正梁中线标高、断面尺寸。将梁模板内杂物清理干净，检查合格后办验收。

3. 模板拆除

模板要求拆除见第 2 节（下同）。

12.3.3　框架梁钢筋安装

1. 框架梁钢筋施工内容（表 12-9）

梁钢筋安装施工内容　　表 12-9

 弹出钢筋位置线	 铺设梁箍筋与上部钢筋	 摆放箍筋
 铺设梁下部钢筋	 安装腰筋	 安装拉结钢筋
 钢筋绑扎	 安装垫块	 验收

2. 框架梁钢筋安装要点

框架梁钢筋安装要求见第 2 节（下同）。除此之外，还要符合下列要求：

（1）已弹好轴线控制线，模板已清理干净。

（2）按照设计图纸要求在底模上画好箍筋间距位置线，摆放箍筋。

（3）根据设计及施工规范的要求，次梁上下主筋应置于主梁上下主筋之上，纵向框架梁的上部主筋应置于横向框架梁上部主筋之上，当两者梁高相同时纵向框架梁的下部主筋应置于横向框架梁下部主筋之上，当梁与柱或墙侧平时，梁该侧主筋应置于柱或墙竖向纵筋之内。先穿主梁下部纵向受力钢筋及弯起钢筋，将箍筋按画线位置逐个摆开。再穿次梁下部纵向受力钢筋及弯起钢筋并摆开箍筋。然后穿主次梁架立筋，并将架立筋与箍筋间隔绑扎，调整箍筋间距符合设计要求。最后绑扎完成余下的箍筋与架立筋后，绑扎主筋与箍筋。主次梁同时配合进行。梁纵向受力钢筋出现双层排列时，两排钢筋之间应垫短钢筋支撑，两端设置。

（4）框架梁上部纵筋应贯穿中间节点，梁下部纵筋应伸入中间节点，其锚固及伸过节点中心线长度应符合设计要求。

（5）梁上部纵向钢筋绑扎宜采用套扣法。

（6）箍筋弯钩叠合处沿梁的纵向钢筋交错布置。与柱交接的两端应加密，加密间距及长度应符合设计要求。梁端的第一道箍筋应距柱边缘 50mm 处。箍筋弯钩应为 135°，平直部分长度为 $10d$。

（7）梁的纵向受力钢筋直径≥22mm，接头宜采用焊接搭接，直径＜22mm，宜采用绑扎搭接，搭接长度应符合规范要求。搭接长度末端与弯折处的距离应≥$10d$。同跨内，同一根纵向受力钢筋不宜设置两个及以上接头，接头位置应相互错开，纵向钢筋接头面积率应符合规范要求，受拉区应大于 50%。接头不宜位于构件最大弯矩处，HPB300 钢筋绑扎接头的末端应做弯钩，HRB335 钢筋可不做弯钩，搭接处的中间和两端绑扎牢靠。

（8）梁筋绑扎完成后，在主次梁下部受力钢筋下方安装箍筋塑料垫块或水泥砂浆垫块，垫块沿梁宽度方向为两个，纵向间距应符合要求。

12.3.4　框架梁混凝土施工

框架梁混凝土施工要求见第 2 节（下同）。除此之外，还要符合下列要求。

1. 梁、板应同时浇筑，浇筑方法应由一端开始用“赶浆法”，即先浇筑梁，根据梁高分层浇筑成阶梯形，当达到板底位置时再与板的混凝土一起浇筑，随着阶梯形不断延伸梁板混凝土浇筑连续向前进行。

2. 梁柱节点钢筋较密时，此处宜用小粒径石子同强度等级的混凝土浇筑，并用小直径振捣棒振捣。

3. 浇筑板混凝土的虚铺厚度应略大于板厚，用插入式振捣器垂直插或斜楼来回振捣，并用铁插尺检查混凝土厚度。振捣完毕后，用刮尺抹平。

4. 施工缝宜用木板或钢丝网挡牢。施工缝处或有预埋件及插筋处用木抹子找平。浇筑板混凝土时不允许用振捣棒铺摊混凝土。

第 4 节　楼板及屋面板施工

12.4.1　楼板及屋面施工流程与内容

楼板及屋面施工流程：

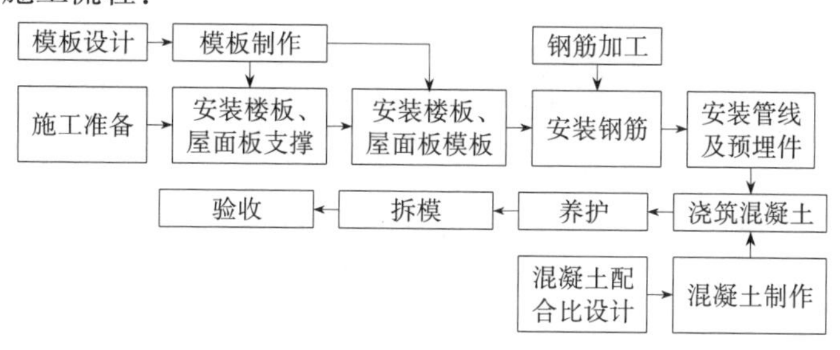

楼板及屋面施工内容（表 12-10、表 12-11）。

混凝土楼板及平屋面施工内容 **表 12-10**

 弹出标高控制线	 安装支撑	 安装模板
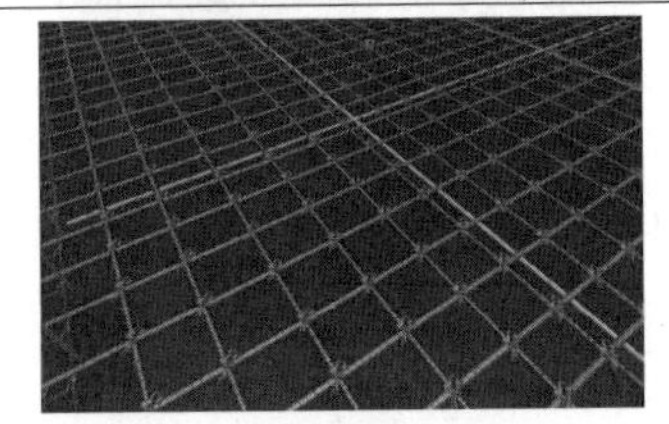 安装钢筋	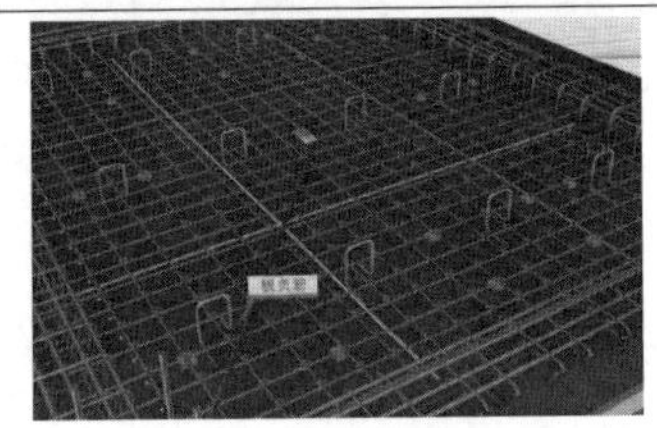 安装预埋件与管线	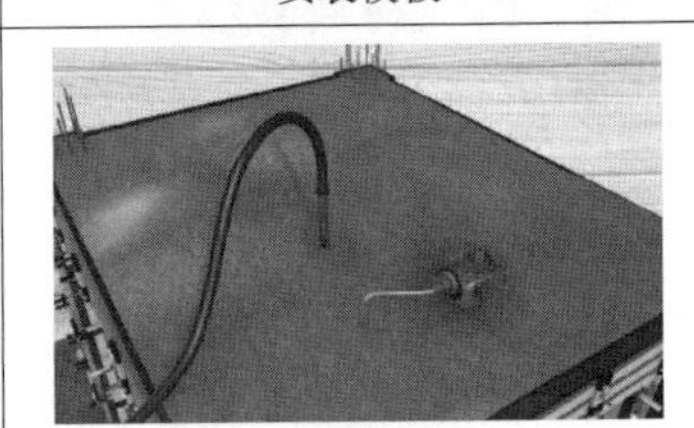 浇筑混凝土
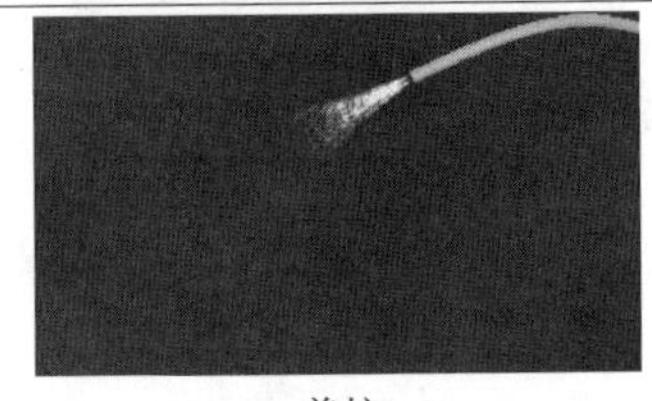 养护		

混凝土坡屋面施工内容 **表 12-11**

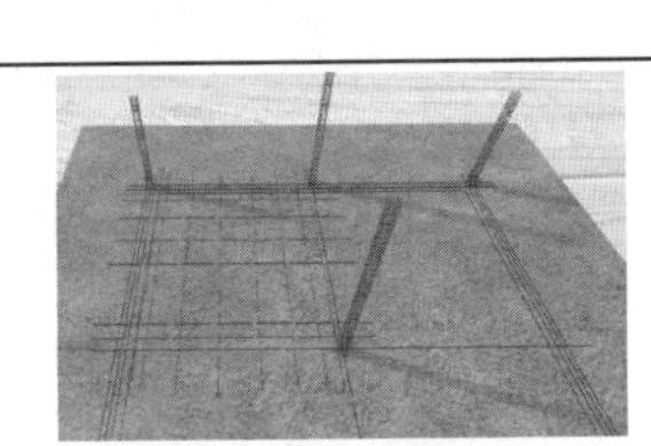 弹出墙体及支撑位置线	 安装支撑	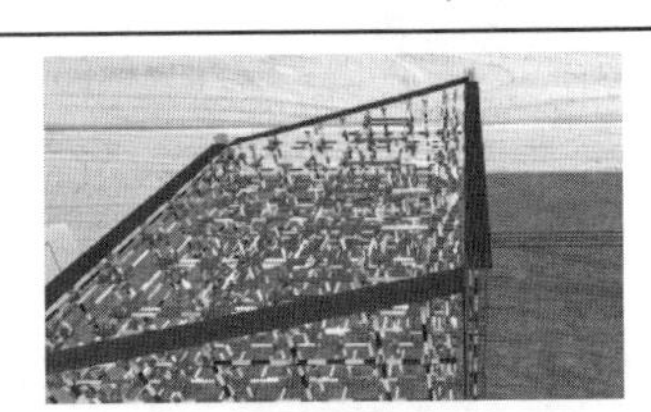 安装屋面梁
 搭设屋面楞木	 安装屋面模板	 安装屋面梁钢筋
 安装屋面钢筋	 安装管线及预埋件	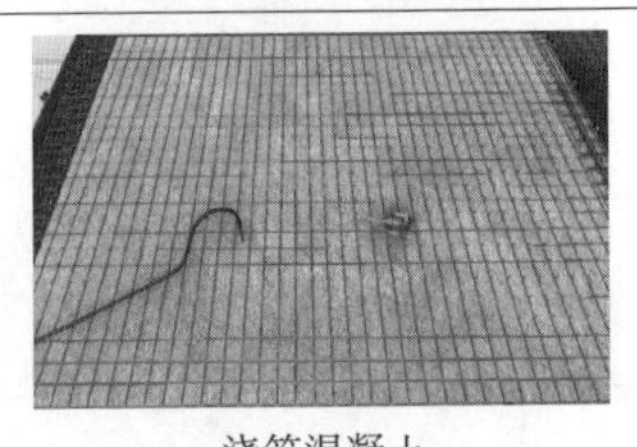 浇筑混凝土

续表

	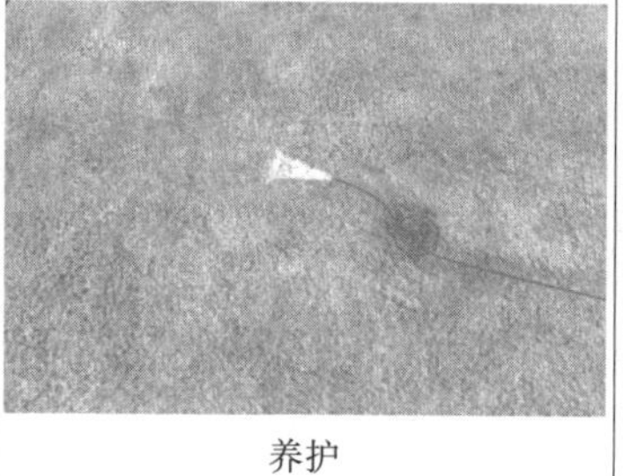	
屋面抹平	养护	拆模

12.4.2　模板支设与安装

1. 模板支设与安装施工内容（表 12-12）

模板支设与安装施工内容　　表 12-12

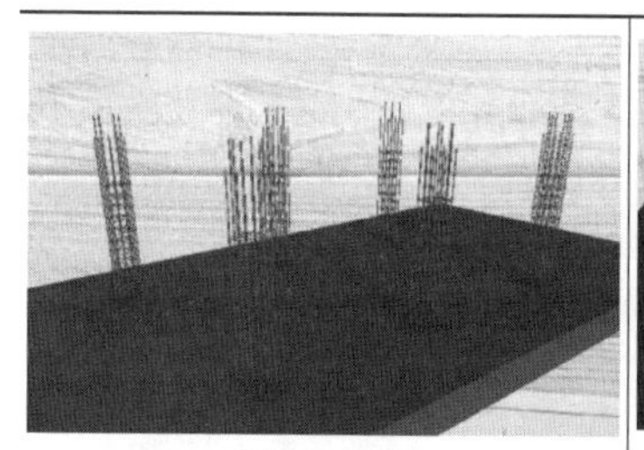		
楼地面清理	弹出支撑位置线	弹出标高控制线
		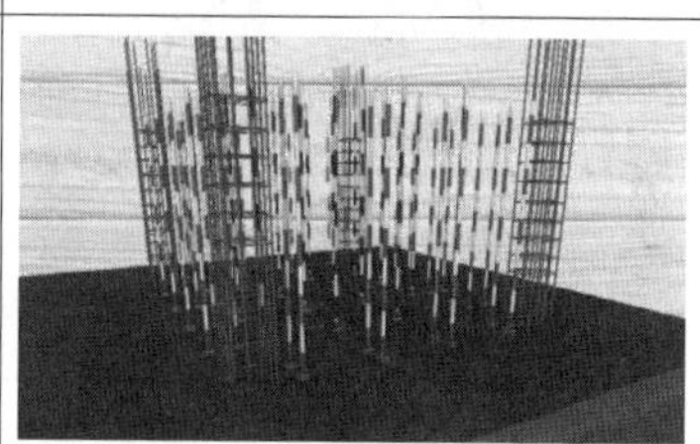
铺设垫块	安装底座	安装立杆
		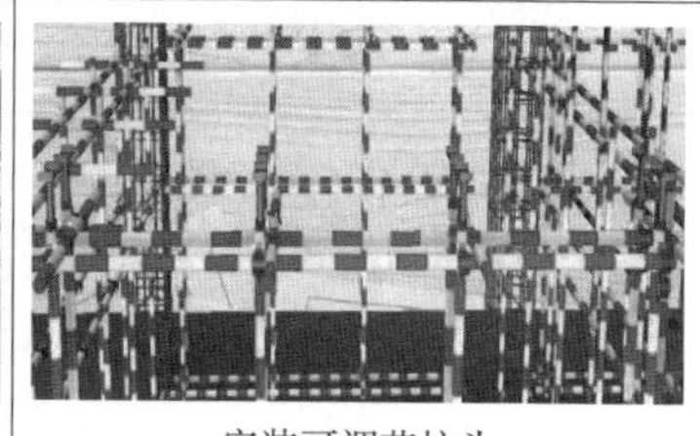
安装扫地杆	安装水平杆、剪刀撑	安装可调节柱头

安装楞木	安装板模板	验收

2. 模板支设与安装要点

楼板与屋面板模板支设与安装要求见第 2 节（下同）。除此之外，还要符合下列要求：

（1）楼板模板由底模和搁栅组成，底模一般用胶合板，搁栅用楞木（50mm×100mm 方木），底模铺设在楞木上。支架选用木支撑或钢管支撑（可调支架），铺设在地面（地面应夯实硬化）或楼面上，并垫通长脚手板或支座。

（2）安装前应复核板底标高。

（3）安装支架应从边跨开始，向另一侧逐排安装。若安装多层支柱时，支柱应垂直，上下层支柱应在同一竖向中心线上。钢管支撑的支柱之间应加水平拉杆，底部（第一道）距地面（楼面）20～30cm，上部每隔 1.6m 加设一道。安装完毕后，调整支架标高。

（4）肋形楼盖模板一般应先支梁，后支楼板。将楞木支设在梁模的托木上。

（5）模板铺设方向应四周或墙、梁连接处向中央，做好梁、板、柱的衔接。板跨度超过 4m 时，应按板跨度的 1/1000～3/1000 起拱。

（6）阳台、雨篷等挑檐模板必须撑牢，防止向外倾覆。

12.4.3　钢筋及预埋件安装

1. 钢筋及预埋件安装内容（表 12-13）

钢筋及预埋件安装内容　　表 12-13

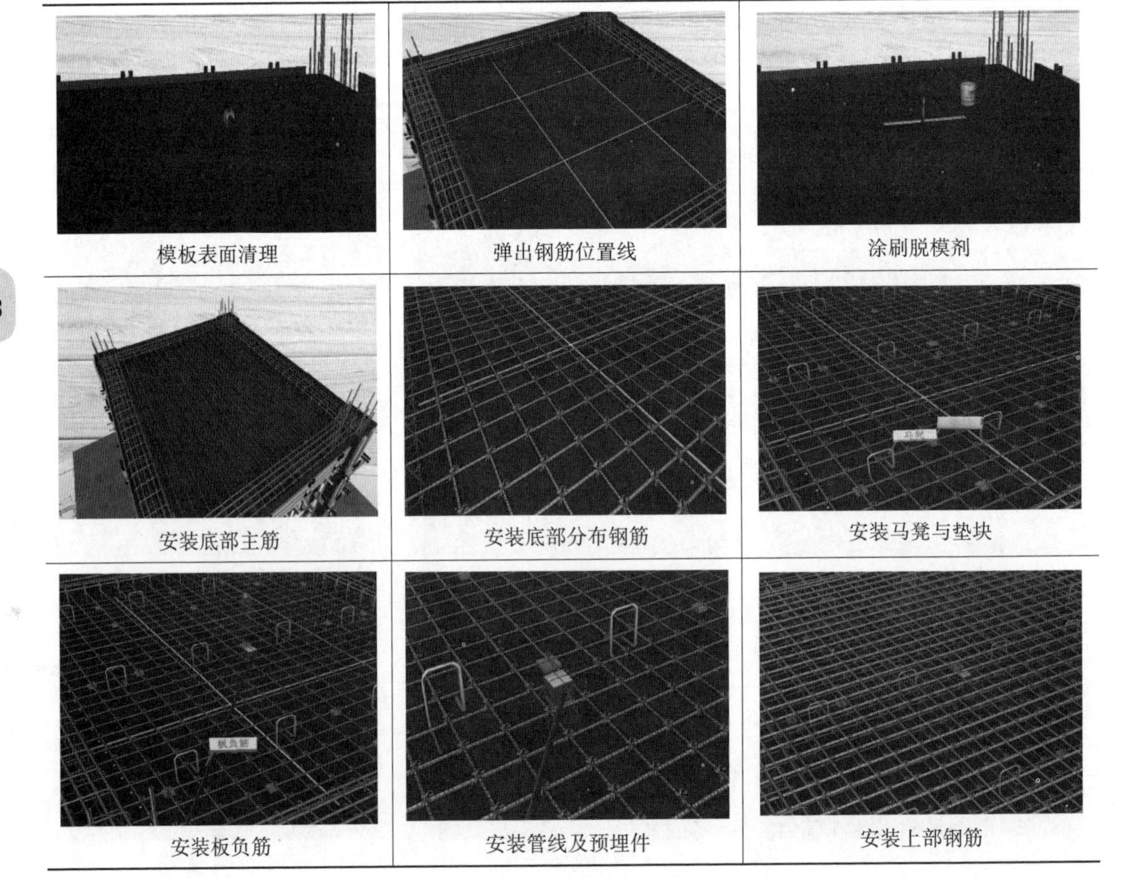

模板表面清理	弹出钢筋位置线	涂刷脱模剂
安装底部主筋	安装底部分布钢筋	安装马凳与垫块
安装板负筋	安装管线及预埋件	安装上部钢筋

2. 钢筋安装要点

楼板与屋面板钢筋安装要求见第 2 节（下同）。除此之外，还要符合下列要求。

（1）清理模板板面杂物等，用粉笔在模板上画出钢筋排列线。

（2）在模板上画出板下层筋排列线，从距墙或梁边 50mm 开始铺设，先铺主筋再铺分布筋，并在纵横钢筋交叉点上垫水泥砂浆或塑料垫块，呈梅花交错形式，间距应符合要求（图 12-10）。然后安装预留线管、预埋件等，最后绑扎上层筋或支座负筋及分布筋、抗裂筋。

当板钢筋为双层双向时，下部钢筋先铺短向，后铺长向，上部钢筋先铺长向后铺短向。两层钢筋之间应加钢筋马凳，确保上部钢筋位置准确。板钢筋上层弯钩朝下，下层弯钩朝上（图 12-11）。

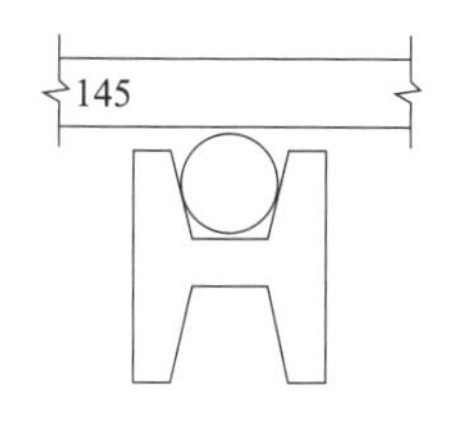

图 12-10　塑料垫块

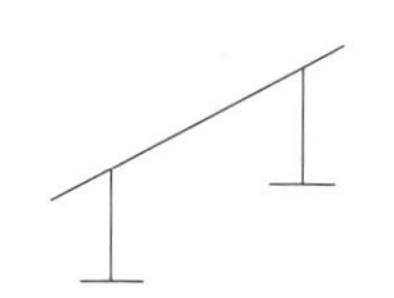

图 12-11　板钢筋马凳

当板带梁时，先安装、绑扎梁筋，后安装、绑扎板筋。

（3）绑扎板筋时，宜采用顺扣或八字扣绑扎。单向板除外围两根钢筋的相交点全部绑扎外，其余各点可交错绑扎，双向板的相交点应全部绑扎。

（4）板上、下部纵向受力钢筋应锚入梁内，尺寸应符合图集要求。板支座负筋在中间支座应弯成直钩，平直部分长度为板厚扣除保护层厚度，在边支座时应留出最大水平段后弯折，总长度满足锚固要求。板的下部钢筋在距支座 1/3 跨度范围内接长，上部钢筋在跨中 1/3 跨度范围内接长。当采用绑扎搭接时，钢筋搭接长度和要求同梁。

12.4.4　混凝土浇筑

同现浇混凝土梁。

第 5 节　现浇混凝土楼梯施工

12.5.1　梁式现浇混凝土楼梯施工（表 12-14）

梁式现浇混凝土楼梯施工内容　　　　表 12-14

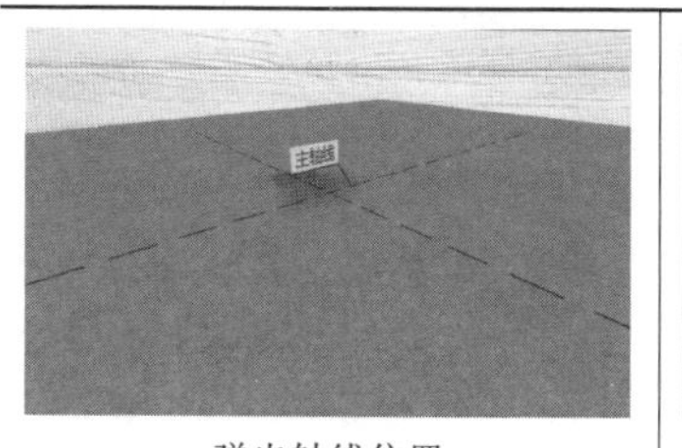	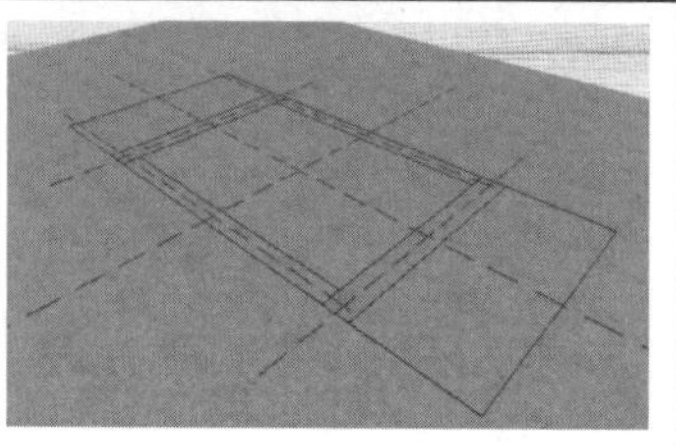	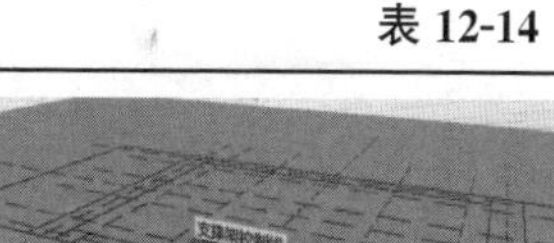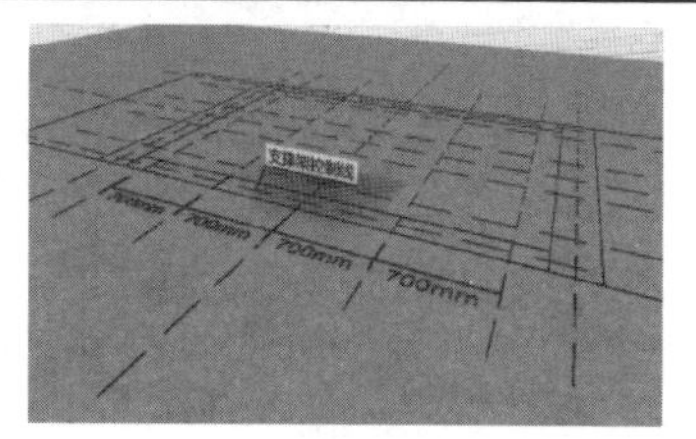
弹出轴线位置	弹出楼梯定位线	弹出支撑控制线

续表

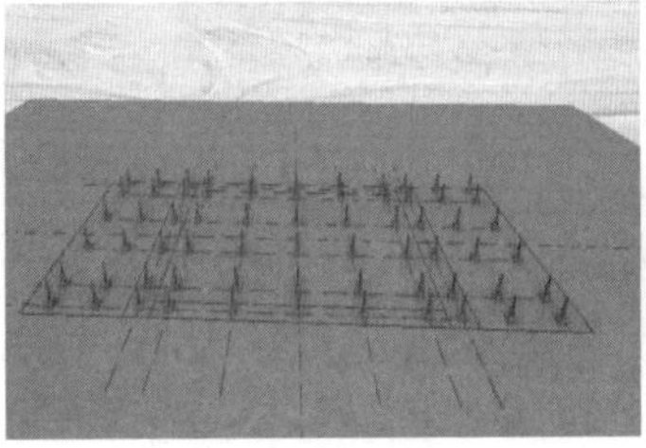 安装垫块和支座	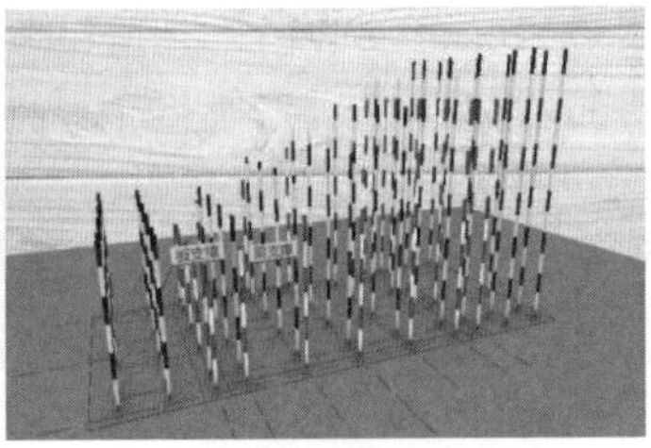 安装竖向撑杆	 安装水平撑杆
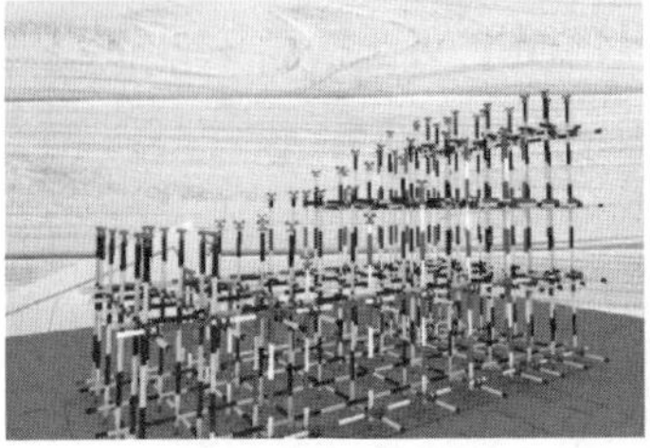 安装可调柱头	 安装平台梁底板	 安装踏步板底板
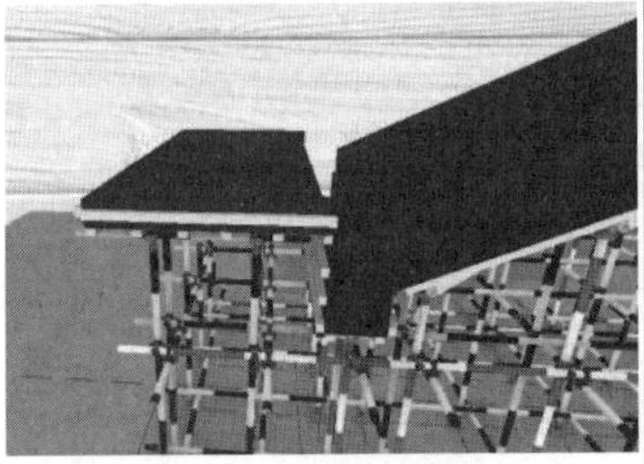 安装平台和梯梁底板	 弹出钢筋位置线	 安装平台梁钢筋
 安装梯梁钢筋	 安装踏步钢筋	 安装预埋件及管线
 安装侧模及拉杆	 浇筑混凝土	 楼梯保护

12.5.2　楼梯模板安装

1. 楼梯模板安装要点

楼梯模板支设与安装要求见第 2 节（下同）。除此之外，还要符合下列要求：

(1) 梯段侧板的宽度不小于梯段板厚度及踏步高，长度按梯段长度确定。

(2) 搭设平台梁、板及梯段的支架，支架采用钢管支撑或琵琶撑，其底部铺设通长脚手板或支座。

(3) 底模铺设是在平台段底模板和楼梯梁靠楼梯段侧模板已铺设完毕，要先在两端拉线将次龙骨面整平顺后，再钉楼梯段底模板。

(4) 楼基侧模安装采用底模包侧模的方法安装，并在侧模与底模交界处外侧钉设方木，方木应与侧模及底模用圆钉同时固定进行限位加固。在反三角木与梯基侧模板之间逐块钉踏步侧板，踏步侧板一头钉在外帮板的木档上，另一头钉在反三角木的侧面上。如果梯形较宽，应在梯段中间再加设反三角木。

(5) 楼梯段踏步模板安装

梯段踏步模板安装前应按图纸设计及规范要求绑扎完斜板钢筋，踏步模板安装时要紧靠楼梯段侧模板所锯出的凹槽里。全部安装完后用方木将两侧上口固定并用镰刀钩进行横向拉结，每跑梯段不少于 3 道。

(6) 为保证装修后上下排跑楼梯踏步线成一条线，楼梯踏步支设时需将各跑楼梯踏步侧面后退 30mm。

(7) 楼梯模板安装前应先找准平台板标高。

(8) 应先安装基础梁、平台梁和平台板模板，后安装楼梯斜梁和底板模板。

(9) 楼梯模板下方的斜向顶撑应与楼梯呈 90°方向设置，顶撑间必须设置水平连系杆。

2. 注意事项

(1) 安装完毕的柱、梁模板不可临时堆料和当作业平台。

(2) 安装完毕的墙、柱模板，不准在吊运其他模板时碰撞，不准在预拼装模板就位前作为临时倚靠，以防止模板变形或产生垂直偏差。

(3) 已安装完毕的板模板，不可做临时堆料和作业平台，以保证支架的稳定，防止平面模板标高和平整产生偏差。

12.5.3　楼梯钢筋安装

楼梯钢筋加工与安装要求见第 2 节（下同）。除此之外，还要符合下列要求：

1. 根据图纸尺寸在楼梯段底模上画主筋和分布筋的位置线。

2. 绑扎板式楼梯钢筋时，先绑扎主筋后绑扎分布筋，每个交点均应绑扎。绑扎梁式楼梯钢筋时，先绑扎梁筋后绑板筋，板筋要锚固到梁内。

3. 底板钢筋绑扎完成后，再绑扎踏步筋。

4. 在踏步板主筋及踏步筋之间或平台板上下层钢筋之间放置工字形钢筋马凳。

5. 楼梯板钢筋的混凝土保护层用水泥砂浆垫在踏步板主筋下，并用绑扎丝将垫块与主筋绑牢，以免垫块在浇筑混凝土时下滑。

12.5.4　楼梯混凝土施工

楼梯混凝土施工要求见第 2 节（下同）。除此之外，还要符合以下要求：

楼梯段混凝土自下而上浇筑，先振实底板混凝土，达到踏步位置时再与踏步混凝土一起浇捣，不断连续向上推进，并随时用抹子将踏步上表面抹平。

第 6 节　阳台施工

12.6.1　阳台施工的内容（表 12-15）

梁式阳台施工内容　　表 12-15

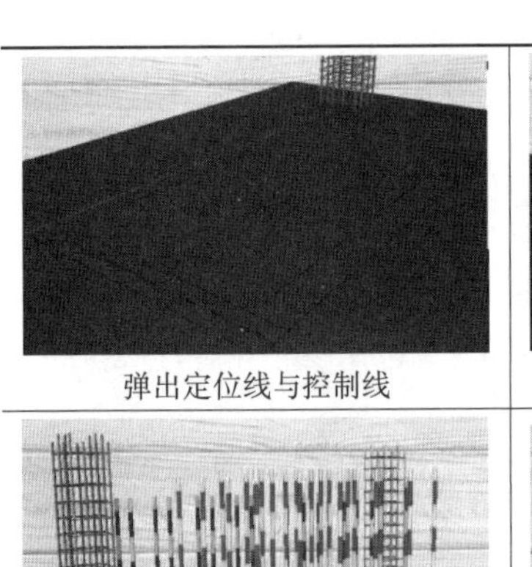	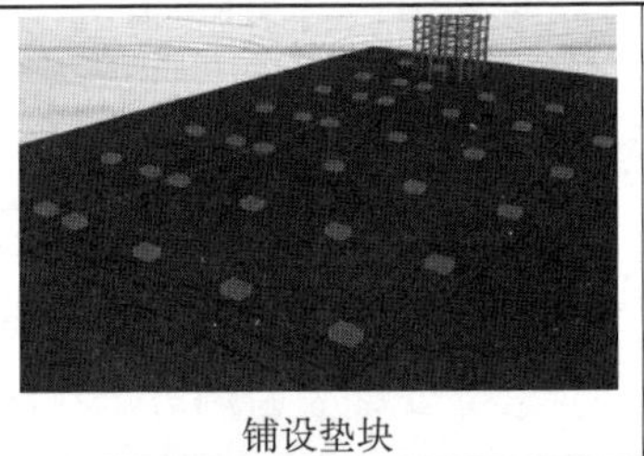	
弹出定位线与控制线	铺设垫块	安装支座
		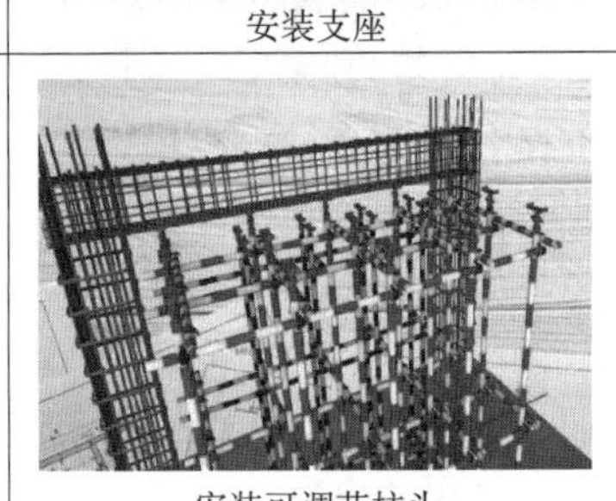
安装竖向撑杆	安装水平撑杆	安装可调节柱头

安装阳台梁底模	安装阳台梁双排钢筋和箍筋	安装阳台梁下排钢筋

阳台梁钢筋绑扎安装垫块	安装阳台板下部钢筋	安装马凳与垫块

安装阳台板上部钢筋	安装阳台梁侧模	浇筑混凝土

续表

		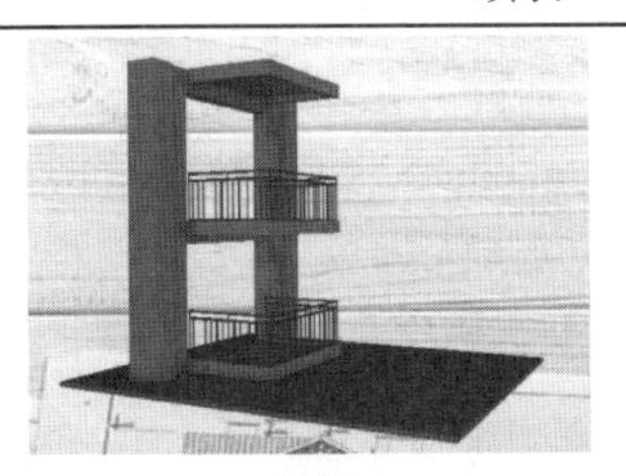
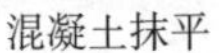混凝土抹平	混凝土养护	拆模

12.6.2　阳台施工要点

1. 模板支设与安装

(1) 阳台梁模板跨度超过 4m，应按跨度的 1/1000～3/1000 起拱。

(2) 梁模板、梁模板采用多层板板面，龙骨间距应符合规范要求，与支撑架扣紧。

2. 钢筋安装

(1) 阳台梁上部钢筋应锚固到框架梁（基础梁）上部贯通钢筋，锚固长度应符合规范和设计要求（图 12-12）。

(2) 阳台板面筋应伸入支座，满足锚固长度（图 12-13）。

图 12-12　阳台梁与框架梁连接节点

图 12-13　阳台板钢筋锚入支座

3. 混凝土施工

同楼板施工。

第 7 节　构造柱、圈梁、过梁施工

12.7.1　施工内容（表 12-16～表 12-18）

构造柱施工内容　　表 12-16

	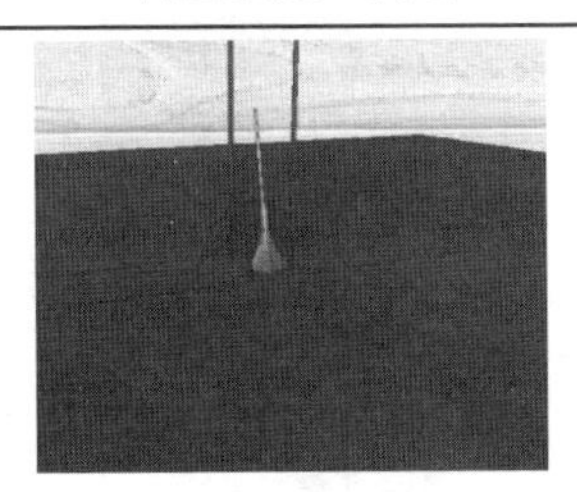	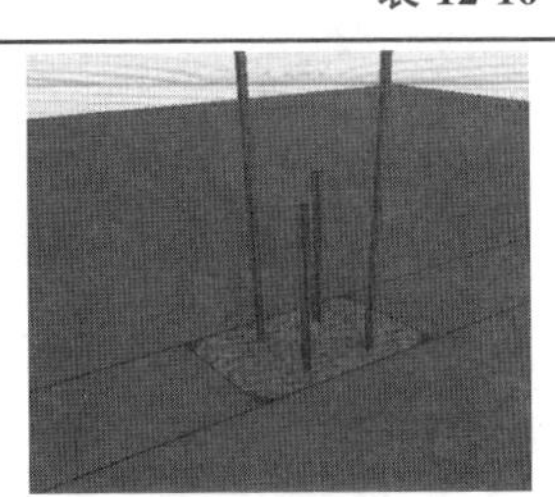
构造柱植筋、凿毛	表面清理	弹出模板位置线

续表

 安放箍筋	 安装纵筋	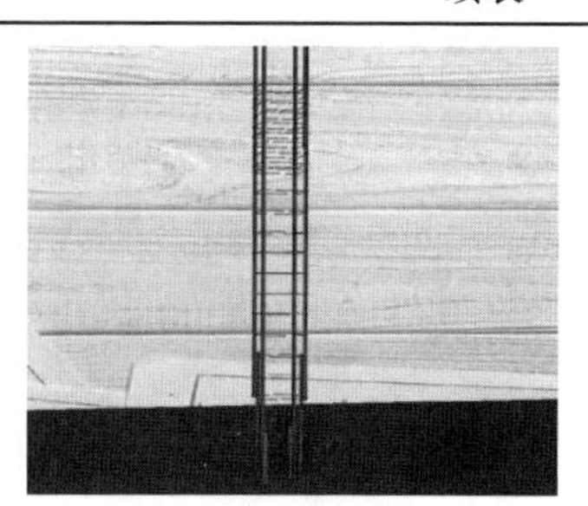 绑扎纵筋和箍筋
 砌墙	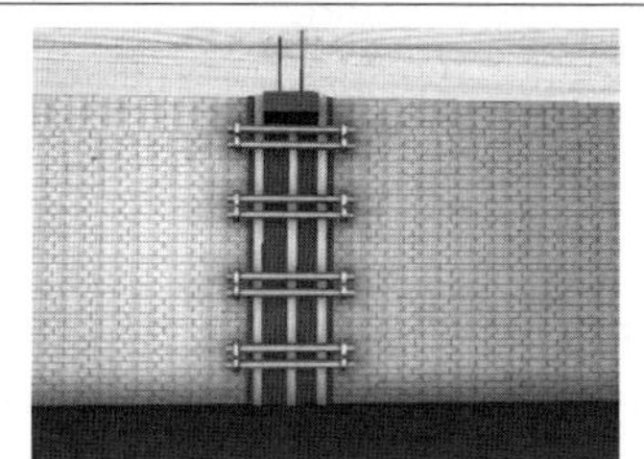 安装柱模板及对拉螺栓	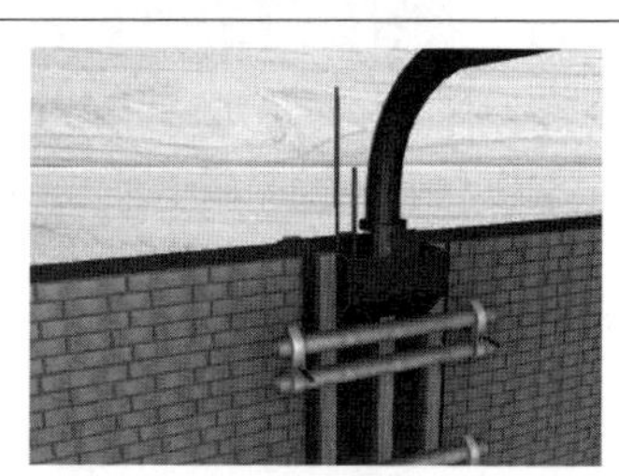 浇筑混凝土
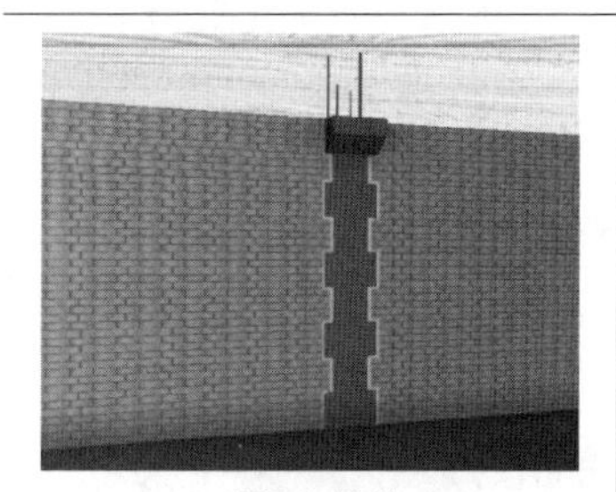 养护与拆模	 剔除进浆口	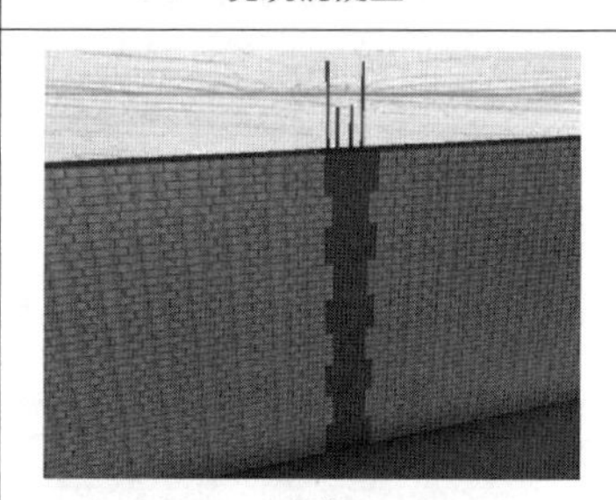 验收

圈梁施工内容　　**表 12-17**

 弹出控制线	 弹出圈梁纵筋位置线	 钻孔
 清孔	 注胶	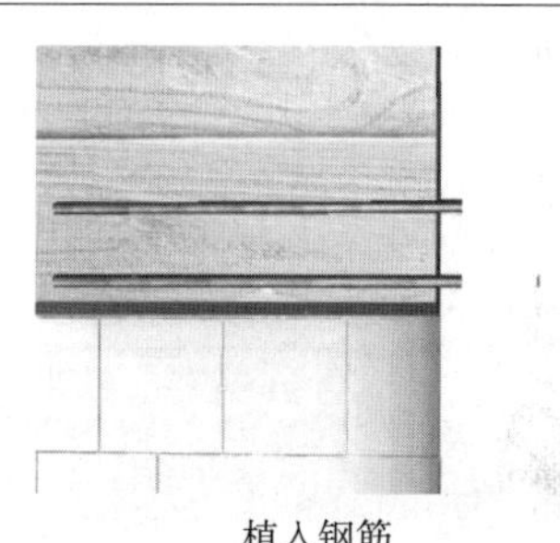 植入钢筋

续表

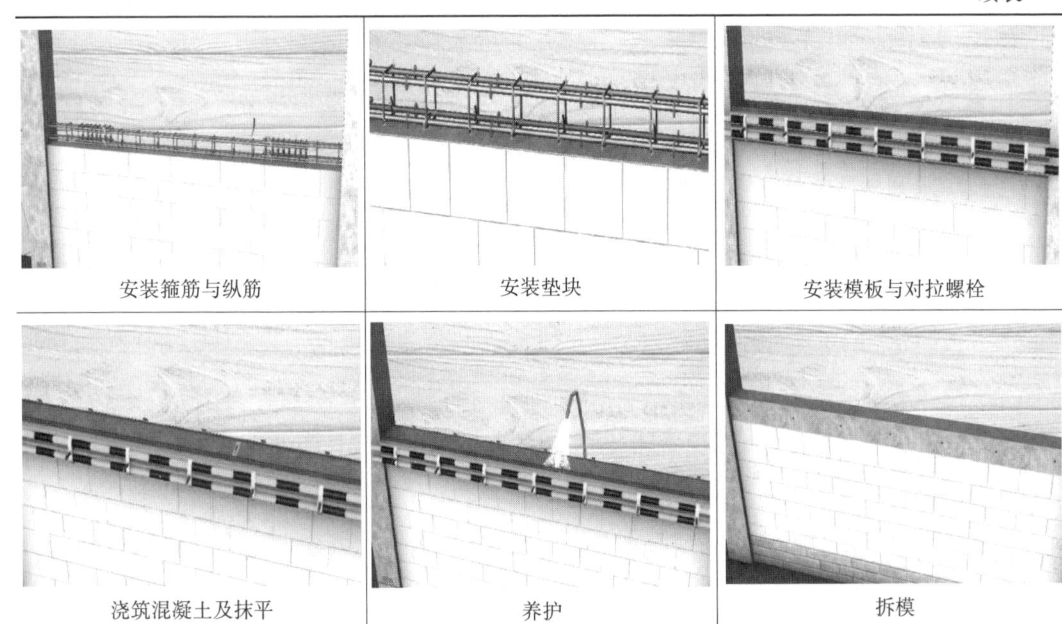

安装箍筋与纵筋	安装垫块	安装模板与对拉螺栓
浇筑混凝土及抹平	养护	拆模

过梁施工内容　　　　**表 12-18**

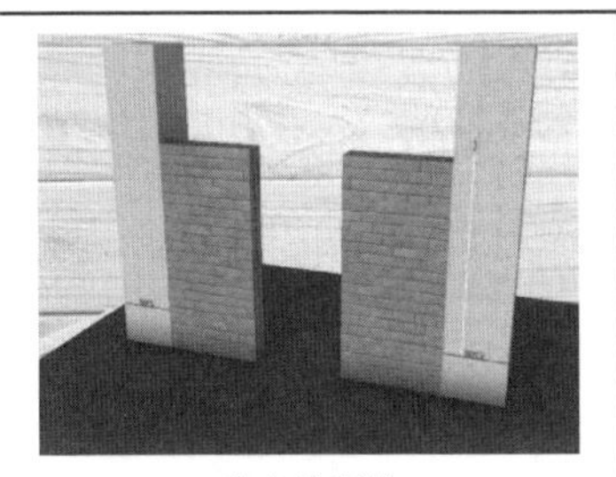 弹出控制线	 安放过梁垫块	 搭设支撑
 安放楞木	 安装底模	 安装钢筋网片及垫块
 支侧模	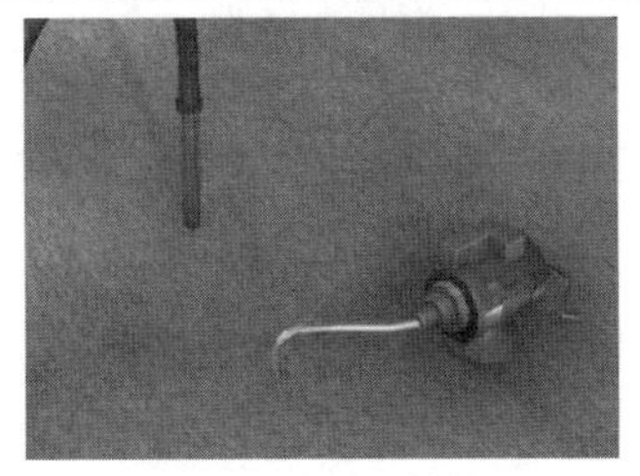 混凝土浇筑及养护	 拆模

12.7.2　构造柱施工要点

1. 模板支设

（1）模板配板应一次到位。

（2）用水泥砂浆对模板底部找平，防止模板底部漏浆。根据控制线弹出模板边线，保证模板位置正确。

（3）在马牙槎两侧墙体粘贴双面胶带，其厚度宜为 2mm，防止漏浆。柱模板四角的拼缝应严密。

（4）模板应涂刷脱模剂。

（5）墙体表面需做处理的，清扫干净墙面。

（6）用 50mm×80mm 的方木对模板加固，再用对拉螺栓在墙体的竖向灰缝穿过、拉紧。在穿墙及拉结时注意对墙体保护，不得拉动墙体变形。

2. 安装钢筋

（1）构造柱钢筋与圈梁钢筋应绑扎连接，在柱脚、柱顶与圈梁相交的节点处应加密柱箍筋，箍筋加密区长度可取为柱截面高度。

（2）圈梁与构造柱钢筋交接处，圈梁钢筋应放在构造柱钢筋内侧，锚入构造柱内的长度应符合设计要求。

3. 混凝土浇筑

构造柱的混凝土分层厚度不超过 300mm。

12.7.3　圈梁施工要点

1. 植筋施工

（1）一般情况下，植筋采用电锤钻孔，也可选用水钻成孔。

（2）清理工作面，在定位放线的基础上弹出钻孔位置线。

（3）将钻机钻头对准十字线钻孔，根据设计和现场试验确定的孔深，钻孔深度应为锚固深度增加 20mm，标明对应位置后开始钻孔。钻孔时要控制水平度及垂直度。

（4）用吹吸机等将孔内残渣清理干净后，进行成孔隐蔽验收。

（5）植筋前应将钢筋除锈并清理干净。

（6）将打胶枪伸入孔内注入植筋胶。每次注胶有明显压力后，将打胶枪慢慢抽出，继续注胶。注满孔深的 2/3 时，停止注胶，插入钢筋转动，排出胶体内气泡，增加连接筋和胶粘剂之间的握裹力。继续注胶，直到孔内胶体饱满，插筋植入。

（7）植入后，应及时养护，防止扰动所植材料，保证锚固质量。

2. 圈梁模板支设

（1）安装前砖墙上部宜用砂浆找平。

（2）在圈梁底面的下面一皮砖中，沿墙身每隔 0.9～1.2m 留设 60mm×120mm 顶砖洞口，每面墙不少于 5 处。洞口穿入 50mm ×100mm 的方木作扁担，每端伸出墙面不少于 240mm。

（3）在扁担上紧靠砖墙两侧支侧模，用夹木和斜撑支牢，侧板上口设撑木固定。上口应弹线找平。

（4）采用定型组合钢模板时，可采用拉结法，系采用连接角模和拉接螺栓作梁侧模的底座，连接角模支承圈梁侧模，用 U 形扣件纵横向连成整体，梁侧模板的上部用拉铁固定位置或采用扁钢或钢管作底座，在扁钢上开数个长孔，用楔块（或扣件）插入扁钢长孔内，用以固定梁侧模板下部，上部亦用拉铁固定。

3. 钢筋安装

（1）构造柱钢筋安装要点。

（2）圈梁钢筋绑扎宜在侧模板安装前进行。

4. 混凝土施工

（1）圈梁混凝土应分段浇筑，用赶浆法成阶梯形向前推进，与另一端合龙。

（2）阳台、雨篷应与圈梁混凝土同时浇筑。

第 8 节　框架结构施工的常见质量问题

12.8.1　模板施工的常见质量问题

模板的常见质量问题有柱位置偏移、未设支撑或支撑未固定或支撑设置不合理、未留设清理孔、拼缝不严密、梁底未起拱、过早拆模等（表 12-19）。

模板常见的质量问题　　表 12-19

 斜撑未固定	 位置偏移	 未设清理孔
 拼缝不严密	 间距过大	 未设扫地杆
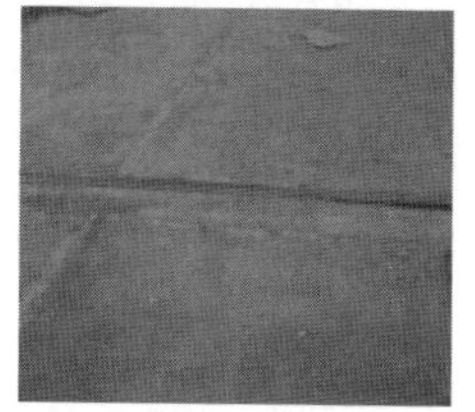 板间高差、板面未清理	 过早拆模	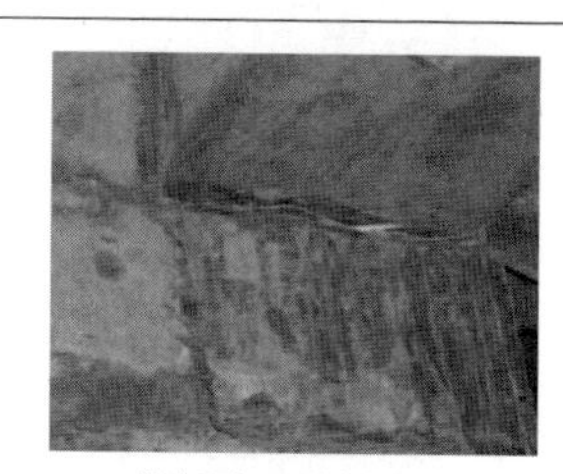 模板咬入混凝土内

12.8.2　钢筋安装的常见质量问题

钢筋工程的常见质量问题有未调直除锈、随意下料、焊接不良、接头未错开、位置偏移、锚固不当、未按要求绑扎、保护层垫块未安装等（表 12-20）。

钢筋常见的质量问题　　表 12-20

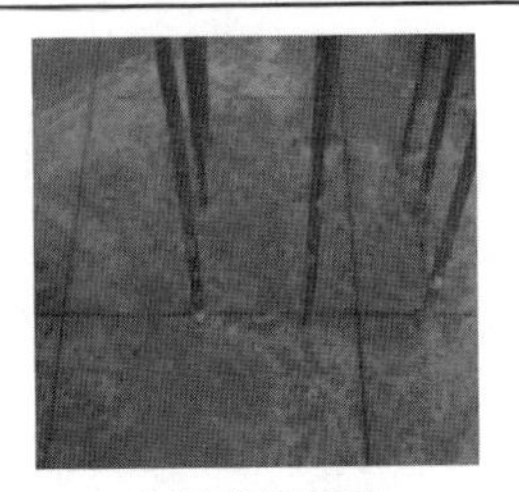 钢筋位置偏移	 锚固不当	 保护层厚度不够

12.8.3　混凝土施工的常见质量问题

根据现行国家标准《混凝土结构工程施工质量验收规范》GB 50204 和《混凝土结构工程施工规范》GB 50666 的具体要求，混凝土常见质量问题有露筋、烂根、蜂窝等（表 12-21）。

混凝土施工常见的质量问题　　表 12-21

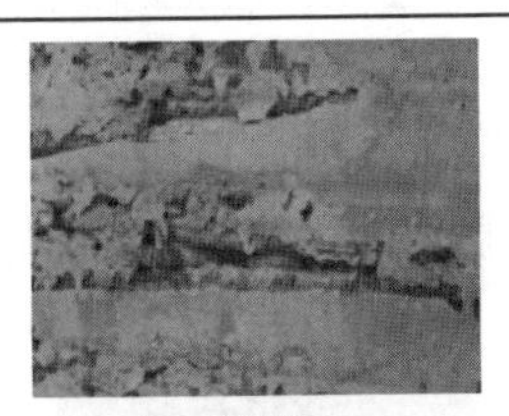 露筋	 烂根	 蜂窝
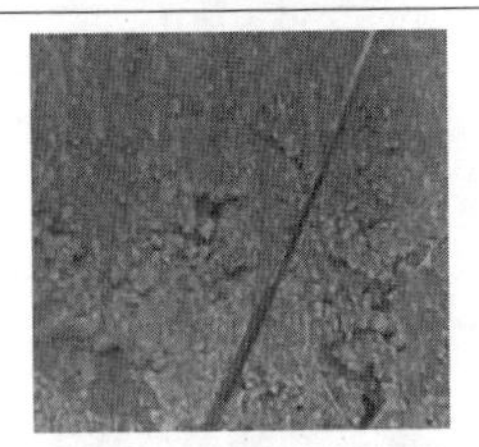 麻面	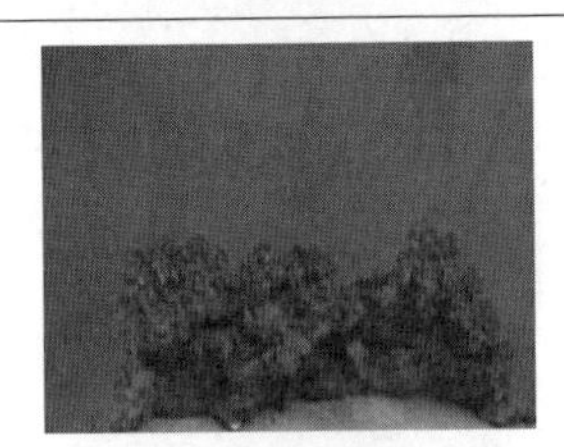 缺棱掉角	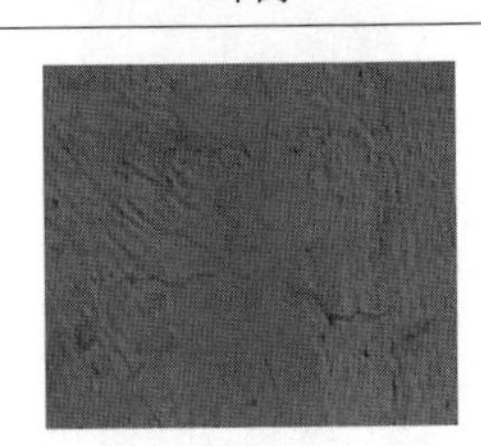 裂缝

第 13 章　屋面施工

第 1 节　平屋面施工

13.1.1　施工流程（正置式屋面）

施工准备→基层清理→铺设保温层→铺设找坡层→找平层施工→铺贴防水层→保护层施工

13.1.2　屋面保温施工

1. 施工流程

施工准备→基层清理→弹线找坡→保温层铺设(材料找坡)→找平→验收

2. 施工条件

(1) 屋面女儿墙、管道等施工完成。

(2) 结构基层表面干净、平整、干燥。

(3) 施工环境温度不宜小于 5℃。

3. 施工要点

(1) 清除基层表面上的灰尘、污垢、油渍等杂物，保证基层干净、干燥。若基层表面存在不平整或空隙，用砂浆抹平（图 13-1）。

(2) 沿着流水方向、预留坡度，找出坡面走向并弹线，确保保温层和找坡层厚度（图 13-2）。

(3) 铺设保温层

①松散保温层铺设

保在平行屋脊线用木条等分隔，防止松散材料滑动，控制保温层厚度。铺设松散保温材料时，控制松散材料含水率。每层虚铺厚度不宜大于 150mm，用压滚或木板压实，虚铺厚度和压实程度应符合施工方案要求。松散材料铺设完成后，应随即进行找平层铺设。先铺一层隔离材料（如厚质塑料膜）等，再用水泥砂浆或细石混凝土找平（图 13-3）。

图 13-1　基层清理

图 13-2　弹线找坡

图 13-3　保温层施工（找坡）

②块状保温层铺设

沿弹线纵横各铺设一行作为标准行，再沿标准行从左至右向后逐块铺砌，并拉通线，对砌缝处的平直度进行控制，保温板之间缝隙不大于15 mm，砂浆粘贴厚度应为20mm。先在结构基层铺抹低标号水泥砂浆、混合砂浆或基层胶粘剂作为粘结层，然后在粘结层上铺设块状找保温材料，最后铺设找坡层。

粘接水泥浆达到强度后，保温板缝隙用水泥浆填实，破损或局部未保温处可用硅酸盐发泡板填补。铺设两层块状保温材料时，上下层应错缝，不要重缝。保温板应该铺砌均匀，周边顺直，无松动，缝隙填充密实，保温板与基层屋面之间结合牢固，无空鼓现象。不得直接行走在苯板类保温层上。若必须走，在保温层上应满铺竹胶合板保护保温层。

（4）找坡、冲筋

在保温层上根据基层所做的控制点，按屋脊的分布情况拉线找坡、冲筋，找坡应准确。材料找坡坡度不应小于2%，天沟、檐沟的纵向坡度不小于1%，沟底水落差不得超过200mm。若保温层找坡不平整，用保温材料、找坡材料填平至找平位置，防止出现冷桥。

4. 找平施工

常用的找平层有细石混凝土、水泥砂浆和沥青砂浆，但沥青砂浆施工工艺繁琐，造价高，较少采用。找平层施工内容见表13-1。

找平层施工内容 **表13-1**

基层清理	弹线	安装分格条与排气管
做灰饼	铺设混凝土或砂浆	刮平与压实
养护	收光	取出分格条，并填缝

（1）设置分格缝

在保温层上埋设宽为20mm的木条或其他板条作分格条，分格间距应不大于6m，并宜设板缝。沿女儿墙四周，离墙300mm，留置贯通的20mm×20mm的分格缝。找平层的混凝土或砂浆达到一定强度，取出分格条。防水层施工时，分格缝处应填满填充材料，在上面空铺防水材料。

（2）铺抹找平层

施工前，基层先洒水湿润，然后将搅拌好水泥砂浆或细石混凝土摊铺在保温层或找坡层上，用刮杠沿冲筋刮平，用木抹子压实、铁抹子压光。

（3）细部处理

铺抹女儿墙泛水、凸出屋面部位、阴阳角等处的找平层时，应做成半径为20～50mm圆弧。铺抹雨落口周围500mm半径内的找平层，应设置5%的坡度。

（4）养护

找平层施工完成后，应采用洒水、覆盖或喷膜等方式及时养护，一般养护时间不少于7d。

13.1.3　防水施工

屋面防水有卷材防水、涂料防水、混凝土自防水和瓦材防水等防水方式。农房的平屋面常采用混凝土结构自防水与卷材防水或涂料防水刚柔结合的防水方式，坡屋面常采用混凝土结构自防水与卷材防水结合或瓦屋面的防水方式。

1. 屋面卷材防水

（1）施工流程

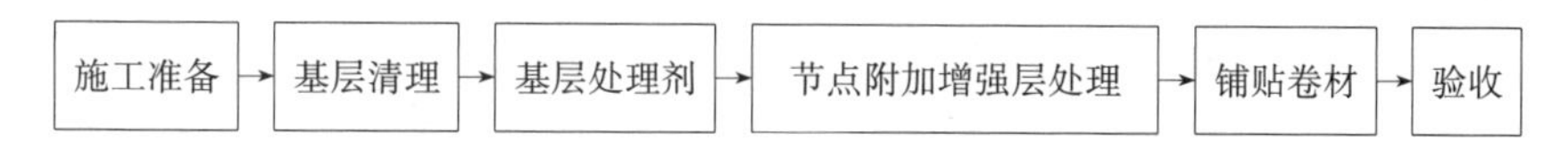

（2）施工条件

①找平层表面平整、干燥。排水坡度符合要求。

②女儿墙、阴阳角和伸出屋面部位的找平层已做圆弧角或进行倒角处理。

③用油膏浸麻丝或改性沥青等填充材料填满找平层分格缝。

④通常情况，施工气温为5～35℃。热熔法铺贴卷材宜在－10℃以上的气温条件下施工，高聚物改性沥青以及高分子防水卷材不宜在负温下施工。

⑤雨天、雪天或五级及以上大风环境下，不应露天防水施工。

（3）施工要点

①施工前，先用小平铲、扫帚等工具清理找平层的灰尘、杂物等，保证找平层基层干净、干燥，使基层表面平整（图13-4）。再将1m^2的卷材干铺在找平层表面，静止3～4h。然后掀开卷材，观察找平层表面是否有水印。若无水印，即可铺贴卷材（图13-5）。

②将拌制好的冷底子油或基层处理剂用滚刷均匀涂抹找平层表面和节点处表面，不得反复涂刷，不得有空白、麻点或气泡（图13-6）。

图 13-4　卷材基层清理

图 13-5　检查水印

图 13-6　涂刷基层处理剂

③细部处理

a. 女儿墙泛水附加层：女儿墙泛水处应增设附加层，附加层在平面和立面的宽度均不应小于 250mm，附加层卷材应满铺（图 13-7）。墙上应预留压槽或压顶，卷材收头时压入槽内或压顶下面，并用密封膏封严，表面采用水泥砂浆保护层（图 13-8）。

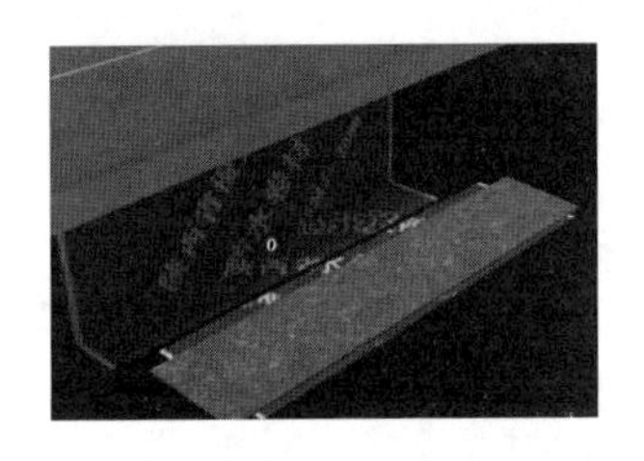

图 13-7　女儿墙泛水处附加层卷材铺贴

图 13-8　女儿墙泛水密封处理

b. 阴阳角部位：对所有的阴阳角部位、立面墙与平面交接处做附加层处理，附加层宽度不应小于 250mm（图 13-9）。

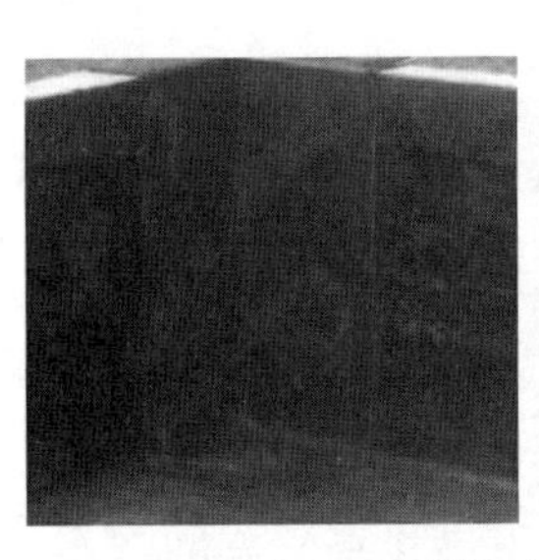

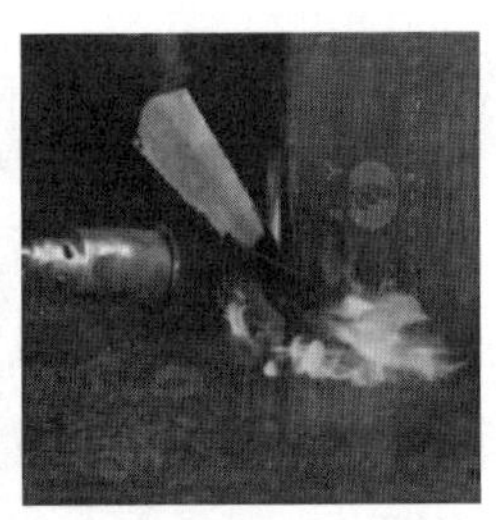

图 13-9　附加层阴阳角处理

c. 水落口：水落口周围直径 500mm 范围内坡度不应小于 5%，嵌填密封材料。防水层和附加层伸入水落口杯内不应小于 50mm，并应粘结牢固（图 3-10）。

d. 檐口：檐口周围 800mm 范围内满粘法，卷材收头应固定密封。下端应做鹰嘴和滴水槽。

e. 天沟、檐沟

卷材附加层在檐沟、天沟与屋面的交接处宜空铺，空铺宽度不应小于 200mm。檐沟防水层应由沟底翻上至外侧顶部。卷材收头应用金属压条钉压，并用密封材料封严；涂膜收头应用防水涂料多遍涂刷或用密封材料封严。檐沟外檐板顶部及外侧面均应抹聚合物水泥砂浆，其下端应做成鹰嘴或滴水槽。檐沟外檐板高于屋面结构板时，应设置溢水口。天沟、檐沟铺贴卷材应从沟底开始，当沟底过宽、卷材需纵向搭接时，搭接缝应用密封材料封口，或用夹铺胎体的涂膜做附加层（图 13-11）。

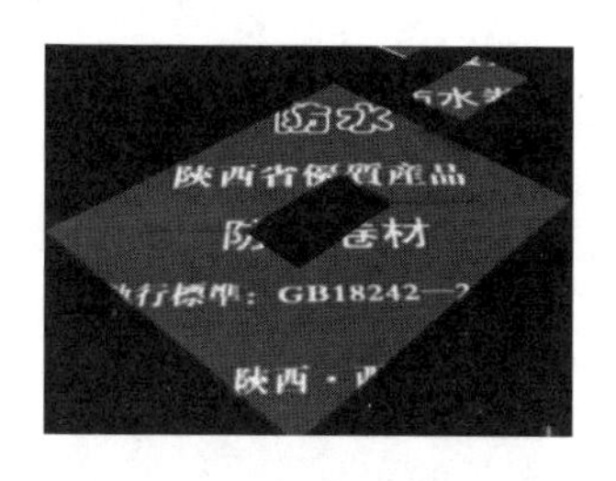

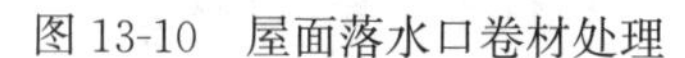
图 13-10　屋面落水口卷材处理

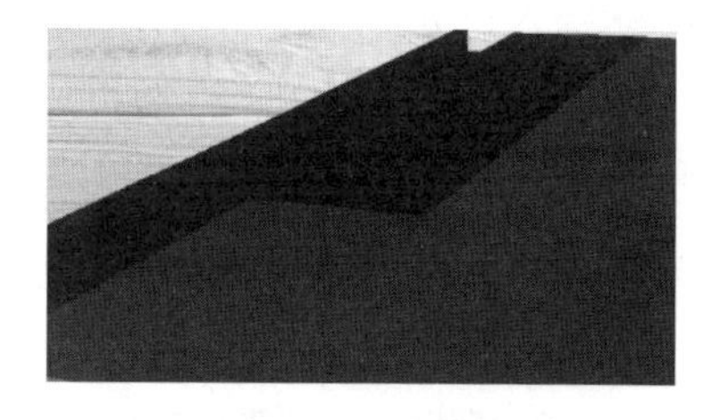
图 13-11　天沟卷材附加层处理

（4）卷材铺贴

①卷材铺贴施工方法

卷材铺贴有热施工和冷施工两种施工方式，热施工包括热玛㧜脂法、热熔法和热焊接法等，冷施工法包括冷粘法、自粘法和机械固定法等。铺贴农房防水卷材常采用热熔法、冷粘法或自粘法等。

②卷材铺贴方式

卷材铺贴方式有满粘、条粘、点粘、空铺和机械固定等。

③卷材铺贴顺序

不同高度的农房，先高后低；同一高度的农房铺贴大面时，离供料距离先远后近，先细节后大面，由屋面最低处向高处施工。

④铺贴方向与搭接（表 13-2、表 13-3）

不同坡度铺贴方向　　表 13-2

<table>
<tr><th>坡度(%)</th><th colspan="2">铺贴方向</th><th>搭接</th></tr>
<tr><td><3</td><td colspan="2">垂直屋脊线</td><td rowspan="5">(1)同层相邻两幅卷材短边搭接错缝距离不应小于500mm。卷材双层铺贴时，上下两层和相邻两幅卷材的接缝应错开至少 1/3 幅宽，且不应互相垂直铺贴。
(2)同层卷材搭接不应超过 3 层。
(3)平行屋脊线的搭接缝应顺流水方向，垂直屋脊线的搭接缝应顺风向，接头错开不少于 300mm</td></tr>
<tr><td>≥3,<15</td><td colspan="2">垂直或平行屋脊线</td></tr>
<tr><td rowspan="2">≥15,<25</td><td>沥青卷材</td><td>垂直屋脊线</td></tr>
<tr><td>高聚物改性沥青卷材或合成高分子卷材</td><td>垂直或平行屋脊线</td></tr>
<tr><td>≥25</td><td colspan="2">垂直屋脊线</td></tr>
</table>

卷材搭接宽度（单位：mm）　　表 13-3

卷材种类	搭接方式	最少搭接宽度
高聚物改性沥青防水卷材	热熔法、热沥青	100
	自粘搭接(含湿铺)	80
合成高分子防水卷材	胶粘剂、粘结料	100
	胶粘带、自粘胶	80
	单缝焊	60，有效焊接宽度不应小于 25
	双缝焊	80，有效焊接宽度 10×2+空腔宽
	塑料防水板双缝焊	100，有效焊接宽度 10×2+空腔宽

⑤热熔法施工

a. 厚度小于 3mm 的高聚物改性沥青防水卷材严禁使用热熔法施工。

b. 将卷材沥青底膜朝下，对准画线试铺（图 13-12）。然后用火焰枪对准卷材与基层的结合面，火焰距加热的结合面 50～100mm，烘烤至沥青熔化，卷材底面有光泽并发黑。卷材熔化后立即滚铺卷材，用压辊辊压密实，排除卷材内空气等，使卷材平展并粘贴牢靠（图 13-13）。

图 13-12 卷材试铺

图 13-13 火焰喷枪加热卷材

c. 搭接缝粘结前，先把下层搭接宽度范围内的卷材熔化，以溢出热熔的改性沥青为度，溢出的改性沥青宽度以 2mm 左右并均匀顺直为宜，然后铺贴上层卷材，同下层卷材铺贴。全部接缝铺贴完毕后，对所有接缝进行密封处理。

d. 卷材铺贴应平整顺直，不应有起鼓、张口、翘边等现象。

e. 采用条粘法时，每幅卷材与基层粘结面不应少于两条，每条宽度不应小于 150mm。

⑥冷粘法施工

a. 胶粘剂涂刷应均匀，不露底，不堆积。卷材空铺、点粘、条粘时，应按规定的位置及面积涂刷胶粘剂。

b. 根据胶粘剂的性能，应控制胶粘剂涂刷与卷材铺贴的间隔时间。

c. 铺贴卷材时应排除卷材下面的空气，并辊压粘贴牢固。

d. 铺贴卷材时应平整顺直，搭接尺寸准确，不得扭曲、皱折。搭接部位的接缝应满涂胶粘剂，辊压粘贴牢固。

e. 搭接缝口应用材性相容的密封材料封严。

⑦自粘法施工

a. 自粘法施工可以采用滚铺法或抬铺法。

滚铺法：将卷材对准基准线试铺，在约 5m 长处用裁纸刀将隔离纸轻轻划开，注意不要划伤卷材，将未铺开卷材隔离纸从背面缓缓撕开，同时将未铺开卷材沿基准线慢慢向前推铺。边撕隔离纸边铺贴。铺贴好后再将前面试铺剩余的约 5m 长卷材卷回，依上述方法粘贴在基层上（图 13-14）。

抬铺法：把已剪好的卷材反铺于基面上（即是底部隔离纸朝上），待剥去卷材全部隔离纸后，再将水泥素浆刮涂在卷材粘结面和基面待铺位置，然后分别由两人从卷材的两端配合抬起，翻转和铺贴在待铺位置上。卷材与相邻卷材之间为平行搭接，待长、短边搭接施工时再揭除上下卷材搭接隔离膜（图 13-15）。

图 13-14　滚铺卷材

图 13-15　抬铺卷材

b. 铺贴卷材时应将自粘胶底面的隔离纸完全撕净。

c. 铺贴卷材时应排除卷材下面的空气，并辊压粘贴牢固。

d. 卷材搭接时，应掀开搭接部位卷材，采用加热枪加热卷材底面粘结胶。加热后立即粘贴、滚压排气，封口粘贴牢靠。封边施工时，掀开卷材两面涂胶。卷材铺贴完成后，对所有搭接缝应密封。

e. 铺贴的卷材应平整顺直，搭接尺寸准确，不得扭曲、皱折。

2. 屋面涂膜防水

（1）涂膜防水施工要点

①基层清理

同卷材防水。

②涂刷基层处理剂

涂刷基层处理剂时，应保证基层处理剂填满基层表面的毛细孔，使其与基层粘结牢靠。

③涂膜施工前，先对女儿墙、落水口，阴阳角等节点处进行增强处理，一般加铺胎体增强材料。当设置胎体时，胎体应铺贴平整，涂料应浸透胎体，且胎体不应外露（图 13-16）。

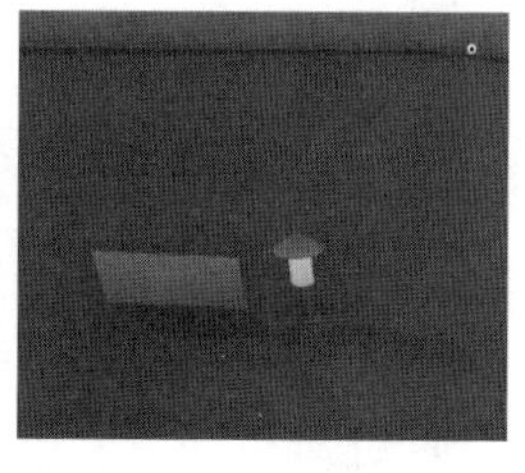

图 13-16　铺设增强材料

④防水涂料用刮涂或滚涂法施工。薄质涂料用长柄刷、圆刷等人工或机械滚涂，厚质涂料用抹子或其他工具刮涂。涂布宽度与胎体增强材料一致，分条进行。涂膜防水厚度应符合设计要求，不应起鼓（图 13-17）。

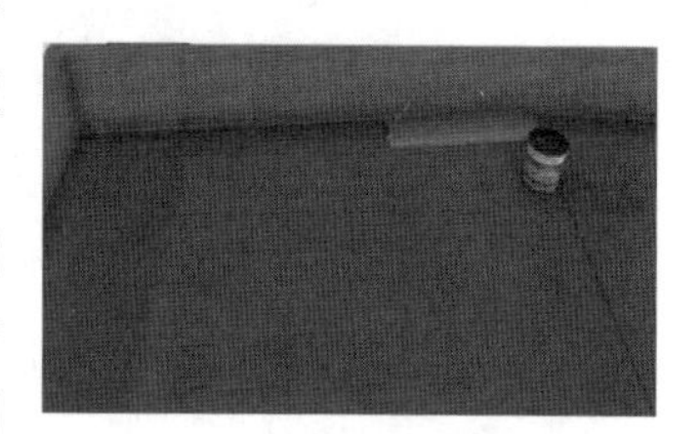

图 13-17　涂刷防水涂料

多遍涂刷时，每遍涂刷应均匀，不可有露底、漏涂和堆积；在先涂的下层干燥成膜后，方可进行上层涂料的涂刷；两涂层施工间隔时间不应过长，否则容易分层。涂刷顺序与方向同卷材防水铺贴。

⑤涂刷第 2 遍时或第 3 遍前，采用干铺法或湿铺法铺贴胎体增强材料。胎体材料应使用一种或多种材料混合，使用混合材料时，一般下层采用聚酯纤维，上层采用玻璃纤维。

⑥接槎宽度不应小于 100mm，所有收头处均应密封压边。

（2）注意事项

①防水涂料施工时应注意气温。溶剂型涂料的气温宜为－5～30℃，水乳型涂料的气温宜为 5～30℃。

②严禁在雨、雪天气或风力大于 5 级（含 5 级）条件下施工。

③涂膜未干燥时，不得进行其他施工或直接堆放物品。

3. 蓄水试验

防水层施工完成后，应做蓄水试验。蓄水深度应不小于 20mm，蓄水高度一般为 30～40mm，蓄水时间不得低于 24h（图 13-18）。蓄水期间应检查防水情况。若发现漏水情况，则应立即停止蓄水试验，重新进行防水层完善处理，处理合格后再进行蓄水试验，直至检查无渗水、漏水情况时方可进行下一步施工。

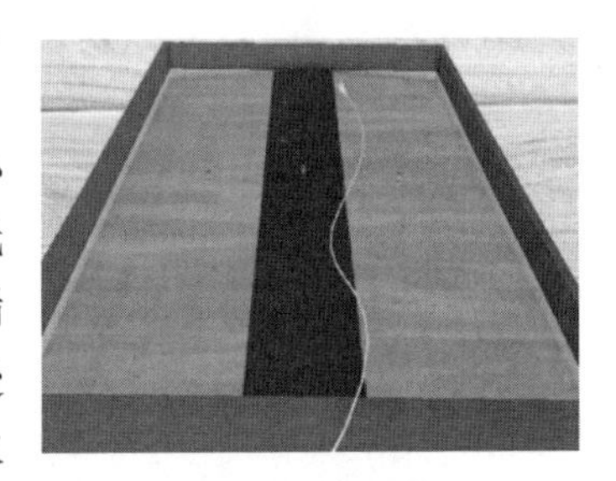

图 13-18　屋面蓄水

13.1.4　保护层施工

屋面卷材防水层和涂膜防水层都应设置保护层，屋面保护层施工做法较多，可以采用水泥砂浆、细石混凝土（宜掺微膨胀剂）或铺砌块材做刚性保护层，也可以采用绿豆砂、热玛琋脂、云母或蛭石等片状材料；卷材防水屋面还可以采用铝箔等（表 13-4）。倒置式屋面的卷材防水层上可不做保护层。

不同类型的屋面保护层　　**表 13-4**

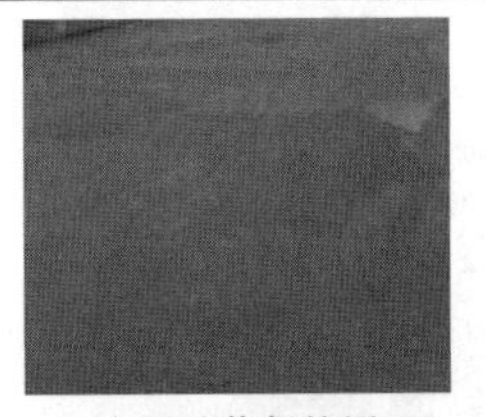 水泥砂浆保护层	 铝箔屋面
 架空屋面	 植被屋面

1. 施工条件

（1）会审施工图纸，编制保护层施工方案，并对建筑工匠进行技术交底。

（2）防水卷材铺贴或涂膜施工涂刷及细部构造的处理已完成，并都已通过检查验收。

（3）施工所需的各种材料、工机具已按计划进入现场，复验合格并经验收。

（4）气温和环境符合施工要求。

2. 施工要点

（1）水泥砂浆整体保护层

①清理防水层表面，找标准块。

②铺设隔离层。

③摊铺水泥砂浆，边铺边拍实、刮平，二次搓平收光。

④初凝前刮出分格缝，纵横间距 4～6m，缝宽不宜小于 20mm。水泥砂浆与女儿墙、山墙之间应预留宽度为 30mm。待养护后，分格缝内用填充材料密实。

⑤水泥砂浆养护。

（2）细石混凝土整体保护层

①清理防水层表面，找标准块。

②铺设隔离层。

③用木条做分格缝，纵横间距 4～6m，缝宽不宜小于 20mm。细石混凝土与女儿墙、山墙之间应预留宽度为 30mm 的缝隙。

④浇筑细石混凝土，边浇边压实。混凝土宜连续浇筑完成，再用刮尺找坡，最后混凝土表面抹平、收光。

⑤混凝土终凝前，取出分格木条。待混凝土养护后，清理分格缝，用填充材料密实。

⑥混凝土养护时间不少于 7d。

（3）细砂、云母、蛭石保护层

①清理防水层表面。

②喷（或刷）面层防水涂料，铺撒细砂、云母或蛭石。细砂应清洗干净、干燥并筛去粉料，云母或蛭石应干燥并筛去粉料。铺撒时应边涂刷边铺撒细砂、云母或蛭石，铺撒要均匀、不露底、不堆积。铺撒时应沿屋脊方向全面推进。

③用胶辊在铺料上反复轻轻滚压，促使铺料牢固地粘结防水涂料面层上。滚压不能用力过猛，以免尖颗粒破坏防水涂料。

④涂料干燥后，用扫除清理与收集未粘牢的余料，筛除细料后待其他利用。

第 2 节　瓦屋面施工

13.2.1　瓦屋面类型

瓦材屋面有小青瓦屋面、筒瓦屋面、彩钢压型钢板屋面和平瓦屋面等形式。按屋盖材料分有钢筋混凝土坡屋顶、木屋顶等。

钢筋混凝土斜坡屋顶耐久性好、整体性好，防水效果好，但技术复杂，施工难度大、造价高（图 13-19）。木屋架施工简单、方便，造价较低（图 13-20）。乡村建筑常采用此种屋面形式。

图 13-19　钢筋混凝土坡屋顶（筒瓦）

图 13-20　木坡屋顶（平瓦屋面）

13.2.2　钢筋混凝土瓦屋面施工

1. 施工流程

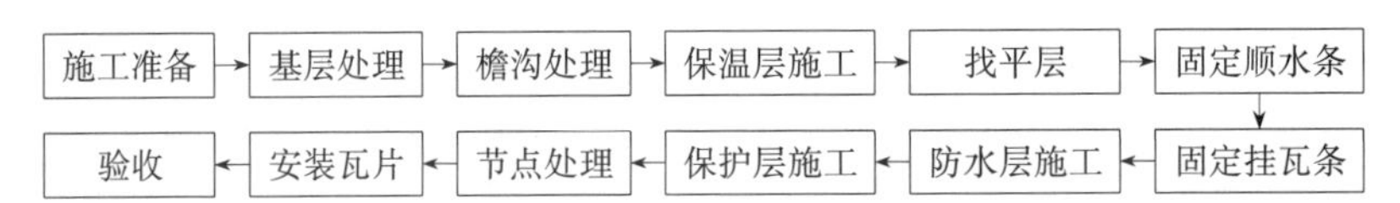

2. 屋面瓦安装要点

（1）钢筋混凝土屋面板施工完成后，涂刷防水涂料（图 13-21）。

（2）安装顺水条前，应弹线取直，弹出顺水条和挂瓦条位置线（图 13-22）。

（3）用角钢、槽钢或木条铺设顺水条并固定，然后安装挂瓦条。若采用金属顺水条挂瓦条应涂刷防锈漆，做好防腐处理（图 13-23）。

图 13-21　屋面涂膜防水

图 13-22　型钢挂瓦条

图 13-23　挂瓦条防锈处理

（4）铺设屋面瓦。正式铺瓦时，从屋檐右下角开始，自右向左、自下而上，每片主瓦的瓦爪必须紧扣挂瓦条。瓦挑出檐口长度为 70mm，有天沟部位挑出长度为 40mm。搭接宽度为 60mm，搭设部位缝隙越小越好（图 13-24）。

图 13-24　瓦材铺设顺序

屋面中出现斜脊和斜沟处的主瓦片需要截切，截切时应依斜脊线平行保留 20mm（图 13-25）。当部分主瓦的瓦爪被截去后，无法挂瓦时，可采用其他瓦。

图 13-25　屋脊与斜沟处理

（5）脊瓦的安装。沿屋脊线方向铺贴卷材，为保证脊瓦铺设顺直。两斜脊和正脊交接处，则采用配件瓦三向脊（图 13-26）。

（6）山墙的檐口铺设。山檐部位下端开始，再用檐口瓦直铺至山檐顶并预留一片用檐口顶铺盖。底部采用水泥砂浆铺满，并用专用螺钉固定于山檐位置的附加顺水条上。小屋面瓦施工时，应先施工檐头，然后施工水泥砂浆压条，待防水施工完毕最后进行大面积瓦施工（图 13-27）。

图 13-26　脊瓦铺设

图 13-27　山墙泛水及檐口处理

（7）天沟根据宽度弹线切瓦，用砂浆将瓦头封实，压实镀锌板或铺贴防水（图 13-28）。

（8）檐口处应抬高 20～25mm，增加美观及防止下滑（图 13-29）。

图 13-28　天沟处理

图 13-29　檐口处理

（9）边瓦用水泥钉固定在刚性层上，再用盖瓦盖压封面，也可以采用水泥砂浆封檐（图 13-30）。

图 13-30　封檐处理

13.2.3　硬山瓦屋面施工

1. 木屋架安装

（1）施工流程

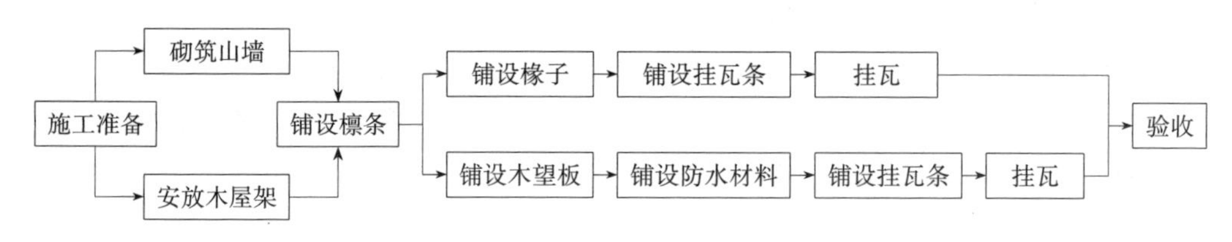

硬山屋面施工流程

（2）屋架吊装

①在墙、柱上测出标高，然后找平，并弹出中心线位置，安放好垫块。

②试吊：吊装时应由有经验的起重工指挥，当屋架起吊离开地面 300mm 后，应停车进行结构、吊装机具、缆风绳、地锚坑等的检查，确认均满足要求后方可继续吊装。

③屋架安装完成前，所有铁件、垫木以及屋架与墙接触处，均需在吊装前涂刷防腐剂，有虫害的地区还应做防虫处理。

④第一榀屋架安装后应立即找中、找直、找平，并用临时拉杆（或支撑）将其固定。待第二榀屋架安装完成后，立即安装脊檩、檩条作为联系杆件，再安装剪刀撑临时固定。依次安装其他屋架（图 13-31）。

图 13-31　吊装木屋架

⑤检查高程、垂直度和位置等，校正后将屋架固定。支撑与屋架应用螺栓或扒钉连接，不得采用钉连接或抵承连接（图 13-32）。

2. 木檩条安装

（1）根据屋架或山墙的檩条弹线，采用人工或机械吊装檩条搁置屋架或山墙上，并固定。

（2）檩条与屋架交接处应采用三角托木托住，每个托木至少要用两个钉子钉牢在上弦上，托木高度不得小于檩条高度的 2/3。若檩条搁置在硬山上，应在其座浆，放置垫块。

（3）安好后的檩条，所有上表面应在同一平面上。如有特殊设计时，应按设计要求处理（图 13-33）。

图 13-32　扒钉固定木屋架

图 13-33　安装木檩条

（4）当房屋中有供暖或炊事的砖烟筒时，与木结构相邻部位的烟筒壁厚度应加厚至 240mm。

3. 安装椽子

（1）将椽子按弹线位置铺设在檩条上，并用钉子钉牢固定。钉子用油漆做好防腐处理（图 13-34）。

（2）椽子间距应根据檩条的刚柔及椽子厚度适当调整。

4. 木屋板安装

（1）屋面板应按设计要求密铺或稀铺；铺设时，应在屋脊两侧对称铺钉（图 13-35）。

图 13-34　安装椽子

图 13-35　铺设木屋面板

（2）屋面板接头不得全部钉于一根檩条上，每段接头的长度不得超过 1.5m，板子要与檩条钉牢。

（3）钉屋面板的钉子应为板厚的 2 倍，板在檩条上至少钉两个钉子。

（4）钉挂瓦条前，应根据瓦的规格从檐口往上按屋面坡度进行分档，间距应大小一致，档间距离不大于 300mm，屋脊地方不得留半块瓦。钉檐口第一档挂瓦条时，须拉线，防止弯曲不直。挂瓦条上的圆钉间距一般为 500mm，但在瓦条接头处 50mm 左右应钉圆钉一个。

5. 铺贴防水层

将防水卷材干铺屋面板上，将木钉条用钢钉钉在防水卷材上，钢钉间距 300mm（图 13-36）。

6. 安装挂瓦条

（1）檐口第一根挂瓦条，要保证瓦头出檐（或出封檐板）外 50～70mm，屋脊处的两个坡面上最上两根挂瓦条，要保证挂瓦后，两个瓦屋的间距在搭盖脊瓦时，脊瓦搭接瓦尾的宽度每边不小于 40mm。

（2）挂瓦条采用槽钢，挂瓦条必须平直（特别要保证挂瓦条上边口的平直）。安装挂瓦条时，要随时校核挂瓦条间距尺寸的一致，为保证尺寸准确，可在一个坡面两端，准确量出瓦条间距，通长拉线安装挂瓦檩条（图 13-37）。

图 13-36　铺贴防水卷材

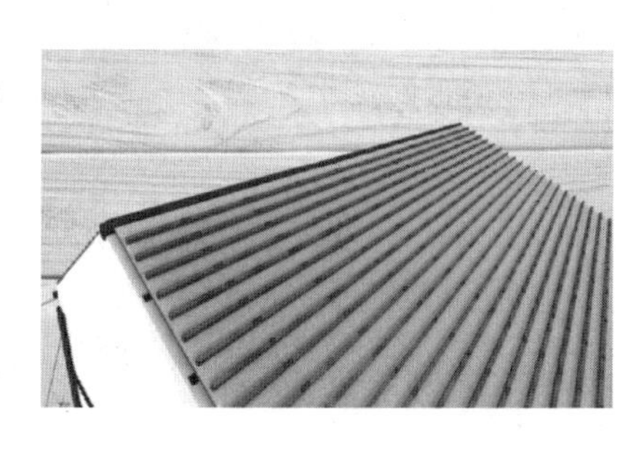

图 13-37　安装挂瓦条

7. 挂瓦

（1）安装主瓦

第一张瓦的安装最为重要，一定要保证瓦底垂直不得倾斜。为防止单向搭接造成的倾斜和不平整现象，主瓦横向安装要一上、一下排列，即第二张瓦扣压第一张瓦和第三张瓦，第四张瓦扣压第三张和第五张瓦并各搭接一个瓦波，其余以此类推（图 13-38）。

图 13-38　挂瓦

两坡屋面主瓦安装应两侧同步进行，以确保正脊瓦安装的波峰吻合。主瓦安装选用直径 6.3mm、长度 75mm 的自攻钉；正脊瓦、斜脊瓦安装根据固定位置的不同，选用直径 6.3mm、长度 110～150mm 的自攻钉。四坡屋面安装时先安主瓦（方法同两坡屋）。主瓦安装完毕后再安装两侧三角形屋面。

（2）安装正脊瓦

正脊瓦安装时要从主瓦区一侧开始，第一张正脊瓦搭接处要避免与主瓦搭接处重叠，两张正脊瓦之间搭接一个波形。

（3）安装斜脊瓦

斜脊瓦安装在多坡屋面三角形斜边上，安装时要上下对齐固定在主瓦檩条上，两节斜脊瓦之间搭接 30mm，最后安装脊瓦末端。

（4）安装三通瓦

三通脊瓦安装在三面相交顶点，正、斜脊瓦安装完毕后安装三通脊瓦，安装三通脊瓦时一边搭接在正脊瓦下方，另两边搭接在斜脊瓦上方（图 13-39）。

8. 斜天沟的处理

屋面斜天沟可采用宽度 1000mm、厚度 0.5mm 彩钢板，或宽度 800mm、厚度 3.0mm 的合成树脂板等材料，根据现场结构配套定制，在主瓦安装前先将天沟型板固定在檩条上，外露部分宽度为 200～300mm。

图 13-39　安装脊瓦

9. 屋面节点处理

（1）挑檐安装

为使边檐和屋檐有效排水，同时保护下面檐板，檐口部位宜选用镀锌板安装在角钢上。

（2）屋面与女儿墙体交接处的泛水

用金属板或合成树脂板根据现场尺寸加工定制泛水型板，一端用射钉固定在墙面上，另一端固定在瓦波（瓦面波峰处）上。

13.2.4　淋水试验

斜屋面应对屋面大面做淋水检验，持续时间不小于 6h。对屋面水落口、穿过屋面板的管道周边、凸出屋面结构与屋面交接处等细部节点必须作局部蓄水检验，蓄水高度为 20mm，蓄水时间不小于 24h。

第 14 章　装饰工程施工

第 1 节　抹灰施工

14.1.1　抹灰工程

1. 概述

抹灰工程是将灰浆涂饰在建筑物的墙体、楼地面和顶棚等建筑部位，起找平、保护、美观等作用。

2. 分类（表 14-1）

（1）按所处的建筑位置分，分为室内抹灰和室外抹灰。

（2）按所用材料和装饰效果，分为一般抹灰、装饰抹灰和特征砂浆抹灰。

抹灰分类　　　　**表 14-1**

抹灰类别	做法		作用
一般抹灰	底层	水泥砂浆、混合砂浆、石灰砂浆等	粘结
	中间层	水泥砂浆、混合砂浆、石灰砂浆、聚合物砂浆等	找平
	面层	麻刀灰、石膏灰等	装饰、保护
装饰抹灰	底层	水泥砂浆、混合砂浆、石灰砂浆等	粘结、找平
	面层	水磨石、水刷石、干粘石、拉毛和涂料等	装饰、保护
特种砂浆抹灰	底层	水泥砂浆、混合砂浆、石灰砂浆等	粘结、找平
	面层	防水砂浆、膨胀珍珠岩砂浆等	保温、防水、抗渗等

（3）按施工方法分，分为普通抹灰和高级抹灰。

3. 抹灰厚度

通常情况下，底层的抹灰厚度为 5～7mm，中间层为 5～12mm，面层为 2～5mm。

14.1.2　一般抹灰工程的施工流程与要点

1. 一般抹灰施工流程

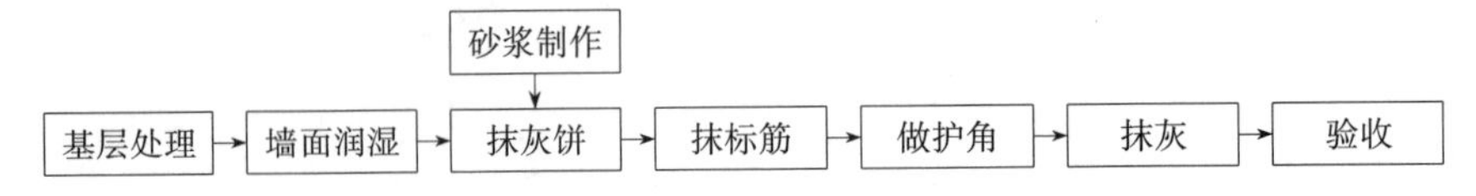

2. 施工条件

（1）按照要求和施工图纸进行会审。

（2）编制施工方案，对建设工匠进行技术交底。

（3）完成主体工程验收和交检，做好隐蔽工程记录。

（4）水电管道、门窗等已安装完毕。

3. 施工要点

（1）基层处理

①抹灰前应对基层进行清理，不同材质的基层处理不同。砌体结构墙体用扫把清扫表面的浮土、污垢、跌落的砂浆，保证基层表面干净，涂刷界面剂。混凝土结构的墙体表面应凿毛并清理干净，也可对基层表面甩浆处理（图 14-1）。不同材料基体交接处应粘贴抗碱纤维网格布或铺贴金属网，防止其开裂（图 14-2）。

图 14-1　铺贴纤维网

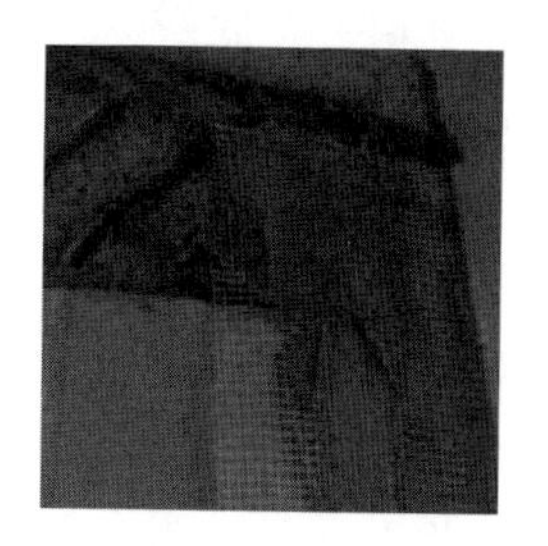

图 14-2　墙面甩浆

②墙面的孔洞、管道、脚手眼等应补齐。

（2）墙面润湿

抹灰前应提前 1 天润湿墙面，深度为 8～10mm。浇水润湿应自上而下，自左向右，每天 1～2 遍，但墙面不得有浮水。

（3）做灰饼

为保证墙面的垂直度和平整度，控制抹灰厚度，抹灰前应找规矩，分为做灰饼和抹标筋。距顶棚 200mm、阴角 100mm 处量测灰饼位置，用 1∶3 水泥砂浆做灰饼，尺寸为 50mm×50mm×7mm。向下引测其他灰饼，间距 1.2～1.5m，窗口等部位应根据施工情况做灰饼（图 14-3）。

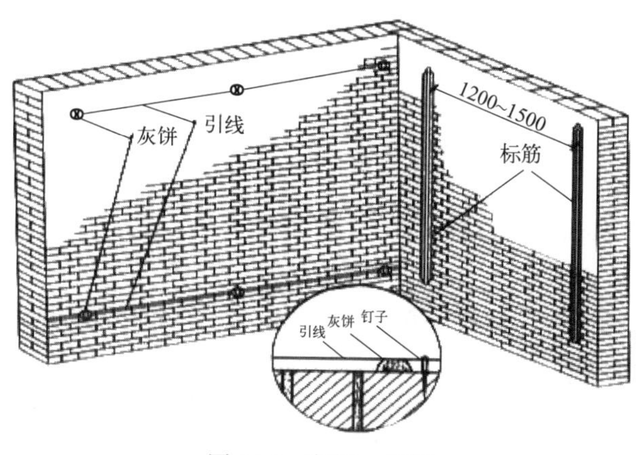

图 14-3　灰饼、标筋

（4）抹标筋（冲筋）

灰饼收水后，用相同的水泥砂浆抹标筋，宽度为 50～100mm。墙体高度大于 3.5m 时，应做水平标筋（横筋），间距不大于 2m，墙体高度不大于 3.5m 时，应做竖直标筋（立筋），间距不大于 1.5m（图 14-3）。

（5）做护角

为保证阳角不被损坏，室内墙面和洞口阳角宜采用 1：2 水泥砂浆做护角，高度不少于 2m，每侧宽度不少于 50mm。

（6）底层抹灰

标筋达到一定强度后抹底层灰。先抹薄灰将基体抹严，填满墙体缝隙。然后以标筋为准分层装档，自上而下抹底灰。再用刮杆刮平。若出现凹凸不平，用抹子找平并搓毛。对预留洞口、配电箱等在底灰完成后进行处理。

（7）中间层抹灰

待底灰干燥后，抹中间层砂浆，厚度略高于标筋，刮平并搓毛。

（8）阴阳角处理

方尺核对阴阳角方正后，用抹子刮平阴阳角，使房间四角方正，线角顺直。

（9）面层抹灰

待下层抹灰干燥后，用水泥砂浆或其他材料抹面层灰。

（10）养护

一般在抹灰 24h 后进行养护，养护时间不少于 3d。

4. 一般抹灰施工要求

（1）冬期施工时，施工现场的温度不低于 5℃。

（2）抹灰总厚度超过 35mm，应当采取加强措施。

（3）铺设墙体保温板应用专用胶粘剂粘紧或固定件固定。

14.1.3 水泥砂浆地面施工

1. 施工流程

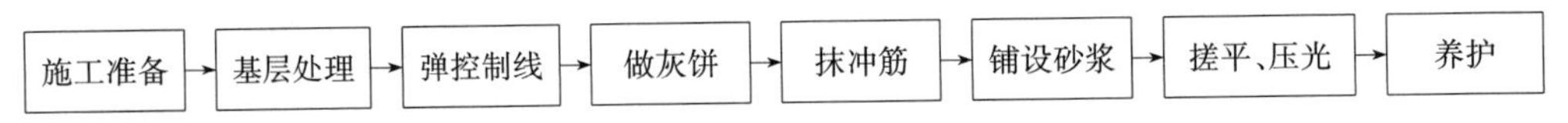

2. 施工要点

（1）基层处理

①将基层表面的浮浆、污垢、落地灰等清理干净。

②应提前 1d 洒水润湿。

③抹灰前应涂刷界面剂或素水泥浆等。

（2）弹控制线

按要求在墙、柱表面弹出标高控制线。卫生间等有坡度要求的，还要拉线找出坡度。

（3）做灰饼、抹标筋

根据标高控制线在楼地面做灰饼，尺寸为 50mm×50mm，间距不大于 2m。当房间面积较大时，可以冲筋，控制楼地面平整度，与灰饼同高。

（4）铺设砂浆

①由里向外铺设。

②将砂浆铺满楼地面，与灰饼平齐，并压实。

③用刮杆将表面刮平，抹子搓毛。

（5）压光

压光分三遍操作。搓平后用抹子抹压第一遍，出浆即可，保证面层均匀，底层粘结紧密。初凝后，用抹子找平、压实，不得漏压。遇到砂眼等，应填实压平。终凝前，用抹子压实收光，保证表面平整、密实、光洁。

（6）养护

铺设 24h 后应自然养护，养护时间不少于 7d。

14.1.4　水磨石地面施工

1. 施工流程

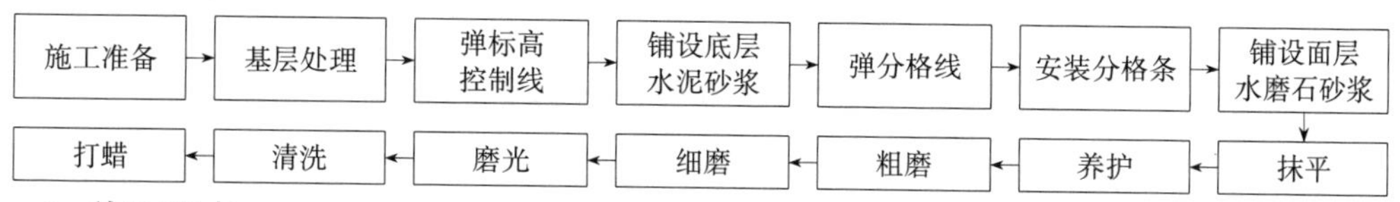

2. 施工要点

从基层处理、弹标高控制线到水泥砂浆铺设、养护同水泥砂浆地面施工。

（1）安装分格条

①待底层水泥砂浆达到一定强度时，方可弹分格线。分格线应满足图纸要求或建筑模数。自房间中部开始弹十字线，以计算分格尺寸向周边弹出分格线，并做好标记。

②用水泥浆将分格条固定在分格线上，其高度与标高控制线一致。分格条应平直、通顺、安装牢固。

③安装 12h 后应浇水养护，养护时间不少于 2d。

（2）铺设水磨石砂浆

①铺设前应对底层洒水润湿，涂刷界面剂。

②铺浆自分格条方框中间向边角推进，先铺深色后铺浅色。

③铺设时应用抹子摊平。

（3）滚压抹平

①滚压前将分格条两侧的水磨石砂浆用抹子轻轻拍实。

②应从横竖两个方向均匀轮换压实，直至出粒均匀，达到表面平整、密实。

③待表面收水后，用抹子抹平。

（4）养护

铺设 24h 后浇水养护。

（5）打磨

①试磨，养护 2～3d 开始试磨。若过早，石粒易松动。过迟，磨光较困难。

②粗磨，用金刚石磨粗磨砂浆，到露出分格条和石粒为止。粗磨时边磨边加水，随时清扫浆体，直至表面平整。然后用较浓的同颜色水泥浆涂抹，使洞眼、缝隙填实。粗磨后再养护 2～3d。

③细磨，用金刚石磨细磨表面，直至表面光滑。用水清洗干净后，再用水泥浆涂抹。继续浇水养护 2～3d。

④磨光，用较细的金刚石磨进行磨面，直至表面石子显露均匀、平整、光滑、无空隙。

（6）擦洗

①将草酸溶液等撒在水磨石地面上，轻轻磨洗。

②用清水冲洗地面，软布擦干。

（7）打蜡

用专用打蜡机具将蜡均匀渗透到表面。打蜡时，应控制好转速和温度。

14.1.5 抹灰工程的常见质量问题

抹灰的常见质量问题有空鼓、裂缝、爆灰、不平整、分格缝不直、缺棱错缝、气泡等。

第2节 饰面砖工程施工

14.2.1 饰面砖工程

饰面砖工程就是将饰面砖等装饰材料镶贴于基层表面形成装饰层，起保护基层和美观的作用。乡村建筑常用的饰面砖有釉面砖、外墙面砖、陶瓷锦砖、玻璃锦砖等，也有部分使用饰面板，如大理石、花岗石等。砖饰面广泛用于乡村建筑的外墙、室内、地面及楼梯等建筑部位装饰（表14-2）。

常用饰面砖 表14-2

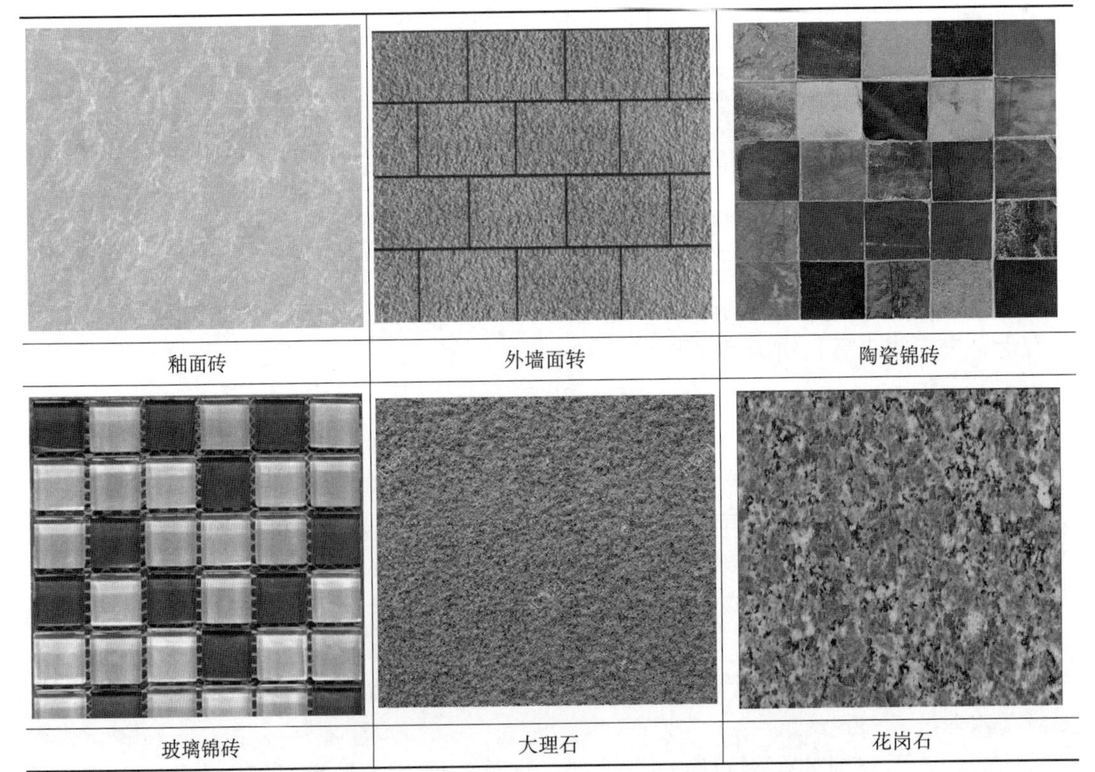

釉面砖	外墙面转	陶瓷锦砖
玻璃锦砖	大理石	花岗石

14.2.2　墙面砖施工

1. 工艺流程

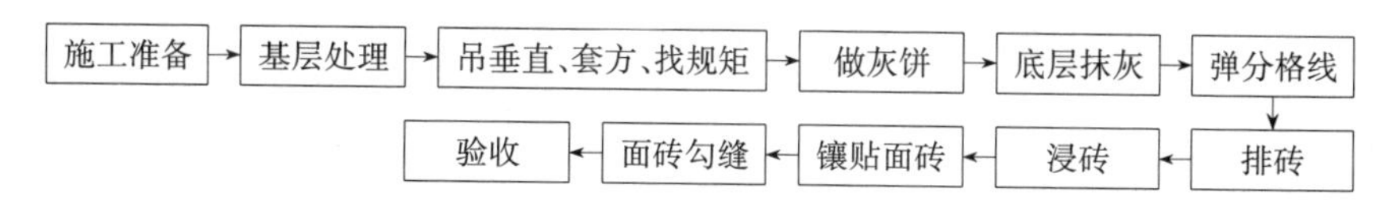

2. 施工条件

（1）有防水等要求的，已完成并验收合格。

（2）隐蔽部位已处理，门窗框已安装，框缝用密封材料填满，做好成品保护。

（3）大面积施工做出样板墙。

3. 施工要点

（1）基层处理

①墙面砂浆、污物等清扫干净，凸出部分剔除，洞口、缝隙用水泥砂浆填满，墙面空鼓、松动、翘起等应处理，保持墙面干净、平整和坚固。

②墙面应提前洒水润湿。

③不同基层应采取不同的处理方法（表 14-3）。

基层处理方法　　**表 14-3**

基层材料类别	处理方法
砖墙面	墙面刮毛，提前润湿
混凝土墙面	光滑墙面应毛化处理，用 1∶1 的水泥砂浆（掺加界面剂）对墙面甩浆
加气混凝土墙面	安装钢筋网片
不同材料交接处	安装钢丝网片，用射钉钉牢

（2）吊垂直、套方、找规矩、做灰饼、抹标筋

在墙面、四大角和门窗口吊垂直、套方和找规矩，弹出基准线。然后同抹灰施工做灰饼和抹标筋。

（3）抹灰

抹灰分两遍进行施工，先做底层抹灰（打底），底灰应搓平、扫毛。待底灰干燥一定程度时抹中间层灰。中间层灰应刮平、搓毛。两遍灰总厚度不得超过 20mm，否则应加强处理。

（4）弹分格线

基层水泥砂浆达到一定干燥程度时，应按图纸要求进行分段弹出分格线，一般竖线间距为 1m 左右，水平线间距为 5～10 块砖。同时也可贴标准点拉线，控制出墙尺寸、垂直度和平整度。

（5）排砖

①按施工图从阳角开始，自上而下进行排砖，把非整砖留在阴角等次要部位。

②排砖时应根据大样图和墙面尺寸进行，保证面砖缝隙均匀，砖缝宽度不小于 5mm。

③大墙面、柱子等应排整砖，横竖排不得有 1 行以上的非整砖。

（6）浸砖

镶贴前，先挑选颜色、规格一致的面砖，变形、缺棱掉角的面砖不得使用。将挑选的

面砖放入水中浸泡 2h 以上，取出待表面晾干或擦干后方可使用。

(7) 粘贴饰面砖

①自上而下，也可自下而上贴砖，视情况而定。

②以最下皮砖的下口标高为标准，水平安放底尺，底尺应靠稳靠实。

③将砂浆涂抹砖背面，厚度 6～10mm。紧靠底尺镶贴在墙面上，再用铲子手柄轻轻敲打正面，使灰浆挤满。最后调整上口和竖缝，并用靠尺调整平面和垂直度。

④在门洞口、阳角等位置竖向贴一排砖，向两侧拉线，作为墙面垂直、平整的标准。

⑤砖之间的缝隙可以用米厘条或插片控制（图 14-4）。

⑥女儿墙、窗台和腰线等平面镶贴时除满足坡度要求外，还应顶面砖压立面砖，防止雨水向内渗入墙体，引起开裂。最底排的立面砖应低于平面砖 3～5mm，以便平面砖压住立面砖。

⑦镶贴边角：边角应选用专用配件砖，或者将面砖边角切割成 45°，拼成直角或大面盖小面进行镶贴。

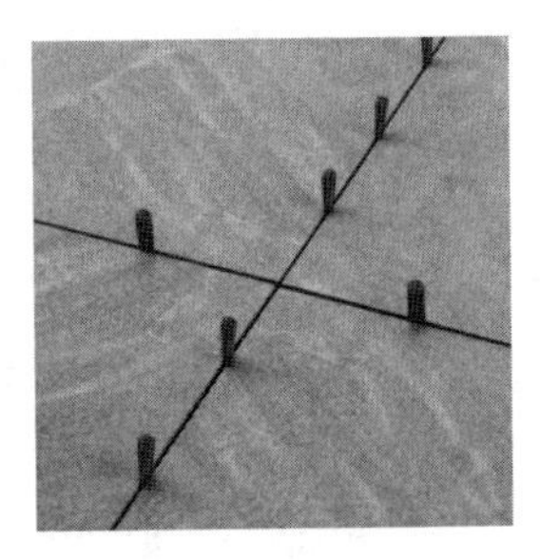

图 14-4　饰面砖插片

(8) 面砖勾缝、擦缝和清洁

面砖铺贴后应自检是否出现空鼓、横不平、竖不直等质量问题，一经发现应及时返修。检查合格的面砖用 1∶1 水泥砂浆或勾缝胶进行勾凹缝。先勾水平缝，再勾竖缝。若缝深较小，可以采用白（彩色）水泥素浆涂缝。勾缝后用抹布等擦洗干净。

4. 施工要求

(1) 冬期施工时，砂浆使用温度不得低于 5℃。砂浆硬化前，应采取防冻措施。

(2) 夏季施工外墙装饰时，应采取防暴晒措施。

14.2.3　地面砖施工

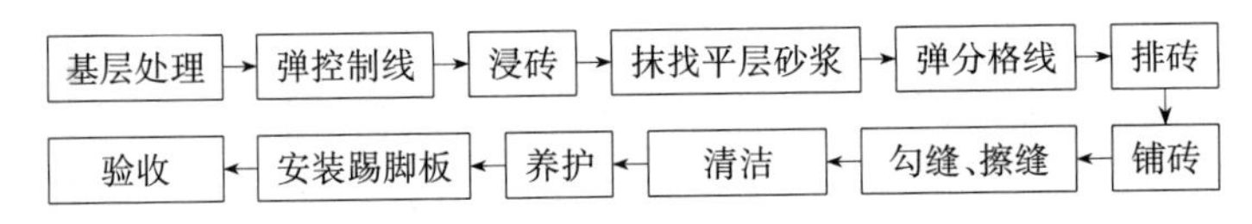

1. 工艺流程

2. 施工要点

(1) 基层清理

基层的砂浆、污物等清扫干净，并用水冲刷、晾干。

(2) 弹控制线

在墙体四周弹出标高控制线，找出面层标高控制点。

(3) 浸砖

提前 12h 将地面砖浸水，清洗背面灰尘、杂物等。

(4) 抹基层灰

①先将地面洒水润湿。

②基层分 2 遍抹灰，同墙面砖抹灰施工。

(5) 弹分格线

在地面弹出十字线，以控制地面砖分格尺寸。

（6）选砖、排砖

①室内排砖从纵横两个方向进行，非整砖排于边角处。横向平行门口，第一排应为整砖，非整砖靠墙排。纵向应在房间内分中，非整砖靠两侧墙排。

②确定砖数和缝隙。缝隙应符合设计要求，无设计要求时，紧密铺贴不大于 1mm，虚缝宽度为 5～10mm。

（7）铺砖

从里向外铺贴，纵向先铺 2～3 行，以此拉线控制标高和平整。不得踩踏刚铺好的地面砖。

（8）勾缝、擦缝

同墙面砖施工。

（9）养护

铺完砖 24h 后应洒水养护，养护时间不少于 7d。

（10）安装踢脚板

地面砖养护完成后即可安装踢脚板。

14.2.4　饰面砖工程的常见质量问题

饰面砖的常见质量问题有表面不平整、接缝不顺直、观感质量差、开裂、空鼓、脱落、开裂、空鼓、脱落等。

第 3 节　涂饰工程施工

14.3.1　涂饰工程

涂饰工程是指将涂料通过喷、涂、抹、滚等工艺施工在墙面上，形成具有粘结和坚固的涂膜（漆膜），起保护、装饰的作用。

1. 涂料分类

（1）按组成材料分，分为有机涂料、无机高分子涂料、有机无机复合涂料。

（2）按溶剂特点分，分为溶剂型、乳液型涂料等。

（3）按部位分，分为墙漆、木器漆和金属漆。

（4）按涂层结构分，分为厚质类、薄质类、彩砂类、复层彩纹类涂料。

（5）按功能分，分为防水、防火、防霉及其他功能涂料。

涂饰工程的材料种类丰富，农房常用的建筑涂料有墙涂料、地面涂料和顶棚涂料等，常用的品种彩色砂壁状外墙涂料、溶剂型外墙涂料、乳液型外墙涂料、复层外墙涂料、无机外墙涂料、聚乙烯醇水玻璃涂料等。

2. 涂料墙面构造

涂料墙面构造分为底层、中间层和面层。底层简称底漆，直接涂刷在腻子上，起粘结作用。中间层既保护基层，又起找平作用，影响装饰效果，是施工质量的关键工序。面层直接体现装饰效果，具有保护作用。

14.3.2　涂饰工程施工

1. 施工流程

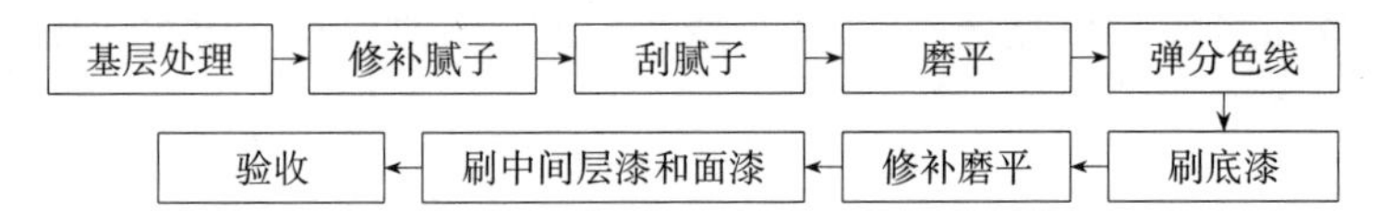

2. 施工条件

（1）抹灰作业已完成，过墙管道、洞口、阴阳角已处理。

（2）基槽干燥，含水率不大于10%。

3. 施工要点

（1）基层处理

①检查基层是否有松动、空鼓、凸出等现象。若出现这些现象，应进行处理，方可开始施工。

②将基层的灰渣等杂物清扫干净。

（2）修补磨平

将基层的孔洞用腻子补平，保证腻子饱满，干燥后磨平。

（3）刮腻子

刮腻子遍数由基层平整情况决定，一般刮2～3遍。

刮完第一遍腻子，干燥后用砂纸磨平，再刮第二遍腻子。腻子应满刮不得留槎，收头要干净利落。

（4）磨平

待第二遍腻子干燥后，用砂纸打磨，然后用清水冲洗干净。打磨后的基层用墙面无明显批刮痕迹，表面光滑，阴阳角顺直、无毛刺。刷底漆前，应检查墙面平整度及表面有无凹处。

（5）弹分色线

墙面有分色要求的，应在刷漆前弹线，做分隔处理，基层贴分线纸或涂分线漆。

（6）刷涂料

一般情况下，涂料应刷3～4遍。

①涂刷顺序：自上而下，自左到右，不得乱刷。

②涂刷应均匀，不得漏涂漏刷。

③涂刷第一遍底漆应选用抗碱底漆，进行封底处理。待底漆干燥后应先修补后用砂纸磨平。涂刷第二遍中间漆同第一遍底漆。

④涂刷第三遍和第四遍面漆应涂膜饱满，薄厚均匀，不流不坠。

14.3.3　涂饰工程的常见质量问题

涂饰工程的常见质量问题有流坠、流挂、薄厚不均、涂膜开裂、脱落、咬底、起皱、起泡等。

第15章　建筑设备安装

第1节　电气安装

15.1.1　电管、接线盒、开关盒（箱）预埋

乡村建设工匠应读通电气施工图、建筑和结构施工图及其他专业图纸，掌握电管、接线盒、开关盒（箱）暗敷设施工要求。还应了解电气配管与建筑结构及其他工程的配合，确定盒（箱）的正确位置、管路的敷设部位与走向及不同方向进出盒（箱）的位置。

1. 作业条件

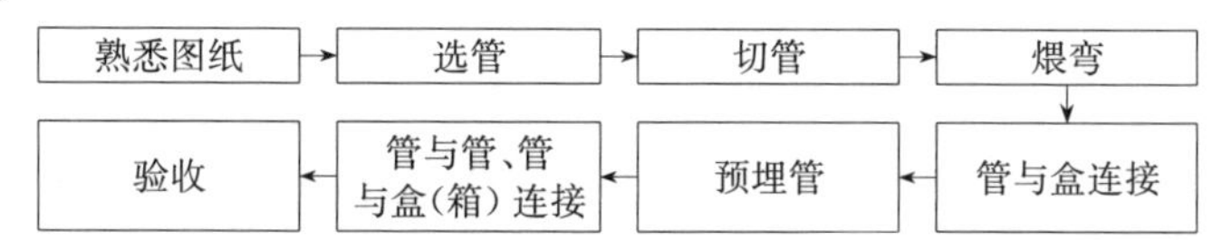

（1）一般先配合现浇结构预埋墙柱、楼板内的电管，砌体施工时再连接剩余的管盒。

（2）预埋墙柱内的PVC电管时应复核建筑标高线、墙柱模板线，待钢筋绑扎后预埋。

（3）预埋楼板内的PVC电管时应复核建筑轴线，待楼板底筋绑扎后面筋尚未绑扎时预埋。

2. 接线盒安装

（1）接线盒预制要求

①预埋前对开关盒、插座盒、灯位盒、过线盒预制分叉。预制时按方位敲开敲落孔，装上锁母，锁母口分别用纸封塞，制成各种类型（图15-1）。

②预制普通插座的弯管安装高度为0.3m，对于从楼板弯起至插座的弯管，也可按固定长度进行预先弯制。

③预制灯开关盒的直管段安装高度为1.3m，对于从开关盒引出上至楼板的管，可将整管按其长度切割成短管。

图15-1　线盒预制

（2）接线盒预埋

接线盒预埋位置应准确整齐，用钢筋夹住、固定，焊在竖向钢筋上。吊线测量盒口与墙面的凹凸距离，调整线盒与墙面平齐后，用扎丝捆住。

3. 产品保护

（1）向上的管口和埋到混凝土体内的接线盒必须封堵严密，防止杂物进入管内。

（2）地面弯起至砖墙的插座管加装带杆管帽接，伸出楼板面约50mm，以防止PVC管被压弯压断。

（3）混凝土浇筑时，PVC管应由专人监管，至混凝土浇捣完毕，中途不得离岗，发现预埋管盒被损坏时应及时修复，防止振捣时位移或损坏。

（4）管子穿梁、板的弯曲处必须在弯曲处加固或采取保护措施。

4. PVC 电管、槽板明敷配线

（1）PVC 电管、槽板内电线应无接头，电线连接设在器具处；PVC 电管、槽板与各种器具连接时，电线应留有余量，器具底座应压住 PVC 电管、槽板端部。

（2）PVC 电管、槽板敷设应紧贴建筑物表面，且横平竖直、固定可靠，严禁用木楔固定；PVC 电管、槽板表面应有阻燃标识。

（3）塑料槽板应无扭曲变形。PVC 电管、槽板的底板固定点间距应小于 500mm，距终端 50mm 处应固定。

（4）PVC 槽板的底板接口与盖板接口应错开 20mm，盖板在直线段和直角转角处应呈 45°斜口对接，T 形分支处应成三角叉接，盖板应无翘角，接口应严密整齐。

（5）PVC 电管、槽板穿过梁、墙和楼板处应有保护套管，跨越建筑物变形缝处槽板应设补偿装置，且与 PVC 电管、槽板结合严密。

15.1.2　开关、插座、面板的安装

1. 并列安装的相同型号开关距水平地面高度相差≤1mm，特殊位置的开关按使用要求进行安装，同一水平线的开关<5mm。

2. 灯具开关必须串接在相线上，零线不得串接开关。

3. 插座应依据其使用功能定位，尽量避免牵线过长，插座数量合适。地脚插座底边距地面≥300mm。

4. 潮湿场所的密封式或保护式插座安装高度应≥1.5m。

5. 儿童房应采用安全型插座。

6. 计算负荷时，凡没有固定负荷体的插座均按 1000W 计算。普通插座采用≥2.5mm^2 的铜芯线。

7. 面板垂直度允许偏差≤1mm。

8. 插座必须是面对面板方向左接零线，右接相线、三孔插上端地线，且盒内不允许有铜线裸露。

9. 同一室内开关必须安装在同一水平线上，并按最常用、很少用的顺序布置。

15.1.3　灯具安装

1. 核对灯具

安装前核实灯具配件是否齐全，玻璃的灯具是否破碎。

2. 灯具安装流程

（1）定位灯具底座安装位置。

（2）用电锤 $\phi6$ 或 $\phi8$ 的钻头打眼，钉上塑料膨胀管。

（3）固定底座，接好电源线。

（4）把灯具安装上。

3. 安装要点

（1）采用钢管吊杆时，钢管内径不应小于 10mm，管壁厚度不应小于 1.5mm。

（2）吊链式灯具的拉线不受压力，灯头线必须超过吊链 20mm 长度，与吊链编结在一起（图 15-2）。

（3）安装同一室内或场所成排的灯具的中心偏差≤2mm。

（4）重量超过 2kg 的灯具应采用膨胀螺栓固定。

（5）灯具组装必须合理、牢固，导线接头必须牢固、平整。

（6）镜前灯距地面 1.8m 左右，旁边应预留插座及镜前灯开关。

（7）嵌入式装饰灯具的安装须符合下列要求：

a. 灯具应固定在专设的框架上，导线在灯盒内应留有余地，方便拆卸维修。

b. 灯具的边框应贴顶棚面上且完全遮盖灯孔，不得有露光现象。

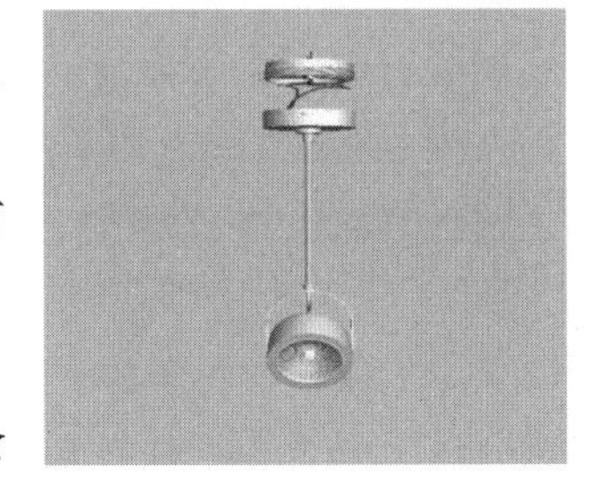

图 15-2　吊灯安装

（8）灯带的长度只能按米剪断，如 4.5m 的灯带应按 5m 剪断。

（9）射灯应配备变压器，安装射灯时应留足够空间。

（10）客厅的花灯应配备控制线或用电脑开关控制。

15.1.4　电气安装的常见质量问题

1. PVC 管的弯曲处易出现裂缝折皱，连接不严密牢固。
2. 管口易出现不平齐、入盒长短不一、断在盒外等现象。
3. 预埋管的位置不正确，导致预埋管外露混凝土构件或使构件出现裂缝。
4. 浇筑混凝土时，预埋管损坏、变形和位移。
5. 开关、插座盒的位置不一致。同一室内开关、插座高度差过大。
6. 装饰灯金属外壳带电。
7. 灯位不在分格中心或不对称。
8. 灯具法兰盖不住孔洞，影响建筑整齐美观。
9. 花灯安装不牢固甚至掉下。
10. 开关、插座盒周围抹灰质量不良，造成开关或插座盖板不严、不平或周围有孔洞。

第 2 节　给水排水安装

15.2.1　给水系统安装

1. 管道安装顺序

管道安装实施应结合具体条件，合理安排顺序。一般为先地下、后地上；先大管后小管，先主管、后支管。当管道交叉中发生矛盾时，应小管让大管，给水管让排水管，支管让主管。

2. 管道安装流程

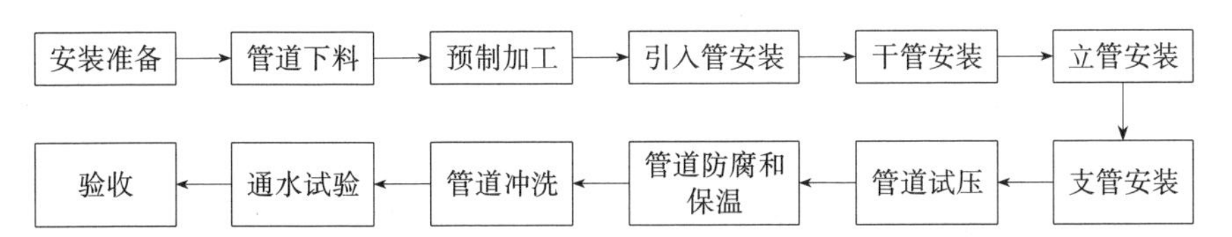

（1）管道下料

根据管道长度测算结果，用卷尺在整个系统中量出所需管道的长度，然后在不锈钢复合管（或 PP-R 管）上用卷尺并用记号笔画下标记线。

（2）管道预制、加工

按设计图纸画出管道分路、管径、预留管日、阀门位置等施工草图，在实际安装的结构位置做上标记，按标记分段量出实际安装的标准尺寸，记录在施工草图上，然后按草图测得的尺寸预制加工（断管、套丝、上零件、调直、校对，按管段分组编号）。

镀锌给水管道安装尽量预制。在地面预制，调直后在接口处做好标记，编好码放。立管预制时不编号，经调直只套一头丝扣，其长度比实际尺寸长 20～30mm，顺序安装时可保证立管甩口位置标高的准确性。

3. PP-R 水管连接

（1）连接步骤

① 配管后在管材插入端做好承插深度标记。

② 清洁管材与管件连接端面，然后将管材穿入管接盖。

③ 用热熔机对所要连接的管材与管件进行加热（图 15-3）。

④ 达到加热时间后，立即同时取下管材与管件，迅速无旋转地直线均匀插入到所标记的深度，使接头处形成均匀凸缘。

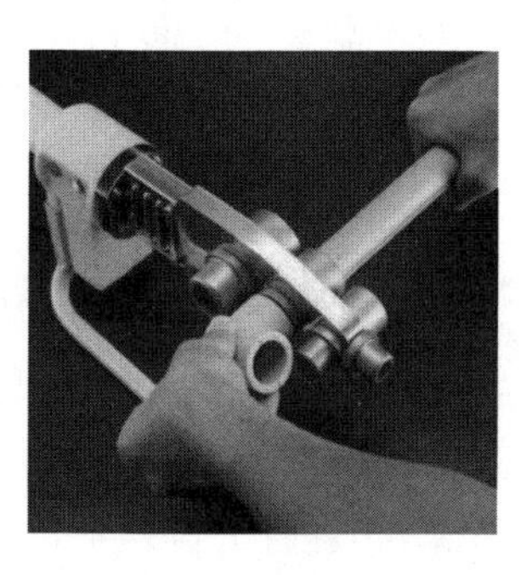

图 15-3　热熔法连接

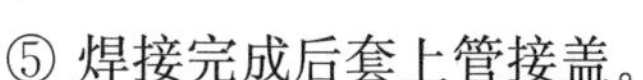

⑤ 焊接完成后套上管接盖。

⑥ 管材与管件完全熔为一体，真正完美吻合。

（2）连接要点

① 热熔工具接通电源（220V），工作温度指示灯亮（绿灯）后方能开始操作。

② 管材切割前必须正确丈量和计算好所需长度，在管表面标出切割线和热熔连接深度线。

③ 切割管材时必须使端面垂直于管轴线。管材切割应使用管子剪或管道切割机。

④ 管材与管件的连接端面和熔接面必须清洁、干燥、无油污。

⑤ 熔接弯头或三通时，按图纸设计要求，注意管线的走向，在管件和管材的直线方向上，用辅助标志标出位置。

⑥ 加热，管材、管件应同时无旋转地将管端导入加热套内，插入到所标记的连接深度，加热时间应符合要求。

⑦ 刚熔接好的接头允许立即校正，但不得旋转。

⑧ 连接时应扶好管材管件，使它不受扭、受弯和受拉。

15.2.2　排水系统安装

1. 排水管道布置与敷设要求

（1）排水管道布置与敷设要求要满足管道充满度、流速和坡度三个水力要素。

（2）管线最短、水力条件好。排水立管应设在最脏、杂质最多及排水量大的排水点，以便尽快地接纳横支管的污水而减少管道堵塞机会。排水管应以最短距离通向室外。排水管应尽量直线布置，当受条件限制时，宜采用两处 45°弯头或乙字弯。卫生器具排水管与排水横支管宜采用 90°斜三通连接。横管与横管及横管与立管的连接宜采用 45°三（四）通或 90°斜三（四）通。也可采用直角顺水三通或直角顺水四通等配件。排水立管与排水管端部的连接，宜采用两个 45°弯头或弯曲半径不小于 4 倍管径的 90°弯头。排出管宜以最短距离通至室外，以免埋设在内部的排水管道太长，产生堵塞、清通维护不便等问题；排水管道过长则坡降大，必须加深室外管道的埋深。排出管与室外排水管道连接时，排出管管顶标高不得低于室外排水管管顶标高，其连接处的水流转角不得小于 90°。当有跌落差并大于 0.3m 时，可不受角度限制。最低排水横支管连接在排出管或排水横干管上时，连接点距立管底部水平距离不宜小于 3m。当排水立管仅设伸顶通气管（无专用通气管）时，最低排水横支管与立管连接处，距排水立管管底垂直距离不得小于规定。

2. 污水处理

（1）农村污水处理原则

①城乡统筹。靠近城区、镇区且满足市政排水管网标高的接入要求，宜就近接入市政排水管网，将农村生活污水纳入城镇生活污水收集处理系统。

②因地制宜。对人口规模较大、聚集程度较高、有非农产业基础和处于水源保护区的村庄，通过铺设污水管道集中处理污水，并采用常规生物处理技术；对人口规模较小、居住较为分散的村庄，通过分散收集单户或多户农户污水，并采用较为简单的生态处理技术。

③资源利用。充分利用村庄地形地势、可利用的水塘及废弃洼地，采用生物、生态组合处理技术，实现污染物的生物降解和氮、磷的生态去除。

④远近结合。经济条件差、居住分散的农村，近期污水采用分散处理的，考虑与远期集中处理相衔接；有一定经济规模的农村，处理设施的建设要考虑将来人口增长产生的污水量。

⑤经济适用。量力而行选择处理技术，充分考虑农村地区财力状况薄弱、经济承受能力较低的实际，选用成熟可靠、经济适用、适合农村实际的污水处理技术。

⑥操作简便。针对农村地区经济基础薄弱、从业人员技术水平和管理水平较低的现状，污水处理技术选择应特别注重简便易行、运行稳定、维护方便，以利当地处理设施正常运行。

（2）化粪池

塑胶一体式化粪池结合建设传统三格化粪池，同时对已建三格化粪池进行清掏口改造，逐步规范农村三格化粪池建设，并将尾水引入人工湿地或田间湿地处理（图 15-4、图 15-5）。

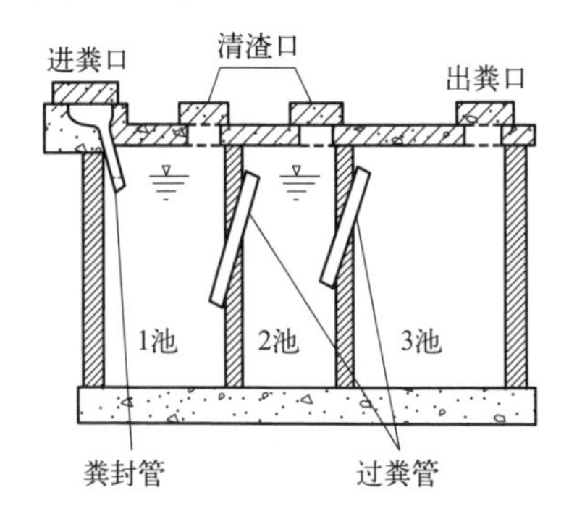

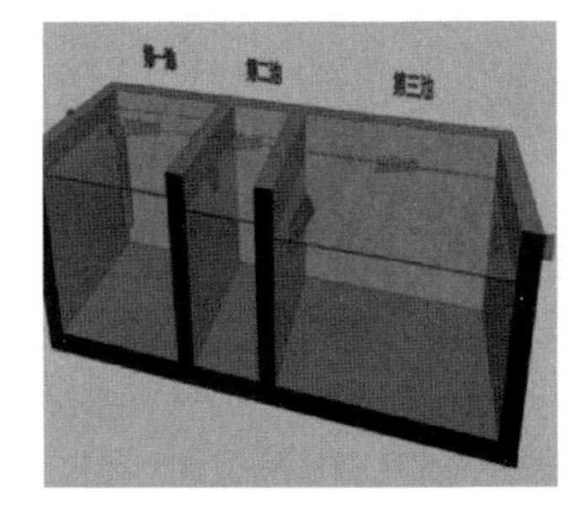

图 15-4　传统三格化粪池

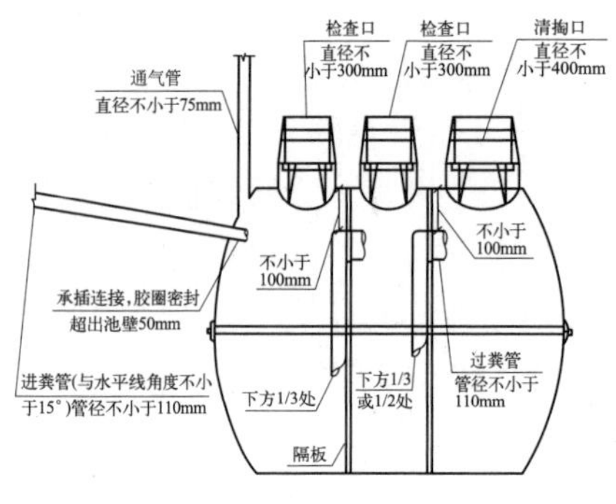

图 15-5　塑胶一体式化粪池

3. PVC-U 管道安装

（1）划线

用卷尺在系统中量出所需管道的长度，然后再用卷尺量出 PVC-U 管尺寸，并用记号笔画下标记线。

（2）管道锯切

①打开管子台虎钳并将三角支架支开，保持台虎钳稳定。

②打开管子台虎钳的牙口，将所需要切割的 PVC-U 管放入台虎钳的牙口中。

③用右手握住钢锯的手柄，用左手按住 PVC-U 管，钢锯锯口对准 PVC-U 管上用记号笔，画下的标记线，保证钢锯垂直于 PVC-U 管，然后开始锯切，直到把 PVC-U 管切断。也可用塑料管剪刀等其他用具进行剪切。图 15-6 为用塑料管剪刀进行剪切。

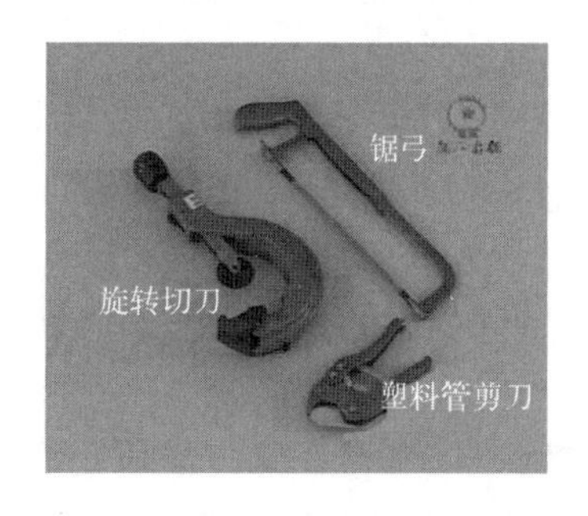

图 15-6　PVC-U 管剪切

（3）管道连接

①准备好管材和管件。

②用卷尺度量好管件的深度，然后在 PVC-U 管上度量出相应长度，并用记号笔画下记号。

③打开 PVC-U 管专门粘接胶水的盖子，用盖子上毛刷调匀好胶水（图 15-7）。

④用刷子将胶涂于管件内，此操作严禁胶流入管件内部。

⑤紧接着在管材插口处涂抹均匀的胶水，胶水涂抹长度为标记范围。

⑥当胶水还是湿润时，马上将管道插入管件，并用足够的力度将管材推到管件的底部。并且将管材和管件相对圆周旋转不超过 1/4 圈。

⑦按紧接好的管道接口，静止受力直到管件不会被推出为止。

⑧当接好管道工作完成后，接口应该有一圈胶水。用布擦掉接口处多余的胶水。

⑨刚粘接好的管件，应避免受力，须静置固化一段时间，牢固后方可继续安装。静置固化时间由环境温度决定，当环境温度 $T \leqslant 0℃$，固化时间为 15min；当环境温度 $0℃ < T \leqslant 10℃$，固化时间为 5min；当环境温度 $T >$℃时，固化时间为 2min。

⑩管端插入承口深度见表 15-1。

管端插入承口深度 **表 15-1**

公称直径(mm)	20	25	32	40	50	75	100	125	150
插入深度(mm)	16	19	22	26	31	44	61	69	80

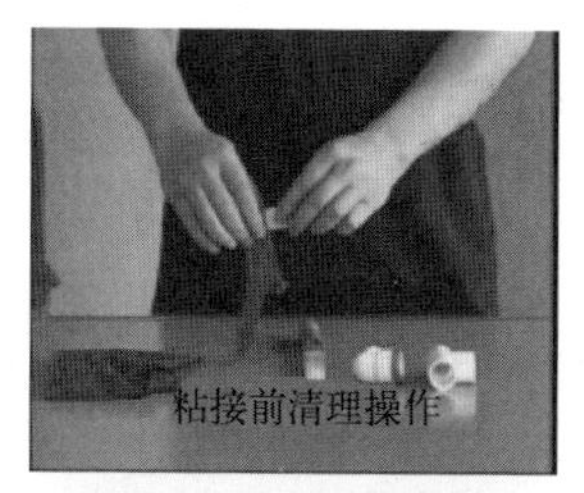

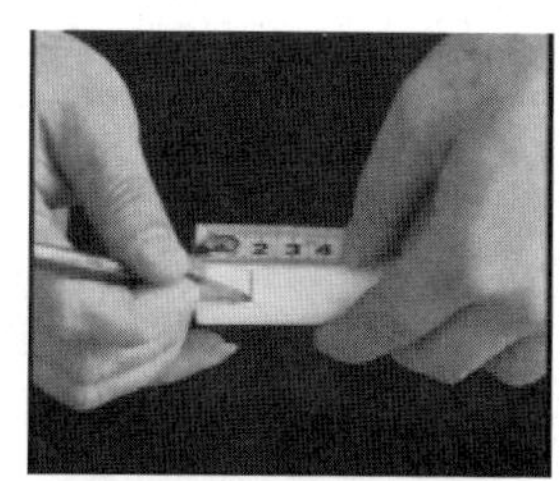
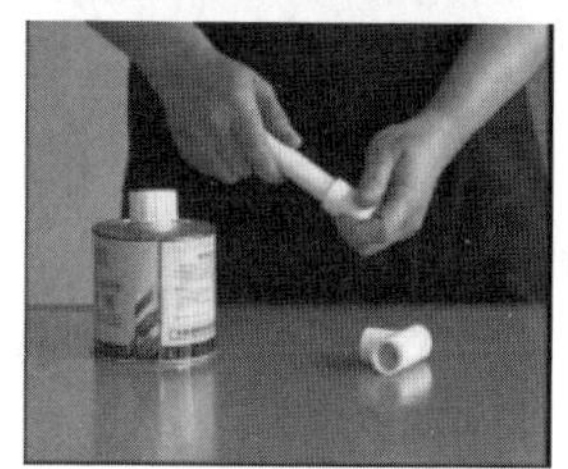

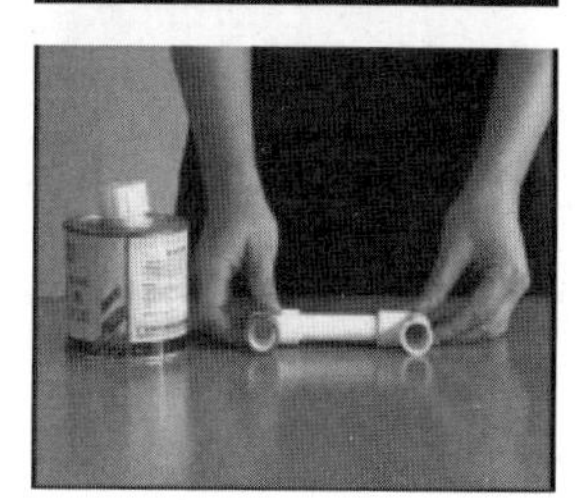

图 15-7 PVC-U 管材的粘接

15.2.3 洁具安装

1. 卫生洁具安装的主要工艺流程

（1）检查排水管道，并疏通管道，确认排水畅通。

（2）卫生洁具及配件质量验收，附件清点，确认洁具与预留孔位置相吻合；配件、附件齐全；配件与洁具配套，洁具及配件无裂纹、破损、擦伤、划痕和砂眼等缺陷；螺纹与螺母配合良好；阀门启闭自如。

（3）确定安装位置。卫生洁具安装位置及标高，各组件的相对位置应精确测量划线。

（4）配件预安装。某些配件在洁具安装好以后不便安装，故必须在洁具安装前预先安装好。

（5）固定卫生洁具。卫生洁具安装在预埋件、预留孔上，使其安装平稳、牢固。

（6）各种阀门水龙头安装及上下水管道连通。除了已预装好的配件外其余配件均应安装到位。

（7）缝隙处理。洁具与墙面、地面的缝隙应用建筑密封胶等填料嵌缝。

（8）通水试验。嵌缝材料养护期满后可进行通水试验，各连接部位不应有渗水、漏水现象发生。

（9）卫生洁具的具体尺寸和详细的水电资料一定要求业主在进场后尽快提供相关图纸。

2. 卫生器具布置间距的要求

卫生器具主要有马桶（或蹲式大便器）、洗面盆、浴室镜及浴缸等。

卫生器具的布置间距应不低于最小间距要求。冲洗水箱按冲洗水力原理分为冲洗式和虹吸式两类；按启动方式分为手动和自动两种；按安装位置分为高水箱和低水箱。新型冲洗水箱多为虹吸式，它具有冲洗能力强，构造简单，工作可靠，自动作用可以控制的优点。否则使用起来很不方便。

（1）马桶与对面墙壁的净距离应不小于 460mm，与旁边的墙面的净距应不小于 380mm，墙面有排水管时，则距离应不小于 500mm。

（2）马桶与洗脸盆并列时，马桶的中心至洗脸盆边缘的净距离应不小于 350mm，与洗脸盆相对时，马桶的中心至洗脸盆净距离就不小于 760mm。

（3）洗脸盆的边缘至对面墙的净距离应不小于 460mm；洗脸盆的边缘至旁边墙面的净距离就不小于 450mm；洗脸盆的上沿距镜子底部的距离约 200mm。

3. 蹲便器、冲洗阀、冲洗管安装

（1）蹲便器一般用于公共卫生间。值得注意的是，大部分卫生间的蹲便器已安装，但因未考虑在面因贴砖后的抬高，导致装修后，蹲便器低于卫生间地面很多，要更换蹲便器。

（2）更换蹲便器需要和瓦工协商所装蹲便器的高度。

（3）蹲便器按进出水方式可分后进后出和后进前出两种。按有无存水弯可分为带存水弯和不带存水弯两种（图 15-8）。如原排水系统无存水弯，必须采用带存水弯的蹲便器。

（4）蹲便器的冲洗阀常用的有高位水箱和直接连接给水管加延时自闭式（图 15-9），进水口径有 3/4 寸和 1 寸，根据其进水口径和所装冲洗阀的位置布水管。

（5）皮头：用于连接冲洗管和蹲便器。

（6）冲洗管：用于连接冲洗阀和皮头的 L 形。如长度过长，则可用切割机和钢锯锯断。

图 15-8　排水系统的存水弯

图 15-9　直冲式延时冲洗阀

4. 坐便器的安装

（1）安装步骤（图 15-10）

①安装前应检查排污管道是否畅通及安装地面的清洁。

②将配套的密封圈安装在坐便器的排污口上。

③确定坐便器安装位置。将坐便器（排污口）对管道下水口慢慢放下，调整正确位

置，然后（用粉笔或白板笔）在坐便器的四周画上标记线，并确定安装孔。

④打安装孔。对准地脚螺丝标记孔；用冲击钻打安装孔（直径为 10mm，深度为 600mm），装入膨胀胶钉。一般不须安装地脚螺丝。

⑤在标记线内侧打上玻璃胶。

⑥对准安装孔及四周的玻璃胶装上坐便器，慢慢地向下压直到水平。

⑦在坐便器与地面连接处打上玻璃胶，并修整四周确保美观。

⑧安装地脚螺丝。

⑨连接进水管，检查过滤器是否有安装。

⑩清洁地面和工具，禁止立即使用（玻璃胶固化一般需要 24h），保持坐便器周边 24h 内不接触水。

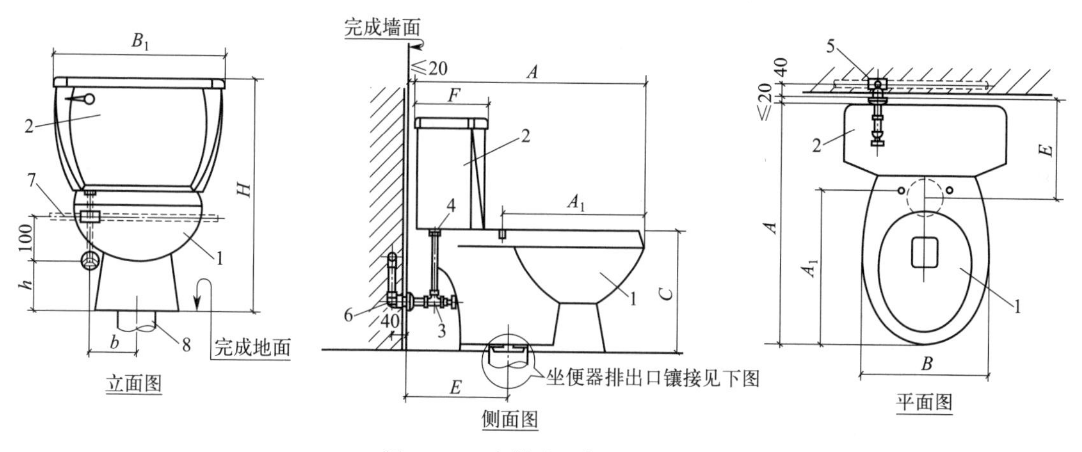

图 15-10　坐箱式坐便器安装图

（2）安装要点

①现有的坐便器水箱一般都已连接于其上，目前市场上坐便器的孔距一般有三种，分为 300mm、400mm、500mm。在未贴瓷砖之前先测量出其净孔距（坐便器排水孔中心至原墙的距离减去墙面所贴瓷砖的厚度），如孔距不理想，可选用 50mm 和 100mm 的移位器进行调整。安装移位器，其周围敷水泥砂浆后做防水涂料处理，并蓄水观察，是否渗漏。

②如排水管突出地面，则需将其锯平，再用干抹布或卫生纸将坐便器所在地面和坐便器底边抹干净，安装坐便器时，需小心慎重，轻拿轻放。先将水箱盖取下放好，将坐便器出水口对准地面排水口调整其位置，确认放好后用铅笔沿坐便器底边轻画一圈，然后将坐便器移到干净位置，根据划线在边缘均匀打上一层玻璃胶，如坐便器配有密封圈，则将密封圈放于地面排水口，再将坐便器对准位置轻放于地面上，将溢出的玻璃胶抹干净，再连接好进水，把水箱盖放上，并装好其他配件。注意：玻璃胶未完全变性前不得沾水和移动坐便器。

5. 洗面盆的安装

（1）立柱式洗面盆的安装要点

①安装要求

立柱式洗面盆常采用冷、热水混合水龙头，而不采用冷、热水两只水龙头出水。安装时将混合水龙头装牢在洗面器上后，冷、热水管分别接到冷热水混合阀的进水口上，用锁紧螺母锁紧。

立柱式洗面盆通常配置提拉式排水阀，提拉式排水阀比普通排气阀复杂，当提拉杆提起，通过垂直连杆、水平连杆将阀瓣放下，停止排水，反之，提拉杆放下，阀瓣顶开，排去污水。安装时要注意各连杆间相对位置的调整，使其动作灵活，各密封件密封良好。

立柱式洗面盆的给水配件品种繁多，各生产厂规格也不相同，有单孔、双孔、三孔；开启方式有手轮式和手柄式等。其安装方法基本相同，这时就不再一一叙述，注意在安装时应首先仔细查阅洁具和配件安装说明书。

②立柱式洗面盆安装

按照排水管甩头中心在墙面上画好竖线，将立柱中心对准竖线放正，将洗面盆放在立柱上，使洗面器中心线正好对准墙上竖线，放平找正后在墙上画好洗面盆固定孔的位置，在墙上钻孔将膨胀螺栓塞入墙面内。在地面安装立柱的位置铺好白灰膏后将立柱放在上面，再将洗面器安装孔套在膨胀螺栓上加上胶垫，拧上螺母。再将洗面盆找平，立柱找直，最后将立柱与洗面盆及立柱与地面接触处用白水泥勾缝抹光，洗面盆与墙面接触处用建筑密封胶勾缝抹严。其余部位安装与托架洗面器相同。

（2）台式洗面盆的安装要点

台式洗面盆又可分为台上式和台下式。台上式的安装方法是将洗面盆周围端部露在化妆台的上面；台下式洗面盆是将洗面盆周围端部隐蔽起来，台式洗面盆的水龙头可安装在洗面盆上，也可安装在台面上。安装在台面上时，台面的相应位置应打好配件安装孔（图 15-11）。

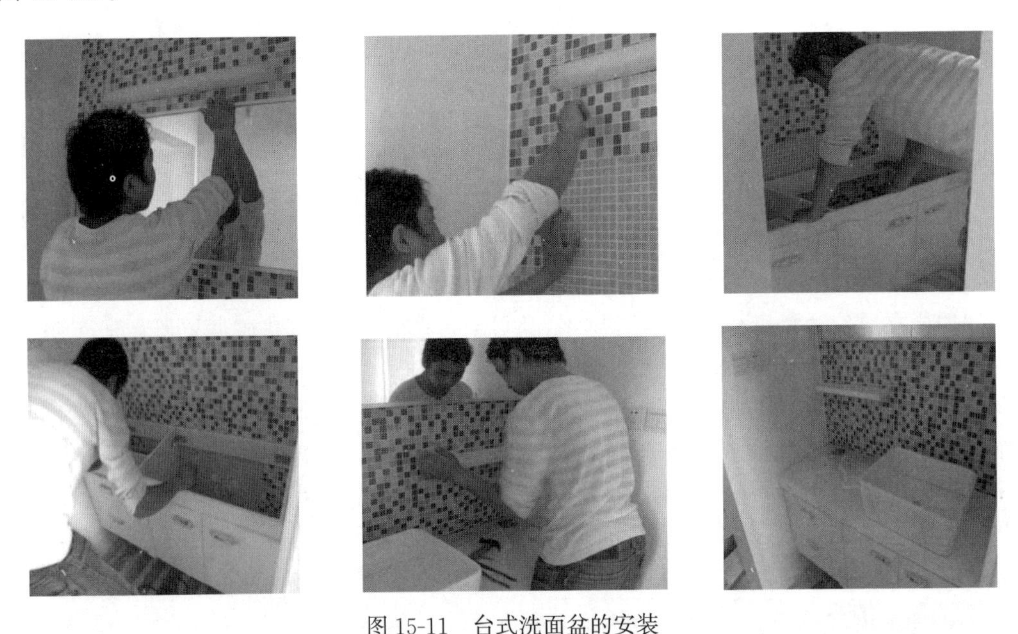

图 15-11　台式洗面盆的安装

6. 浴缸安装

浴缸的安装应和铺瓷砖等工作一道进行，水工须将下水连接好。

（1）构架说明

在地面 340mm 处挖一个 150mm×305mm 的孔，做排水定位用。

（2）配件安装

根据厂家说明书，安装溢流管部分和排水管部分。

（3）安装要点

在凹槽内放好浴缸，检查水平、前后、左右位置是否合适，同时检查地面排水孔是否恰当。浴缸裙底要紧靠平滑瓷砖地面，恰到好处地托住浴缸。

砖墙支撑要稳固。安装浴缸时，浴缸底部要与细砂贴实，浴缸底部也不要用砖支撑以免在使用过程中损坏釉面。

检查水平、前后、左右位置是否合适，检查排水设施是否合适，要安装稳固，安装过程中对浴缸及下水设施采取防脏、防磕碰、防堵塞的设施，角磨机、点焊机的火花不要溅到浴缸上面，否则会对釉面造成损伤，影响浴缸美观。

15.2.4 家用热水器

1. 太阳能热水器

使用太阳能热水器要求业主和供应商来现场将进水口、电子阀、温控器定位（图 15-12）。

2. 电热水器

一般电热水器安装插座，大功率快速热水器，必须走 6mm^2 以上的专线（图 15-13）。

3. 燃气热水器

供气管的走向，用大于燃气管两倍的套管，预埋在墙体内，出墙处用 45°弯头。燃气热水器是否用强排的，如用强排的则配置电源插座。

图 15-12 太阳能热水器

图 15-13 电热水器

15.2.5 试压、补槽、冲洗与消毒

1. 试压

水管敷设后，用软管把冷、热口连通一并试压，试压压力≥0.8MPa，且试压时间为 24h 以上，确认试压合格后，须拆下连接软管（图 15-14、图 15-15）。

2. 补槽

（1）调整好出水口使其平正，出水口伸出墙面长度符合对应洁具、龙头的要求。

（2）卫生洁具进水口离地、墙尺寸（实际高度）符合表 15-2。

图 15-14　试压

图 15-15　试压的压力

卫生洁具尺寸要求　　**表 15-2**

洁具名称	离地距离(mm)	冷热进水口间距(mm)	凸出墙面(mm)
洗菜盆	400～450	100	12
洗脸盆	400～450	100	12
混合龙头	800～1000	150	7
拖把龙头	600		12
热水器	1400	100	12
冲洗阀	800～1000		12
坐便器	200～250		12
洗衣机	1100～1200		12

注：以上为一般情况，特殊情况根据实际处理。

（3）用于补槽的水泥、砂子比例为 1∶3。

3. 给水系统的冲洗与消毒

为保证供水水质、保证管道系统的使用安全，生活给水管道系统在交付使用前必须进行冲洗和消毒，并经有关部门取样检验，符合国家现行的《生活饮用水卫生标准》方可使用。

（1）给水管道的冲洗

室内给水管道应用水进行冲洗，其冲洗顺序一般按总管→干管→立管→支管依次进行。当支管数量较多时，可关闭部分支管逐根进行冲洗，也可数根支管同时进行冲洗。管道冲洗时应保证所有管道均能冲洗到，不留死角。

（2）给水管道的消毒

生活饮用水管道，在冲洗合格后、管道使用前应采用每升水含 20～30mg 的游离氯的水灌满进行消毒，含氯水在管道中应停留 24 小时以上。消毒完毕，再用饮用水冲洗，并经有关部门取样检验，符合国家现行的《生活饮用水卫生标准》为合格。

15.2.6　给排水的常见质量问题

1. 隐蔽的金属管道防腐下部后部漏涂，涂刷遍数不够。
2. 敷设在楼板找平层内的非金属管道中间有接头（热熔连接除外）。

3. 明装立管垂直度偏差过大，非金属管尤为严重。

4. 螺翼式水表与阀门直接连接，表前未按照规范规定安装不小于 8 倍水表直径的直线管段。

5. 管道及设备的保温厚度和平整度严重超标。

6. 法兰连接时垫片凸入管内，出现双垫偏垫现象。

7. 连接法兰的螺栓、直径、长度不符合标准，安装螺栓上下不加垫圈。

8. 排水塑料管穿越楼层、防火墙、管道井井壁时，没有根据建筑物性质、管径和设置条件及穿越部位、防火等级等要求设置阻火装置。

9. 洗手盆、洗菜池排水栓不开溢流孔。

10. 雨水漏斗及排水管的连接固定不牢固，雨水漏斗边缘与屋面相连接不严密。

11. PPR 管材和管件的安装，采用热熔连接，熔接圈不均匀，出现局部熔瘤或熔接圈凹凸不均现象，可能造成管道缩颈，影响通水量。

12. 蹲式大便器与上下水管道连接处漏水。

13. 塑料排水管穿过楼板、屋面做法不当漏水。

14. 雨水塑料管不加伸缩节，经过季节变化，管道伸缩，粘接接口开裂、破坏。排水管伸缩节安装时预留伸缩节不合适，伸缩节不起作用。

15. 排水立管立管底部的弯管处，没有支墩，也没有固定措施。

16. 卫生间地漏高度不正确，高出面层，为了找平，造成水封高度不足 50mm；地漏水封干枯冒臭气；地面不是坡向地漏，排水不清。

17. 排水立管距墙距离偏大，造成洁具安装困难。

18. 在污水横管起点上设置的清扫口，距离与管道垂直的墙体太近，影响使用。

第 3 节　建筑防雷接地装置安装

15.3.1　建筑防雷接地安装

1. 安装流程与内容（表 15-3）

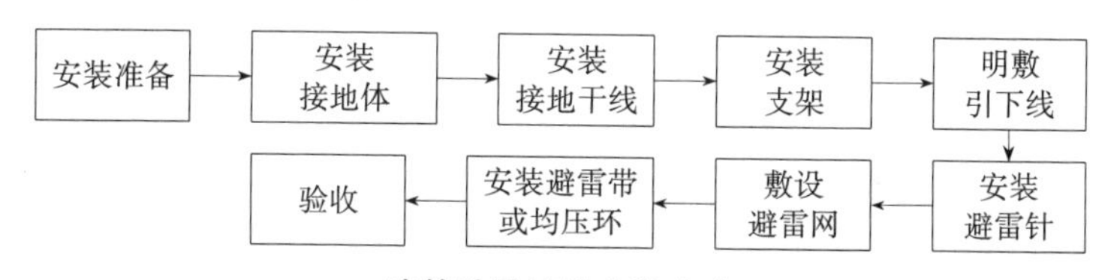

建筑防雷接地安装内容　　表 15-3

	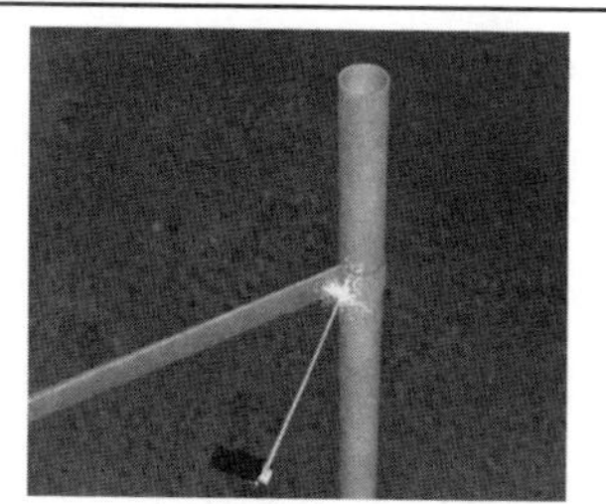	
打入钢管或角钢	焊接扁铁与钢管	涂刷油漆

续表

 连接扁铁与接地线	 连接接地线与构件主筋	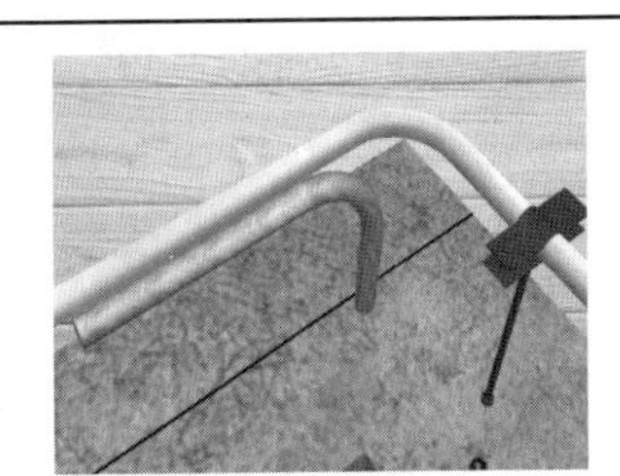 安装支架与避雷带
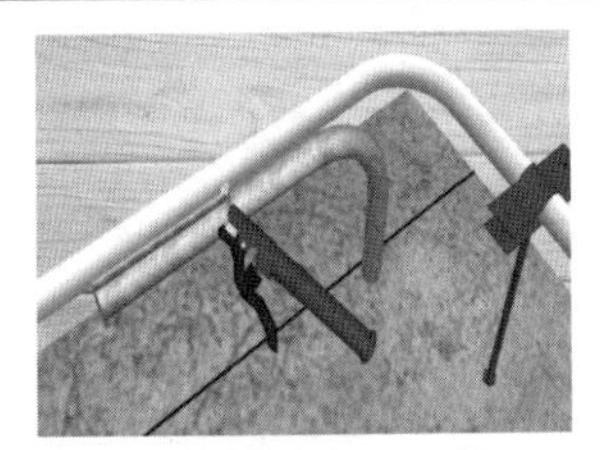 连接接地线与避雷带	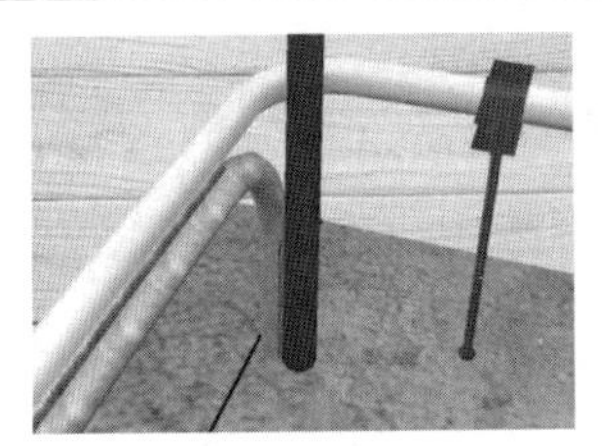 安装避雷针	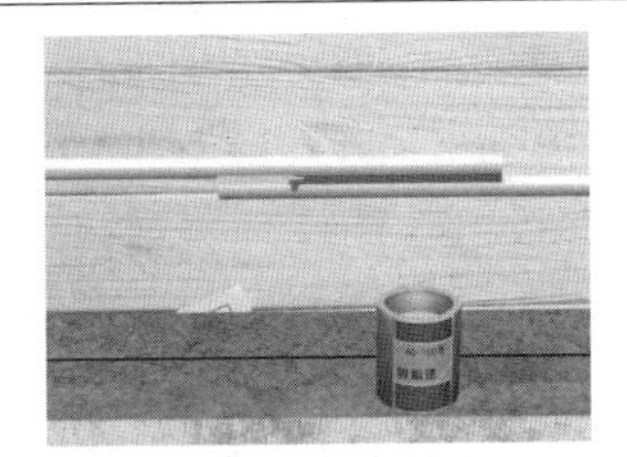 连接位置涂刷油漆

2. 接地体的安装

（1）人工接地体安装

①接地体加工。根据设计要求的数量、材料、规格进行加工，材料一般采用钢管和角钢切割，长度不应小于 2.5m。如采用钢管打入地下应根据土质加工成一定的形状，遇松软土壤时，可切成斜面形，为了避免打入时受力不均使管子歪斜，也可以加工成扁尖形，遇土质很硬时，可将尖端加工成圆锥形。如选用角钢时，应采用不小于 40mm×40mm×4mm 的角钢，切割长度不应小于 2.5m，角钢的一端应加工成尖头形状。

②沟槽开挖。根据设计图要求，对接地体（网）的线路进行测量弹线，在此线路上挖掘深为 0.8～1m，宽为 0.5m 的沟槽，沟顶部稍宽，底部渐窄，沟底如有石子应清除。

③安装接地体（极）。沟槽开挖后应立即安装接地体和敷设接地扁钢，防止土方倒塌。先将接地体放在沟槽的中心线上，打入地下。一般采用大锤打入，一人扶着接地体，一人用大锤敲打接地体顶部。使用大锤敲打接地体时要平稳，锤击接地体正中，不得打偏，应与地面保持垂直、当接地体顶端距离地面 600mm 时停止打入。

④接地体间扁钢敷设。扁钢敷设前应调直，然后将扁钢放置于沟内，依次将扁钢与接地体用电（气）焊焊接。扁钢应侧放而不可放平，侧放时散流电阻较小。扁钢与钢管连接的位置距接地体最高点约 100mm。焊接时应将扁钢拉直，焊后清除药皮，刷沥青做防腐处理，并将接地线引出至需要的位置，留有足够的连接长度，以待使用。

（2）自然基础接地体安装

①利用底板钢筋或深基础做接地体。按设计图尺寸位置要求，标好位置，将底板钢筋搭接焊好，再将柱主筋（不少于 2 根）底部与底板筋搭接焊，并在室外地面以下将主筋焊接连接板，清除药皮，并将两根主筋用色漆做好标记，以便引出和检查。

②利用柱形桩基及平台钢筋做接地体。同上。

（3）接地体核验

接地体安装完毕后，应及时请监理单位进行隐检核验（签署审核意见，并下审核结论），接地体材质、位置、焊接质量等均应符合施工规范要求。接地电阻应及时进行测试，当利用自然接地体作为接地装置时，应在底板钢筋绑扎完毕后进行测试，当利用人工接地体作为接地装置时，应在回填土之前进行测试，若阻值达不到设计、规范要求时应补做人工接地极。接地电阻测试须形成记录。

（4）成品保护

其他工种在开挖土方时，注意不要损坏接地体。安装接地体时，不得破坏散水和外墙壁装修。不得随意移动已绑扎完的结构钢筋。

3. 接地干线安装

（1）室外接地干线敷设

首先进行接地干线的调直、测位、打眼、煨弯，并安装断接卡子及接地端子。敷设前按设计要求的尺寸位置先开挖沟槽，然后将扁钢侧放埋入。回填土应压实，接地干线末端露出地面应不超过0.5m，以便接引地线。

（2）室内接地干线敷设

①室内接地干线多为明敷设，但部分设备连接的支线需经过地面也可以埋设在混凝土内，具体做法如下：

预留孔，按设计要求尺寸位置预留出接地线孔，预留孔的大小应比敷设接地干线的厚度、宽度大6mm以上，其方法有三种：

第一种：施工时可按上述要求尺寸截一段扁钢预埋在墙壁内，当混凝土还未凝固时，抽动扁钢以便凝固后易于抽出。

第二种：将扁钢上包一层油毛毡或几层牛皮纸后埋设在墙壁内，预留孔距墙壁表面应为15～20mm。

第三种：保护套可用厚1mm以上的铁皮做成方形或圆形，大小应使接地线穿入时，每边有6mm以上的空隙。

②支持件的固定

支持件应采用40mm×4mm的扁钢，尾端应制成燕尾状，入孔深度与宽度各为50mm、总长度为70mm。其具体固定方法如下，砖墙、加气混凝土墙、空心砖墙上固定，根据设计要求先在墙上确定轴线位置，然后随砌墙将预制成50mm×50mm的方木样板放入墙内，待墙砌好后将方木样板剔除，然后将支持件放入孔内，同时洒水淋湿孔洞，再用水泥砂浆将支持件埋牢，待凝固后使用。

现浇混凝土墙上固定，先根据设计图要求弹线定位、钻孔，支架做燕尾埋入孔中，调平正，用水泥砂浆进行固定。

③明敷接地线安装

当支持件埋设完毕，水泥砂浆凝固后，可敷设墙上的接地线。将接地扁钢沿墙吊起，在支持件一端用卡子将扁钢固定，经过隔墙壁时穿跨预留孔，接地干线连接处应焊接牢固。末端预留或连接应符合设计要求。

（3）成品保护

电气施工时，不得磕碰及弄脏墙面。焊接时注意保护墙面。在土建喷浆前，必须先将接地干线用纸包扎。拆除脚手架或搬运物件时不得碰坏接地干线。

（4）支架安装

①支架安装

应尽可能随结构施工预埋支架或铁件，根据设计要求进行弹线及分档定位，用手锤、錾子进行剔洞，洞口的大小应里外一致。

首先埋设一条直线上的两端支架，然后用铁丝拉直线埋设其他支架，在埋设前应先把洞内用水湿润，如用混凝土支座，将混凝土支座分档摆好，先在两端支架间拉直线，然后将其他支架用砂浆找平找直。如果女儿墙预留有预埋铁件，可将支架直接焊在铁件上，支架的找直方法同前。

②成品保护

剔洞时，不应损坏建筑物结构，支架稳固后，不得碰撞松动，支架稳后应保护好，防止土建外墙装修或内墙喷浆时污染支架。

4. 避雷引下线敷设

（1）避雷引下线暗敷设做法

首先将所需扁钢（或圆钢）用手锤（或钢筋扳子）进行调直或扳直。其次将调直的引下线运到安装地点，按设计要求随建筑物引上、挂好，及时将引下线的下端与接地体焊接，或与断接卡子连接，随着建筑物的逐步增高，将引下线敷设于建筑物内至屋顶并出屋面一定长度，以备与避雷网连接。如需接头则应进行焊接，焊接后应敲掉药皮并刷防锈漆（现浇混凝土除外）及银粉，最后请有关人员进行隐检验收，做好记录。

利用主筋作引下线时，按设计要求找出全部主筋位置，用油漆做好标记，距室外地面0.5m处焊接断接卡子，随钢筋逐层串联焊接至顶层，并焊接出屋面一定长度的引下线镀锌扁钢40×4或ϕ12的镀锌圆钢，以备与避雷网连接。每层各引下点焊接后，隐蔽之前，均应请有关人员进行隐检，同时应填写隐检记录。

（2）避雷引下线明敷设做法

扁钢作为引下线，可放在平板上用手锤调直。将调直的引下线运到安装地点。

将引下线用大绳提升到最高点，然后由上而下逐点固定，直至安装断接卡子处。如需接头或安装断接卡子，则应进行焊接。焊接后清除药皮，局部调直，刷防锈漆（或银粉）。将引下线地面以上2m段套上保护管，卡固、刷红白油漆，用镀锌螺栓将断接卡子与接地体连接牢固。

（3）成品保护

安装保护管时，注意保护好土建结构及装修面，拆架子时不要磕碰引下线。

5. 避雷带安装

（1）避雷带安装做法

避雷线如为圆钢，可将圆钢放开一端固定在牢固地锚的夹具上，另一端固定在绞磨（或捯链）的夹具上，进行冷拉调直。将调直的避雷线运到安装地点。将避雷线用大绳提升到顶部，调直、敷设、卡固、焊接连成一体，同引下线焊接，焊接的药皮应敲掉，进行局部调直后刷防锈漆及银粉。

建筑物屋顶上有突出物，如金属旗杆、透气管、天沟、铁栏杆、爬梯、冷却水塔、电视天线等，这些部位的金属导体都必须与避雷网焊接成一体。顶层的烟囱应做避雷带或避雷针。在建筑物的变形缝外应做防雷跨越处理。

（2）成品保护

遇坡顶瓦屋面，在操作时应采取措施，以免踩坏屋面瓦，不得损坏外檐装修。避雷带敷设后，应避免砸碰，避雷带敷设完毕后，应注意保护，防止外墙装修污染避雷线。

6. 避雷针制作与安装

（1）避雷针制作

避雷针一般采用圆钢或钢管制成，其直径不应小于下列数值：

独立避雷针一般采用 ϕ19 镀锌圆钢；屋面上的避雷针一般采用 ϕ25 镀锌钢管；水塔顶部避雷针圆钢直径为 25mm，钢管直径为 40mm；烟囱顶上圆钢直径为 25mm；避雷环圆钢直径为 12mm；扁钢截面长 100mm，厚度为 4mm。

把放电尖端打磨光滑后进行涮锡。如针尖采用钢管制作，可先将上节钢管一端锯成锯齿形，用手锤收尖后，焊缝磨平、涮锡。按设计要求的材料所需的长度分多节进行下料，然后把各节管按粗细拼装起来，相邻两节应把细管插入粗管中一段，插入长度一般为 250mm。最后把各个接头用 ϕ12 铆钉铆接或采用开槽焊接，接口部分应焊牢，焊接后把避雷针体镀锌或涂银粉。

（2）避雷针安装

先将支座钢板的底板固定在预埋地脚螺栓上，焊上一块肋板，再将避雷针立起、找直、找正后进行点焊，然后加以校正，焊上其他三块肋板，最后将引下线焊在底板上，清除药皮刷防锈漆及银粉。

（3）成品保护

拆除脚手架时，注意不要碰坏避雷针，注意保护土建装修。

15.3.2　建筑物等电位联结

1. 建筑物等电位联结的作用

将建筑物电气装置内外露可导电部分、电气装置外可导电部分、人工或自然接地体用导体连接起来，以达到减少电位差的目的，称为等电位联结。等电位联结对用电安全、防雷以及电子信息设备的正常工作和安全使用，都是十分必要的。根据理论分析，等电位联结作用范围越小，电气上越安全。

2. 建筑物局部等电位联结

局部等电位联结是在一局部场所范围内将各可导电部分连通。当电源网络阻抗过大，使自动切断电源的时间过长，不能满足防电击要求时；TN 系统内自同一配电箱供电给固定式和移动式两种电气设备，而固定设备保护电器切断电源时间不能满足移动设备防电击要求时；为满足浴室等场所对移动设备防电击要求时；为满足防雷和信息系统抗干扰的要求时，应做局部等电位联结。它是通过局部等电位联结端子板将 PE 母线或 PE 干线、公用设施的金属管道及建筑物金属构件互相连通。随着生活水平的提高，家用热水器被广泛应用，浴室内触电事故时有发生，主要因为人在洗澡时皮肤湿透且赤足，其阻抗急剧下降，低于接触电压限值的接触电压即可产生过量的人体通过电流而致人死伤。为避免此类事故的发生，在设计和施工安装中，必须尽量降低浴室内各金属管道、构件间的电压差，最好都限制在 12V 以下。具体做法就是在卫生间（浴室）必须实施局部等电位联结。将卫生间（浴室）底板钢筋，卫生间内部的所有金属构件如冷热给水管、水暖、金属配件、地漏、建筑金属装饰件（浴巾架、手纸盒等）、金属窗及所有非带电金属外壳连接一起。

应该指出，如果浴室内原无 PE 线，浴室内的局部等电位联结不得与浴室外的 PE 线相连，因 PE 线有可能因别处的故障而带电，反而能引入别处的电位。

15.3.3 防雷接地工程质量通病防治

1. 采用屋顶栏杆作避雷带时，管子对接后不再搭接，引下线焊接不符合要求。防治措施屋顶栏杆做避雷带时，钢管对接后还应用钢筋搭接，引下线搭接长度必须不小于引下线直径的 6 倍。

2. 屋顶避雷带无法保护建筑物全部。防治措施建筑物顶部的所有金属物体应与避雷带连成一个整体。

3. 断接卡不易找到，并不好测量，断接卡无保护措施。防治措施每个分接地装置均应按设计要求设置便于分开的断接卡，断接卡应设断接卡子盒保护。

4. 接地体搭接长度不够，没有按要求焊接。扁钢搭接长度应是宽度的 2 倍，焊接两长边、一短边。圆钢为其直径的 6 倍，且至少两面焊接。圆钢与扁钢连接时，其长度为圆钢直径的 6 倍。扁钢与钢管、角钢焊接时，除应在其接触部位两侧焊接外，还应由扁钢弯成的弧形（直角形）卡子或直接由扁钢本身弯成弧形（直角形）与钢管或角钢焊接。

5. 卫生间插座 PE 线未与等电位箱联结。防治措施卫生间局部等电位联结应包括卫生间内金属给排水管道、金属浴盆、金属采暖管道和散热器以及墙面、地面、柱子等建筑物的钢筋网、金属吊顶、金属门窗等；可不包括金属地漏、扶手、浴巾架、肥皂盒等孤立之物。

第16章　农房隐患排查与改造加固

第1节　农房安全隐患排查

16.1.1　农房安全隐患类型（表16-1）

1. 按建造环节分，分为选址、设计、施工、维护安全隐患。
2. 按建设性质分，分为新建、扩建、改建等安全隐患。
3. 按改造情况分，分为改造结构安全隐患、改变功能安全隐患和改变其他隐患。

不同类型的农房安全隐患　　表16-1

不利场地	未经设计
施工不规范	自身缺陷
改变用途	随意改造

16.1.2　安全隐患排查顺序

农房安全隐患排查应遵循先非实体后实体、先外部后内部、先整体后局部的原则。

16.1.3　安全隐患排查方式与范围

1. 农房排查方式

农房排查应采取定性与定量相结合，以目测为主，排查地基基础是否存在不均匀沉降、不稳定等情况；上部结构的房屋整体与承重构件是否存在“歪、裂、扭、斜”等现象，承重构件连接是否可靠等。对存在损伤和变形等情况的，用卷尺、激光测距仪、裂缝刻度尺、吊锤等简单设备对农房进行测量。

2. 排查范围

农房安全隐患排查应做到点面结合、突出重点。全面排查行政区域内的所有农房，在全面排查的基础上重点排查以下几类农村住房。

（1）利用自建房屋开设的餐饮饭店、民宿宾馆、超市、农资店、棋牌室、浴室、民办幼儿园、私人诊所、手工作坊、生产加工场所、仓储物流、影院、养老服务等房屋。

（2）使用预制板建设的房屋、经过改建扩建的房屋、人员聚集使用的房屋等。

（3）三层及以上、违规改扩建等容易造成重大安全事故的经营性自建房。

（4）“四无”自建房屋（无正式审批、无资质设计、无资质施工、无竣工验收）。

16.1.4　农房隐患排查内容

1. 农房基本情况

农房基本情况排查主要是收集农房建造、使用资料，改造资料和其他资料。

（1）农房建造资料包括建造年代、设计文件（或传承经验）、建造方式和竣工验收资料等。

（2）农房使用资料包括房屋使用用途及改变、经营审批资料等。

（3）农房改造资料包括改造设计文件或传承经验、检测鉴定文件、改造加固资料或修缮资料等。

（4）其他资料，如周边居民反映的质量问题等。

2. 农房改建、结构改造

农房改建、改造主要排查楼顶加层、周边扩建、楼内夹层、改变承重结构或其他改造情况。

（1）擅自拆、改主体承重结构，承重墙上增设洞口或扩大洞口尺寸，加层（含增设夹层）改造，扩建改造，开挖地下空间等。

（2）原楼面、屋面上擅自增设大量隔墙、堆载或其他原因导致楼面梁板出现明显开裂、弯曲。

（3）新、旧结构的可靠连接。

（4）可能引起房屋其他安全隐患的擅自改建、改造情形。

3. 改变用途

主要排查农村自建房是否改变使用功能，如将原居住功能的房屋改变为餐厅、KTV等人员密集的场所。

4. 农房场地周边环境

（1）农房场地是否存在以下几类危险情况。

①场地周围存在滑坡、崩塌、地陷、地裂、泥石流、地震断裂带及采空区。

②场地位于河滩、塘、沟、窖、洞边缘等。

③场地靠近铁路、工厂等振动源。

④其他引起房屋隐患的情况。

（2）农房周边环境

①农房周边存在裂缝、低洼积水等情形。

②附近存在农房施工情形，特别是基槽（坑）开挖较深或施工振动较大。

③存在高低相差很大的临近建筑、危房等情形。

5. 地基与基础安全隐患排查

主要排查引起上部结构开裂、倾斜的地基与基础，包括地基与基础的裂缝及其发展趋势，基础有无腐蚀、酥碱、松散和剥落，室内标高以下墙体的使用环境及维护情况。

6. 上部结构安全隐患排查

（1）砌体结构

砌体结构主要排查上部结构的承重墙体状况、构造柱设置及圈梁闭合情况、砌体的构造连接部位、纵横墙交接处的斜向或竖向裂缝、砌体承重墙体的变形和裂缝状况、拱脚裂缝和位移状况等。

（2）混合结构

砌体结构主要排查上部结构的梁、板、墙、柱的受力裂缝和主筋锈蚀状况，墙、柱根部及顶部的横向裂缝、屋架倾斜和整体稳定性及可能引起构件承载力问题的耐久性损伤（锈胀裂缝、预应力筋锈蚀、混凝土结构表面可见的耐久性损伤）等。

（3）钢结构

钢结构主要排查上部结构的各连接节点的焊缝、螺栓、铆钉等情况，应注意钢柱与梁的连接形式、支撑杆件、柱脚与基础连接损坏情况，钢屋架杆件弯曲、截面扭曲、节点板弯折状况和钢屋架挠度、侧向倾斜等偏差状况等。

（4）木结构

木结构主要排查上部结构的腐朽、虫蛀、木材缺陷、构造缺陷、结构构件变形及失稳状况、木屋架端节点受剪面裂缝状况、屋架平面外变形及屋盖支撑系统稳定状况等。

7. 抗震减灾

抗震减灾主要排查基础埋深、承重墙墙体厚度、窗间墙间距及门窗洞口到承重墙尽端距离、构造柱与圈梁设置、支承与连接措施、木柱脚的限位装置、木构件的连接措施、突出屋面的构件锚固措施等。

16.1.5 农房安全隐患排查初步判定

农房安全隐患排查完毕后，经培训合格的建设工匠应结合隐患参考标准对农房安全隐患初步判定，并提出判定结论。判定结论分为严重安全隐患、一定安全隐患和未发现安全隐患三个等级。未发现安全隐患是指房屋地基基础稳定，无不均匀沉降，梁、板、柱、墙等主要承重结构构件无明显受力裂缝和变形，连接可靠，承重结构安全，基本满足安全使用要求。一定安全隐患是指房屋地基基础无明显不均匀沉降，个别承重构件出现损伤、裂缝或变形，不能完全满足安全使用要求。严重安全隐患是指房屋地基基础不稳定，出现明显不均匀沉降，或承重构件存在明显损伤、裂缝或变形，随时可能丧失稳定和承载能力，结构已损坏，存在倒塌风险。

乡村建设工匠应熟悉安全隐患排查参考标准（表 1～表 8），采用合适的安全隐患排查方法找出农房安全隐患。若存在下列情况（表 1～表 8）之一的，应初步判定为存在重大隐患或一定的安全隐患。经排查判定不存在严重安全隐患和一定安全隐患情形的，可初步判定为未发现安全隐患。若不能判定为严重安全隐患或一定安全隐患，但排查中发现结构存在异常情况的，可初步判定为存在一定安全隐患。

按住房和城乡建设部印发的《自建房结构安全排查技术要点（暂行）》以及安徽省住房和城乡建设厅印发《安徽省城乡房屋结构安全隐患排查技术导则（试行）》要求，梳理安徽省农房安全隐患标准，供学习者参考。

第 2 节　农房安全性鉴定

《自建房结构安全排查技术要点（暂行）》规定，初步判定结论不能替代房屋安全鉴定。因此，对农房安全性鉴定是必不可少的。

16.2.1　农房安全性鉴定依据

对于一、二层农房的安全性参照《农村住房安全性鉴定技术导则》（建村函〔2019〕200 号），对三层及以上农房参照现行国家标准《民用建筑可靠性鉴定标准》GB 50292、《建筑抗震鉴定标准》GB 50023 进行鉴定。

16.2.2　鉴定方式

农房的安全性鉴定以定性判断为主。根据房屋主要构件的危险程度和影响范围评定其危险程度等级，结合防灾措施鉴定对房屋的基本安全作出评估。鉴定以现场检查为主，并结合入户访谈、走访建筑工匠等方式了解建造和使用情况。农村住房安全性鉴定应由具有专业知识或经培训合格，并有一定工作经验的技术人员进行。

16.2.3　鉴定程序

一般情况下，农房安全性鉴定分两阶段进行，第一阶段为场地安全性鉴定，第二阶段为房屋危险程度鉴定和防灾措施鉴定（图 16-1）。

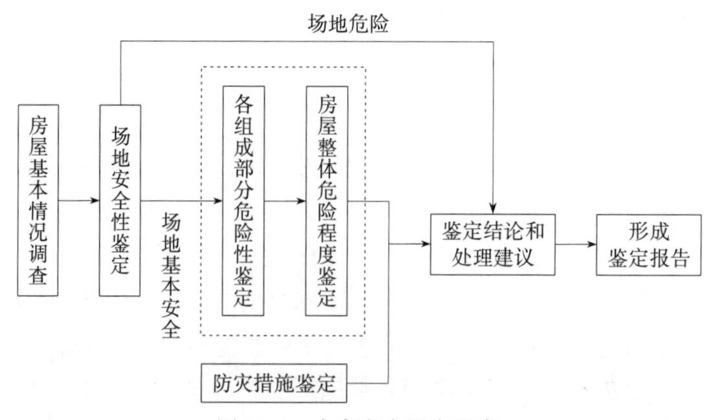

图 16-1　农房安全鉴定程序

16.2.4　场地安全性鉴定

1. 场地安全性鉴定结果

结合农房场地周边环境调查情况，调查农房场地是否为地质灾害易发区，将场地安全分为危险和基本安全两个等级。

2. 危险场地判定条件

当场地存在下列情况之一时，应判定为危险场地：

（1）可能发生滑坡、崩塌、地陷、地裂等。

（2）洪水主流区、山洪、泥石流易发地段。

（3）岩溶、土洞强烈发育地段。

（4）已出现明显变形下陷趋势的采空区。

16.2.5　农房各组成部分安全性鉴定

结合农房调查的基本情况，采取科学的检测方法对农房的地基基础、上部承重结构和围护结构进行危险性鉴定，根据鉴定结果将其分为 a、b、c、d 四个等级（表 16-2）。

危险等级的判定　　**表 16-2**

等级	危险点	等级	危险点
a 级	无危险点	c 级	局部危险
b 级	有危险点	d 级	整体危险

农房各组成部分有多个构件时，其危险程度鉴定时以危险程度最高的构件来判定组成部分的危险等级。应因地制宜，根据房屋结构体系确定主要构件并进行危险程度鉴定。

16.2.6　农房整体安全性鉴定

在农房组成部分危险程度鉴定基础上，对房屋整体危险程度进行鉴定评价，将其分为 A、B、C、D 四个等级（表 16-3）。

农房整体危险程度判定　　**表 16-3**

等级	评价标准	评价要求
A 级	结构能满足正常使用要求，未发现危险点，房屋结构安全	各组成部分均为 a 级
B 级	结构基本满足正常使用要求，个别结构构件处于危险状态，但不影响主体结构安全	各组成部分至少 1 个 b 级
C 级	部分承重结构不能满足正常使用要求，局部出现险情，构成局部危房	各组成部分至少 1 个 c 级
D 级	承重结构已不能满足正常使用要求，房屋整体出现险情，构成整幢危房	各组成部分至少 1 个 d 级

对上部结构为砖土混合承重、泥浆砌筑的砖木、石木结构的农房，即使观感完好，但存在潜在原始缺陷，不应评为 A 级。当既有房屋建设场地被判定为危险时，可直接鉴定为 D 级。

16.2.7　防灾措施鉴定

对房屋危险程度鉴定时，还应对农房进行防灾措施鉴定，根据鉴定结果分为具备防灾措施、部分具备防灾措施、完全不具备防灾措施 3 个等级。应因地制宜根据主要灾种提出防灾措施鉴定要求。8度及以上高地震烈度区应对抗震构造措施着重进行鉴定。

抗震构造措施鉴定主要检查以下项目是否符合，进行综合判断并分级：

1. 墙体承重房屋基础埋置深度不宜小于500mm，8度及以上设防地区应设置钢筋混凝土地圈梁。

2. 8度及以上设防地区，砌体墙承重房屋四角应设置钢筋混凝土构造柱。

3. 8度及以上设防地区的房屋，承重墙顶或檐口高度处应设置钢筋混凝土圈梁；6度、7度设防地区的房屋，宜根据墙体类别设置钢筋混凝土圈梁、配筋砂浆带圈梁或钢筋砖圈梁；现浇钢筋混凝土楼板可兼做圈梁。

4. 8度及以上设防地区，端开间及中间隔开间木构（屋）架间应设置竖向剪刀撑，檐口高度应设置纵向水平系杆。

5. 承重窗间墙最小宽度及承重外墙尽端至门窗洞边的最小距离不应小于900mm。

6. 承重墙体最小厚度，砌体墙不应小于180mm，料石墙不应小于200mm，生土墙不应小于240mm。

7. 后砌砖、砌块等刚性隔墙与承重结构应有可靠拉结措施。

对砖木混杂结构的农房等应鉴定为“部分具备防灾措施”或“完全不具备防灾措施”两个等级。

16.2.8 鉴定结果处置

危险房屋指部分承重构件被鉴定为危险构件，或结构已严重损坏、处于危险状态，局部或整体不能满足安全使用要求的房屋，通常指C级和D级。按照有关文件和规范要求，C级建筑应加固改造，D级建筑应重新建造。

第3节 农房改造加固

16.3.1 改造加固原则

安全可靠，经济合理，便于施工。

16.3.2 改造加固基本思路

1. 地下整体牢靠（减少不均匀沉降）。

2. 主体结构连接更加可靠（使房屋整体稳固），内部残损构件补强（提高骨架承载能力）。

3. 屋面与外墙防水（提高防水防潮等耐久性能）不渗漏。

16.3.3 改造加固要求

农村危房应按照现行行业标准《农村危险房屋加固技术标准》JGJ/T 426进行改造加固。

1. 新增构件应合理布置，使加固后结构体系的质量和刚度分布均匀、对称，防止局部过度加强而导致结构刚度或强度的突变，避免对未加固部分和相关的结构构件、地基基础造成不利的影响。

2. 房屋竖向承重构件的加固处理。应综合考虑构件的竖向承载能力、抗侧能力和支承作用。新增的墙、柱等竖向承重构件宜使原房屋结构平面布局均匀规则，沿竖向应上下连续并设置可靠的基础。

3. 应采取有效措施，保证新增构件及部件与原结构可靠连接，构件的新增截面与原截面形成整体，共同工作。

4. 加固维修所用材料与原结构材料相同时，其强度等级不应低于原结构材料的实际强度等级。节点改造维修时连接部位的强度和变形能力不应低于被连接构件的强度和变形能力。

5. 维修施工时应避免或减少对原结构或构件的损伤。维修施工过程中发现原结构或构件有严重缺陷时，应在改造维修过程中一并处理，消除缺陷。

6. 维修施工过程中应采取临时支护安全措施，避免可能导致的房屋倾斜、开裂或局部倒塌。

7. 墙体裂缝采用压力灌浆修复补强时，应控制灌浆压力和速度，避免造成其他部位开裂。

16.3.4　地基基础加固

1. 要求

（1）农房地基基础加固前，应对农房地基基础及上部结构危险性鉴定，并制定加固施工方案。

（2）地基基础加固工程在施工及使用期间，应对房屋进行沉降观测，直至沉降达到稳定或达到加固设计要求。

（3）为保证新旧基础连接牢固，灌注混凝土前应将原基础凿毛。

（4）对条形基础加宽应采取分批、分段、间隔施工。

（5）用砖砌体扩大基础底面积时，新扩部分与原有部分应咬砌，基础顶部与墙体连接部位应重新砌筑。

（6）注浆加固时，沿条形基础纵向布置不少于 2 排的钻孔。

2. 加固方法（表 16-4）

地基基础加固方法、适用范围及技术途径　　**表 16-4**

加固方法	适用范围	技术途径
地基注浆加固	地基不均匀沉降、冻胀或其他原因导致裂损的建筑物	将水泥浆或其他化学浆液注入松散土层、裂隙或空洞中，浆液凝结后对地基起到固化、堵塞作用
石灰桩	增大地基承载力，减小沉降；地下水位以下的黏性土、粉土、松散粉细砂，淤泥、淤泥质土、杂填土或黄土等土体	采用石灰桩对基础两侧地基进行加固
坑式静压桩	增大地基承载力，减小沉降；淤泥、淤泥质土、黏性土、粉土、湿陷性黄土和人工填土且地下水位较低的地基	先在房屋一侧挖竖向坑，再压入预制桩，然后将预制桩与原基础浇筑成整体
扩大基底面积	地基承载力不足、不均匀沉降、变形过大等需要增大基础底面积，且基础埋深较浅，基础具备扩大条件	将原基础全部或部分挖开，浇筑混凝土形成基础外套，以扩大基底面积，增强基础强度与刚度
局部托换	粉质黏土、黏土和一般人工填土	在原基础两侧挖坑并另做新基础，然后通过钢筋混凝土抬梁将墙体荷载部分转移到新基础上

16.3.5　砖和砌块砌体结构加固

1. 加固要求

（1）适用于砖砌体和砌块砌体承重的农村房屋的加固。

（2）砌体结构加固设计应符合现行国家标准《砌体结构设计规范》GB 50003 的有关规定；承载力的验算应符合现行国家标准《砌体结构加固设计规范》GB 50702 的有关规定，并应满足正常使用功能的要求。

2. 改造加固方法（表 16-5）

砌体结构加固方法及适用范围　　**表 16-5**

加固方法	适用范围
增设砌体扶壁柱	砌体构件承载力不足；高厚比不满足要求、需要提高稳定性
钢筋网水泥砂浆面层	砌体构件承载力不足
采用增设圈梁、构造柱	房屋整体性承载不满足要求
增设梁垫	砌体局部承压能力不满足
填缝、压浆、外加网片等砌体裂缝修补	砌体结构、构件的裂缝
局部砌体置换	砌体构件局部破损、开裂或局部风化、剥蚀等部位

（1）墙体间捆绑式加固（表 16-6）

墙体间加固方法及技术途径　　**表 16-6**

加固方法	技术途径
配筋砂浆带整体加固	在纵横墙连接部位或房屋四角设置竖向配筋砂浆带，在墙根、墙顶、窗台处或洞口过梁位置处设置水平配筋砂浆带，水平与竖向砂浆带对房屋形成空间“整体捆绑”式加固
型钢整体加固	在纵横墙连接部位、房屋四角采用角钢或钢板进行竖向加固，在墙根、墙顶、窗台处或洞口过梁位置处进行水平加固，水平与竖向加固构件焊接形成整体
钢拉杆加固	在横墙顶部或纵墙顶部设置水平钢拉杆，将房屋进行水平“捆绑”，以提高整体性
墙揽加固	在墙外侧设置墙揽（可采用角钢、槽钢、自制铁件或木板制作），通过穿墙铁丝或钢筋与内墙或主体结构拉接。（适用于各种墙体承重结构，或木构架承重、围护墙为土墙、砖墙或石墙的结构）

（2）楼（屋）盖与墙体连接加固（表 16-7）

楼盖与墙体连接加固方法及技术途径　　**表 16-7**

加固方法	技术途径
角钢支托加固	在承重墙顶（梁、檩或板底）采用穿墙螺栓固定角钢，增加梁、檩或楼板的支承长度
木夹板加固	对无拉结或拉结不牢的后砌隔墙，可在隔墙顶部采用木夹板进行加固，防止地震时倒塌
墙揽加固	在墙外侧设置墙揽（可采用角钢、槽钢、自制铁件或木板制作），通过穿墙铁丝或钢筋与屋（楼）面构件拉接
硬山搁檩加固	在山尖墙顶部设置爬山圈梁；在山墙中部增设扶壁柱进行稳定性加固；在脊檩下面设置竖向剪刀撑加强；或山墙外设置墙揽

（3）砖石墙体加固与修复（表 16-8）

砖石墙体加固方法及技术路线　　**表 16-8**

加固方法	技术途径
砂浆面层加固	在墙体的一侧或两侧采用水泥砂浆面层、钢丝网水泥砂浆面层加固
配筋砂浆带加固（局部）	当不需要对整面墙体进行加固时，可采用此法对墙体主要受力部位进行加固
重砌或增设墙体加固	对强度过低、现状质量很差的局部墙体可拆除重砌，横墙间距过大导致房屋抗震能力严重不足的可增设抗震横墙
增设扶壁柱加固	当墙体过长、过高或出现轻微歪斜时，可在墙体的一侧或双侧增设扶壁柱进行加固

续表

加固方法	技术途径
墙体裂缝修复	根据裂缝宽度、长度，采用局部抹灰或配筋抹灰、压力灌浆、拆砌等方法进行修复。裂缝较宽时，可先采用草泥塞填处理；裂缝宽度较小时，可采用水泥浆、石膏浆或水玻璃等材料灌缝处理
木龙骨加固	在生土墙体两侧表面刻槽，嵌入水平、竖向木龙骨或木板条，节点部位钻孔，采用穿墙螺杆将两侧木龙骨或木板条紧固

实际操作见图 16-2、图 16-3。

图 16-2　型钢加固

图 16-3　钢筋网水泥砂浆面层加固

16.3.6　石砌体结构加固

1. 要求

（1）适用于石砌墙体承重的农村房屋。

（2）石砌体结构的农村房屋的加固可通过加固墙体、加强墙体连接、减轻屋盖重量等方式来实现。

（3）石砌体结构加固设计应符合现行国家标准的有关规定。

2. 加固方法

（1）房屋承载力不满足要求，或承重墙体明显开裂、存在严重质量问题时，宜选择下列改造维修方法。

①对采用泥浆砌筑的、现状及质量较差的平毛石墙体，以及乱毛石及鹅卵石砌筑墙体可拆除重砌；重砌墙体的材料应采用料石或平毛石，砌筑砂浆应采用水泥砂浆或混合砂浆。

②当墙体砌筑砂浆强度等级偏低导致承载力不满足要求时，可在墙体的一侧或两侧采用钢筋网水泥砂浆面层改造维修；面层改造维修也可与压力灌浆结合用于有裂缝墙体的修复补强。

③对出现裂缝的石墙体，可根据裂缝开展宽度采用局部抹灰、压力灌浆、拆砌等方法进行修复，修复材料及施工做法应符合本文实心砖墙裂缝修补的相关规定。

（2）房屋的整体性连接不满足要求时，应选择以下改造维修方法。

山墙、山尖墙与龙骨、木屋架或檩条无拉结措施时，应增设墙揽改造维修。

（3）房屋中的易局部倒塌部位不满足要求时，宜选择以下改造维修方法：

跨度大于4.8m的屋架或大梁支承处未设壁柱时，应加设壁柱或采取其他加强措施。

（4）各种类别墙体厚度不满足抗震墙要求时，可采用双面钢丝网水泥砂浆面层。

16.3.7　木结构加固

1. 要求

（1）适用于木柱木屋架结构、木柱木梁结构、穿斗木构架的农村房屋的加固，以及其他结构中的木构件的加固。

（2）新增木柱下应设基座，基座可为柱脚石或混凝土基座，柱脚与基座间可采用石销键或石榫连接，也可以采用木销键或铁件连接。

（3）木柱同一高度处不应纵横向同时开槽，任一截面开槽时，面积不应超过截面总面积的1/2。

（4）处于房屋隐蔽部位的木构件，应设置通风洞口。木构件与生土墙、砖石砌体或混凝土构件接触处应作防腐处理。

（5）不宜采用木柱与围护墙体混合承重的结构形式。

（6）加固施工中拆除屋面防水层及围护结构时，应做好防雨、防晒等的防护措施。

2. 加固方法（表16-9）

木结构加固方法及技术途径　　表16-9

加固方法	技术途径
木构件嵌补	木构件纵向干缩裂缝较大时，可用楔状木条嵌补，并采用胶粘剂粘牢，木构件表面局部轻微糟朽，将糟朽部分剔除干净后，也可用上述方法嵌补。嵌补后必须采用铁箍、卡箍或铁丝紧固
扒钉等加固	柱梁（枋）节点、梁檩节点、檩椽节点、屋架节点有变形、松动或不符合连接要求时，可采用扒钉、粗铁丝、扁铁、木夹板等材料进行加固
斜撑加固	为提高木屋架的整体性，可在屋架之间设置竖向剪刀撑，在屋架跨中设置纵向水平系杆；木构架出现整体歪斜时，可在木柱之间设置斜撑；木构件节点间也可设置小斜撑，增强抗转动能力
墩接加固	将木柱根部糟朽部分截掉，换成新木料，一般采用半榫搭接。也可采用石墩或混凝土墩
砌墙加固	对南方穿斗式木结构，可在木柱之间砌筑部分墙体（砖墙或石墙），以增强房屋抗侧移能力
构件更换	木柱、木梁、木檩条、木椽子等木构件严重腐朽、虫蛀时，应更换或增设新构件；更换时应有临时支撑

16.3.8　混凝土结构加固（表16-10）

混凝土加固方法、适用范围及技术途径　　表16-10

加固方法	适用范围	技术途径
增大截面	构件受弯、受压承载能力不满足要求	用后浇混凝土将梁、柱等围套，增大构件截面
粘贴纤维复合材、粘贴钢板	构件受弯、受剪、受压承载能力不满足要求	沿构件粘贴纤维织物的方式，将钢板粘贴于构件混凝土表面
外粘型钢	构件受弯、受压承载能力不满足要求	在构件截面的四隅粘贴型钢
增设构件	构件受弯承载能力不满足要求	增设构件减小跨度、改变传力途径
置换混凝土	构件受压区混凝土强度偏低或混凝土有严重缺陷	先剔除置换区原混凝土，然后浇筑新混凝土
修补	混凝土外观质量缺陷、构件裂缝	用高一个强度等级的无收缩细石混凝土或修补胶液进行浇筑原混凝土表面

第 17 章　脚手架与起重机械

第 1 节　扣件式钢管脚手架

17.1.1　脚手架分类

1. 按搭设位置分，分为外脚手架和里脚手架。

2. 按材料分，分为木脚手架、竹脚手架和钢管脚手架等（图 17-1、图 17-2）。

图 17-1　竹脚手架

图 17-2　钢管脚手架

3. 按设置形式分，分为单排、双排、满堂脚手架等。

4. 按连接方式分，扣件式、碗扣式和承插式脚手架。

落地式双排钢管脚手架是乡村自建房施工常采用的砌筑脚手架，少部分使用木、竹脚手架。室内装饰施工常采用折叠脚手架或门架（图 17-3）。

图 17-3　门式脚手架

17.1.2　脚手架的基本要求

1. 具有稳定性，满足施工设计承载要求。

2. 安全可靠，基本杆件有效连接，满足抗倾覆要求。

3. 满足施工操作要求，应具有安全防护功能。

4. 拆装方便，能够多次周转使用，节约施工成本。

17.1.3　落地式钢管脚手架的构架

脚手架的构架由基本杆件、整体稳定和抗侧力杆件、连墙件和卸载装置、作业层设施、其他安全防护设施等五部分组成（图 17-4）。

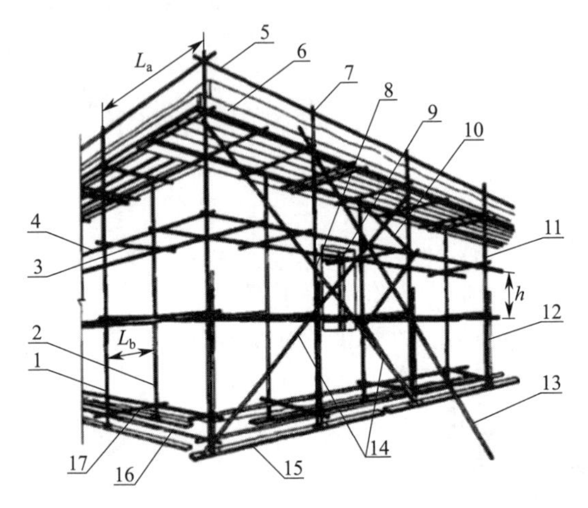

图 17-4　落地式脚手架

1—外立杆；2—内立杆；3—横向水平杆；4—纵向水平杆；5—栏杆；6—挡脚板；7—直角扣件；8—旋转扣件；9—连墙件；10—横向斜撑；11—主立杆；12—副立杆；13—抛撑；14—剪刀撑；15—垫板；16—纵向扫地杆；17—横向扫地杆

17.1.4　扣件式钢管脚手架构及配件

1. 钢管

脚手架的钢管应采用符合国家标准的 Q235 普通钢，规格为 48×3.6，材质符合《碳素结构钢》规定（图 17-5）。

2. 底座

脚手架的底座可以采用长条木板和标准底座，也可以使用焊接底座（图 17-6、图 17-7）。

图 17-5　木板垫板

图 17-6　标准底座

图 17-7　焊接底座

3. 扣件

扣件应采用可锻铸铁或铸钢制作，其质量和性能应符合现行国家标准规定，采用其他材料制作的扣件，应经试验证明其质量符合该标准的规定后方可使用。扣件在螺栓拧紧扭力矩达到 65N・m 时，不得发生破坏。扣件形式见表 17-1。

扣件形式　　**表 17-1**

扣件形式	应用	图例
直角扣件	两根垂直交叉钢管的连接，如立杆与横杆连接	
对接扣件	两根钢管对接的扣件，如立杆对接	
旋转扣件	两根任意角度的钢管连接，如剪刀撑与立杆连接	

17.1.5 扣件式双排钢管脚手架搭设

1. 搭设流程

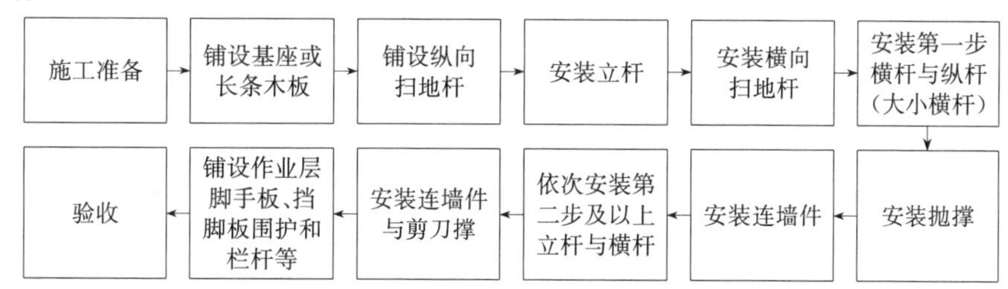

2. 施工准备

（1）搭设前，应对场地夯实平整，周边设置排水措施。

（2）搭设作业应由架子工操作，架子工应佩戴个人防护用品，应穿防滑鞋，并按设计方案对架子工进行技术交底。

（3）搭设前严格检查脚手架杆件与配件，严禁使用不合格的钢管和扣件，严禁不同规格的钢管混用。

3. 安放底座或垫本

（1）底座、垫板均应准确地放在定位线上；

（2）垫板应采用长度不少于 2 跨、厚度不小于 50mm、宽度不小 200mm 的木垫板（图 17-8）。

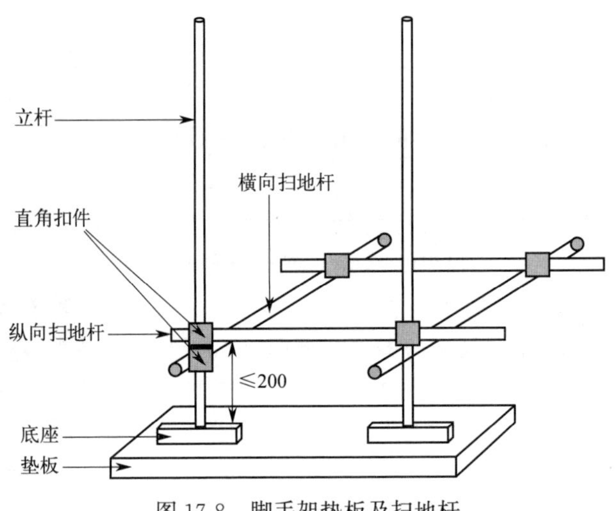

图 17-8　脚手架垫板及扫地杆

4. 安放纵向扫地杆

从一个角部开始沿两边延伸布置横向扫地杆。

5. 安装立杆与横向扫地杆

先用直角扣件安装立杆与横向扫地杆，再将纵向扫地杆安装在横向扫地杆上部，用扣件与立杆扣紧。可以自一端向另一端延伸。应自下而上按步逐层搭设，并逐层改变搭设方向。

（1）至少选择两种不同长度的立杆交错布置安装。

（2）双排脚手架立杆横距一般为 1.05～1.55m，砌筑脚手架步距一般为 1.20～1.35m，装饰或砌筑、装饰两用的脚手架一般为 1.80m，立杆纵距 1.2～2.0m。单排脚手架的立杆横距 1.2～1.4m，立杆纵距 1.5～2.0m。

（3）扫地杆距地面的高度不大于 200mm。纵向扫地杆宜设置在立杆的内侧，横向扫地杆用直角扣件固定在纵向扫地杆的下方。

6. 安装第一步横杆

同扫地杆安装方式，安装第一步大小横杆。

（1）小横杆用直角扣件搭在大横杆上。任何情况下不得拆除小横杆。作业层上非主节点处的横向水平杆，宜根据支承脚手板的需要等间距设置，最大间距不应大于纵距的 1/2。当使用木脚手板、竹串片脚手板时，双排脚手架的横向水平杆两端均应采用直角扣件固定在纵向水平杆上；单排脚手架的横向水平杆的一端应用直角扣件固定在纵向水平杆上，另一端应插入墙内，插入长度不应小于 180mm。当使用竹笆脚手板时，双排脚手架的横向水平杆的两端，应用直角扣件固定在立杆上；单排脚手架的横向水平杆的一端，应用直角扣件固定在立杆上，另一端插入墙内，插入长度不应小于 180mm。

（2）除顶步的立杆可以采用旋转扣件搭接外，其余各步立杆应采用对接扣件连接。对接扣件应交错布置，两根相邻立杆接头不应设在同步同跨内，不同步或不同跨两相邻立杆接头在高度方向错开的距离不应小于 500mm，各接头中心距主节点的距离不得小于步距的 1/3。立杆的顶端栏杆宜高出女儿墙上端 1m，宜高出檐口上端 1.5m（图 17-9）。

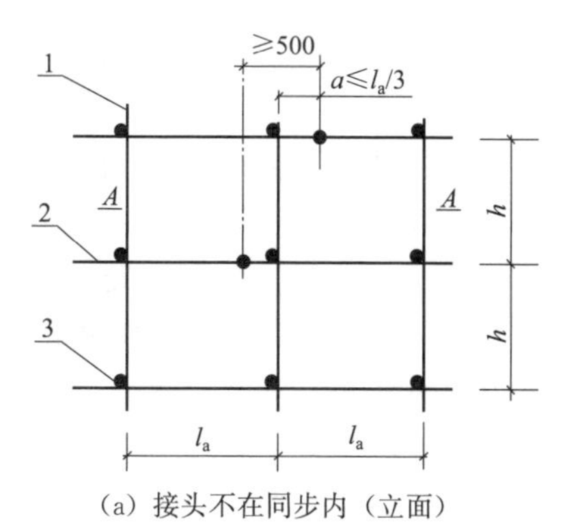

(a) 接头不在同步内（立面）

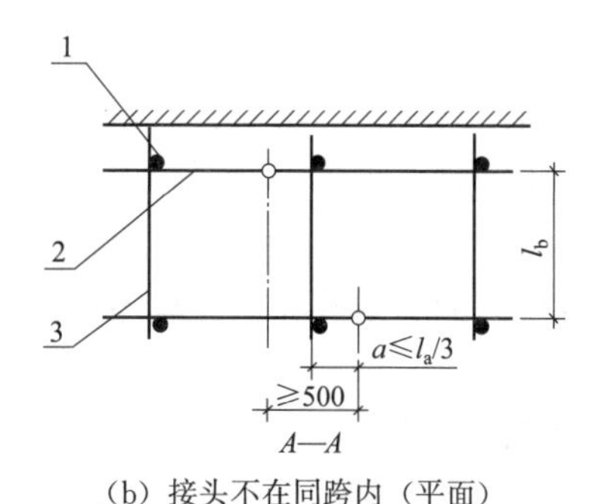

(b) 接头不在同跨内（平面）

图 17-9　立杆搭接

1—立杆；2—纵向水平杆（大横杆）；3—小横杆

(3) 单根纵向水平杆（大横杆）的长度不宜小于 3 跨。纵向水平杆可以搭接或对接。若采用对接，则对接扣件应交错布置；若采用搭接，搭接长度不应小于 1m，并应用 3 个旋转扣件等间距固定。两根相邻纵向水平杆的接头不应设置在同步或同跨内；不同步或不同跨两个相邻接头在水平方向错开的距离不应小于 500mm；各接头中心至最近主节点的距离不应大于纵距的 1/3。

(4) 脚手架主节点（即立杆、纵向水平杆、横向水平杆三杆紧靠的扣接点）处必须设置一根横向水平杆用直角扣件扣接且严禁拆除。主节点处两个直角扣件的中心距不应大于 150mm。

(5) 落地作业脚手架设应与主体结构工程施工同步，一次搭设高度不应超过最上层连墙件 2 步，且自由高度不应大于 4m。

7. 安装抛撑

安装脚手架的连墙件之前或无法安装连墙件时，应安装适量的抛撑，抛撑间距不超过 6 跨，与地面的倾角应在 45°～60°之间，连接点中心至主节点的距离不应大于 300mm。用旋转扣件固定在脚手架上，待连墙件搭设后方可拆除。

8. 依次安装二步及以上横杆和立杆

同第一步横杆安装方式相同。

9. 安装连墙件

当架体搭设至有连墙件的构造点时，在搭设完该处的立杆、纵向水平杆、横向水平杆后，应立即设置连墙件。

(1) 脚手架连墙件设置的位置、数量应满足规范的计算要求外，还应符合规定（表 17-2)。

连墙件布置最大间距　　**表 17-2**

搭设方法	高度(m)	竖向间距(h)	水平间距(l_a)	每根连墙件覆盖面积(m^2)
双排落地（两步三跨）	≤50	2	3	≤40
单排落地（三步三跨）	≤24	3	3	≤40

注：h—步距；l_a—纵距。

(2) 连墙件应优先采用菱形布置，或采用方形、矩形布置。靠近主节点设置，偏离主节点的距离不应大于 300mm。

(3) 开口型脚手架的两端必须设置连墙件，连墙件的垂直间距不应大于建筑物层高，且不应大于 4m。

(4) 连墙件中的连墙杆应呈水平设置，当不能水平设置时，应向脚手架一端下斜连接。

(5) 连墙件的安装应随作业脚手架搭设同步进行，每搭设完 1 步距架体后，应及时校正立杆间距、步距、垂直度及水平杆的水平度。

10. 安装剪刀撑或斜撑

(1) 双排脚手架应设置剪刀撑与横向斜撑，单排脚手架应设置剪刀撑。24m 以下的农房建设应在外侧两端、转角及中间间隔不超过 15m 的立面上，各设置 1 道剪刀撑，并应由底至顶连续设置。每道剪刀撑宽度不应小于 4 跨，且不应小于 6m，斜杆与地面的倾角应在 45°～60°之间。

(2) 剪刀撑斜杆的接长应采用搭接或对接。若采用对接，则对接扣件应交错布置；若采用搭接，搭接长度不应小于 1m，并应用 3 个旋转扣件等间距固定。

(3) 剪刀撑斜杆应用旋转扣件固定在与之相交的横向水平杆的伸出端或立杆上，旋转扣件中心线至主节点的距离不应大于 150mm。

(4) 开口型双排脚手架的两端均必须设置横向斜撑。

(5) 剪刀撑、斜撑杆等加固杆件应随架体同步搭设，不得滞后 2 步。

11. 铺设脚手板

(1) 作业层脚手板应铺满、铺稳、铺实。

(2) 木脚手板、竹串片脚手板等的长度不应少于三根横向水平杆间距。若长度小于 2m 时，可采用两根横向水平杆支承，但应将脚手板两端与横向水平杆用镀锌铁丝绑扎牢靠，严防倾翻。

(3) 脚手板的铺设应采用对接平铺或搭接铺设。若脚手板对接平铺，接头处应设两根横向水平杆，脚手板外伸长度应不大于 150mm，不少于 130mm，相邻两块脚手板外伸长度的和不应大于 300mm。若脚手板搭接铺设，接头应支在横向水平杆上，搭接长度不应小于 200mm，其伸出横向水平杆的长度不应小于 100mm。

(4) 作业层端部脚手板探头长度应取 150mm，其板的两端均应固定于支承杆件上。

12. 安装挡脚板与防护杆

(1) 挡脚板与防护杆应安装在立杆内侧。

(2) 操作层上应安装 2 道防护杆，上杆距纵向水平杆不少于 1100mm。挡脚板高度不少 200mm。

17.1.6 脚手架的使用

1. 脚手架的安全使用要求

(1) 作业脚手架层不得超载使用，雷雨天气、6 级及以上大风天气应停止架上作业，雨、雪、雾天气应停止脚手架的搭设和拆除作业，雨、雪、霜后上应清除架上积雪，采取有效的防滑措施方可作业。

(2) 严禁将支撑脚手架、缆风绳、混凝土输送泵管、卸料平台及大型设备的支承件等固定在作业脚手架上。严禁在作业脚手架上悬挂起重设备。

（3）遇到下列情况之一时，应对脚手架进行检查，确认安全后方可继续使用。

①承受偶然荷载后。

②遇有 6 级及以上强风后。

③大雨、雪后。

④冻结土解冻后。

（4）脚手架在使用过程中出现安全隐患时，应及时排除。当出现下列状态时，应立即撤离作业人员，并应及时检查处置。

①杆件、连接件因超过材料强度破坏，或因连接节点产生滑移，或因过度变形而不适于继续承载。

②脚手架杆件发生失稳或部分结构失去平衡。

③脚手架发生倾斜。

④地基部分失去继续承载的能力。

（5）支撑脚手架在浇筑混凝土工程结构件安装等施加荷载的过程中，架体下严禁有人。

（6）脚手架使用期间，严禁在脚手架立杆基础下方及附近实施挖掘作业。

（7）砌筑等作业时，不得进行交叉作业。

2. 脚手架眼留设

单排施工脚手架眼不得设置在下列墙体或部位。

（1）120mm 厚墙、清水墙、料石墙、独立柱和附墙柱。

（2）过梁上部与过梁成 60°角的三角形范围及过梁净跨度 1/2 的高度范围内。

（3）宽度小于 1m 的窗间墙。

（4）门窗洞口两侧石砌体 300mm，其他砌体 200mm 范围内；转角处石砌体 600mm，其他砌体 450mm 范围内。

（5）梁或梁垫下及其左右 500mm 范围内。

（6）设计不允许设置脚手眼的部位。

（7）其他不允许留设脚手眼的情况。

17.1.7　脚手架拆除

1. 脚手架拆除前，应清除作业层上的堆放物。

2. 脚手架的拆除作业应符合下列规定：

（1）架体拆除应按自上而下的顺序按步逐层进行，不应上下同时作业。

（2）同层杆件和构配件应按先外后内的顺序拆除；剪刀撑、斜撑杆等加固杆件应在拆卸至该部位杆件时拆除。

（3）作业脚手架连墙件应随架体逐层、同步拆除，不应先将连墙件整层或数层拆除后再拆架体。

（4）作业脚手架拆除作业过程中，当架体悬臂段高度超过 2 步时，应加设临时拉结。

3. 作业脚手架分段拆除时，应先对未拆除部分采取加固处理措施后再进行架体拆除。

4. 架体拆除作业应统一组织，并应设专人指挥，不得交叉作业。

5. 严禁高空抛掷拆除后的脚手架材料与构配件。

第2节　里脚手架

里脚手架是搭设在建筑物内部地面或楼面上的脚手架，用于建筑内容的砌墙、装饰等。常用的里脚手架构造形式有折叠式、支柱式和门式脚手架等（图17-10、图17-11）。里脚手架应轻便灵活、装拆方便。

17.2.1　折叠式里脚手架

图17-10　折叠马凳脚手架

图17-11　人字梯

其架设间距，砌墙时不超过2m，抹灰时不超过2.5m。根据施工层高，沿高度可以搭设两步脚手，第一步高约1m，第二步高约1.65m。

17.2.2　支柱式脚手架

支柱式里脚手架由支柱和横杆组成，上铺脚手板。搭设间距：砌墙时不超过2.0m，抹灰时不超过2.5m。

套管式支柱由立管、插管等组成。搭设时插管插入立管中，以销孔间距调节高度。插管顶端的U形支托上可搁置方木横杆以铺设脚手板。其搭设高度为1.57～2.17m。

承插式支柱，其立管上焊有承插管，用于与横杆的销头插接。其搭设高度为1.2m、1.6m、1.9m，当搭设第三步时要加销钉以保安全。

17.2.3　门式脚手架

1. 门式脚手架类型

门式脚手架有固定式和可移动式两种类型脚手架。

2. 要求

（1）用于砌筑、装饰装修、维修的可移动门式作业架搭设高度不宜超过8m，高宽比不应大于3，施工荷载不应大于1.5kN/m。

（2）移动门式作业架在门架平面内方向门架列距不应大于1.8m，架体宜搭设成方形结构，当搭设成矩形结构时，长短边之比不宜大于3∶2。

（3）移动门式作业架应按步在每个门架的两根立杆分别设置纵横向水平加固杆，应在底部门架立杆上设置纵横向扫地杆。

（4）移动门式作业架应在外侧周边、内部纵横向间隔不大于4m连续设置竖向剪刀撑，应在顶层、扫地杆设置处和竖向间隔不超过 2 步分别设置 1 道水平剪刀撑。

（5）当架体的高宽比大于 2 时，在移动就位后使用前应设抛撑。

（6）架体上应设置供施工人员上下架体使用的爬梯。

（7）架体顶部作业平台应满铺脚手板，周边应设防护栏杆和挡脚板。

（8）架体应设有方向轮。在架体移动时，应有架体同步移动控制措施。在架体使用时，应有防止架体移动的固定措施。

第 3 节　起重机械

17.3.1　起重机（吊车）

1. 类型

起重机有汽车式起重机、履带吊、行吊等。

2. 起重机选择

起重机应根据现环境条件、现场平面布置、被吊物的尺寸与重量、吊车位置从起重量、起重高度、工作幅度等方面选择起重机规格（表 17-3）。

常用起重机吊装参数　　**表 17-3**

序号	吊装吨位(t)	臂长(m)	吊装高度(主吊/副吊 m)
1	5	6.5	22
2	8	22.1	30
3	12	29	23.04/29
4	16	38.3	31.08/38.5
5	20	41	33.5/41.5
6	25	47.2	39/47
7	30	48	40.5/48.5.
8	35	56	41.7/56.4

17.3.2　龙门架（图 17-12）

图 17-12　龙门架

1. 龙门架构造

根据《龙门架及井架物料提升机安全技术规范》JGJ 88 规定，龙门架主要用于 30m 以下建筑施工的物料运输。其架体构造如下。

2. 现场准备

（1）龙门架的基础已完成，地锚已预先埋好，周边设置排水措施。

（2）临时用电已铺设好。

（3）防护棚及安全围挡搭设完毕。

3. 安装

（1）安装流程

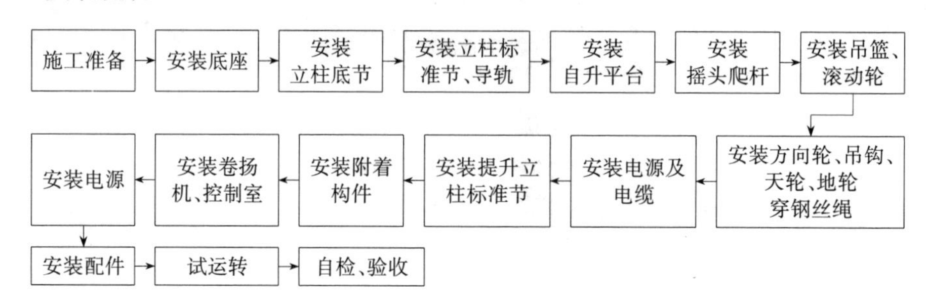

（2）安装要点

①安装前完成龙门架钢筋混凝土基础施工，并预埋好地脚螺栓。龙门架的基础尺寸一般是18000mm×24000mm（视具体情况而定），埋深≥300mm，周边应有排水设施。基础土层的承载力不应小于80kPa，基础混凝土强度等级不应低于C20。基础表面应平整，水平度不应大于10mm。

②将底座安放在基础顶面并调整，拧紧螺母固定好。

③安装立柱底节底座，安装时应采用缆风绳等临时固定，节点及支承点用螺栓连接固定，不能用铁丝绑扎。

④安装第1组、第2组立柱标准节。安装标准节时立柱两边应交替进行，节点用螺栓连接固定，以免节点松动。不得漏装，不得随意开孔或扩孔。安装完成后，应检查立柱垂直度。立柱应与导轨相接处不能出现折线和过大间隙，防止运行中产生撞击。

⑤立柱安装到预定高度后，安装自升平台（天梁、横梁）。自升平台中心线与立柱的中心线重合。

a. 兼做天梁的自升平台在物料提升机正常工作状态时，应与导轨架刚性连接。

b. 自升平台的导向滚轮应有足够的刚度。并应有防止脱轨的防护装置。

c. 自升平台的传动系统应具有自锁功能，并应有刚性的停靠装置。

d. 平台四周应设置防护栏杆，上栏杆高度宜为1.0～1.2m，下栏杆高度宜为0.5～0.6m，在栏杆任一点作用1kN的水平力时，不应产生永久变形。挡脚板高度不应小于180mm，且宜采用厚度不小于1.5mm的冷轧钢板。

e. 自升平台应安装渐进式防坠安全器。

f. 自升平台钢丝绳直径不应小于8mm，安全系数不应小于12。

⑥安装摇头爬杆。

⑦安装吊篮（吊笼）。吊篮应有自动停层功能，停层后吊篮底板与停层平台的垂直高度偏差不应超过30mm。防坠安全器应为渐进式。应具有自升降安拆功能。

⑧重复③安装第3组及以上立柱标准节。

⑨安装缆风绳或附着杆件。在主体施工过程中墙体结构预埋架体的连接件，以每两层预埋一个连接件，在主体的顶部设一组附墙架。高度小于30m的架体可以采用缆风绳，其直径不应小于8mm，安全系数不应小于3.5。缆风绳宜设在导轨架的顶部，当中间设

置缆风绳时，应采取增加导轨架刚度的措施。缆风绳与水平面夹角宜在 45°～60°之间，并应采用与缆风绳等强度的花篮螺栓与地锚连接。

⑩安装定向滑轮、天轮、地轮和滑轮吊钩等，并穿好钢丝线，接好联动安全机构。穿绕钢丝绳，采用双绳起重。架体的导向滑轮与底座之间采用螺栓刚性联结。钢丝绳的选用应符合现行国家标准。

a. 提升吊笼钢丝绳直径不应小于 12mm，安全系数不应小于 8。安装吊杆钢丝绳直径不应小于 6mm，安全系数不应小于 8。

b. 当钢丝绳端部固定采用绳夹时，绳夹规格应与绳径匹配，数量不应少于 3 个，间距不应小于绳径的 6 倍，绳夹夹座应安放在长绳一侧，不得正反交错设置。

⑪安装卷扬机和操作控制室。卷扬机的卷筒节径与钢丝绳直径的比值不应小于 30。卷筒两端的凸缘至最外层钢丝绳的距离不应小于钢丝绳直径的两倍。钢丝绳在卷筒上应整齐排列，端部应与卷筒压紧装置连接牢固。当吊笼处于最低位置时，卷筒上的钢丝绳不应少于 3 圈。卷扬机应设置防止钢丝绳脱出卷筒的保护装置。该装置与卷筒外缘的间隙不应大于 3mm，并应有足够的强度。

⑫安装限高、防坠落、防护门等防护措施。在卷扬机卷筒上安装超高限位器；在架体上安装停靠装置和防坠落装置；吊盘前后设安全门，安全门落到底；两侧设 1m 高的挡板或挡网。

⑬调试运转。试运转时，应注意其运行情况，如有异常，应立即停机检修。应检查各构、部件是否正常工作，如有故障应及时排除。

4. 龙门架拆除

（1）先拆除支架。

（2）放下吊篮，再落天梁，即将手动卷扬机的提升滑轮置于立柱顶部，先稍向上提起平台，拉动自翻卡板尾部绳子使卡板倾斜。反摇手动卷扬机使平台下移一个标准节，放松卡板尾绳，使平台卡在下移的标准节上，从柱顶取下提升滑轮置于平台上，并上升吊篮。

（3）用趴杆将上一节标准节卸下，放入已上升的吊篮，卸下的标准节运至地面卸下来，再按步骤 2 放下下一个标准节，如此重复，将标准节一组一组拆下去。

（4）当需要拆哪一组附着时就拆哪一组，不可把所有附着架同时拆除，以防止拆架时晃动。

（5）拆到只有两组标准节时，就开始拆下吊篮，卷扬机、撑杆、放下平台，卸标准节，压梁。

17.3.3　小型提升吊机（图 17-13）

图 17-13　小型提升机

1. 特点

（1）安装、拆卸方便。

（2）提升、搬运物品效率高。

（3）操作简单，降低劳动强度，经济实用。

（4）安全性较高。

（5）具有良好的稳定性，防止重物滑动。

2. 安装要点

（1）安装楼面应坚实、整平。

（2）安装底座，并固定牢靠。

（3）安装立柱，用螺栓紧固。

（4）安装拉杆，与立柱和底座连接。

（5）将旋转支架安装在立柱顶部，旋转螺栓固定好。

（6）将支架安装在旋转架端部，调节好支架高度。

（7）将电动卷扬机安装在旋转架另一端，用螺栓紧固。

（8）安装钢丝绳。

第三篇

实训操作

第18章　实训操作

第1节　砌筑工实训实操

18.1.1　实训实操要求

1. 掌握砌筑操作的基本要点、识图和构造的基本知识，看懂部分施工图，熟悉本工种常用工具、设备的性能、维护方法，并能审核图纸。

2. 掌握砖混结构理论知识，掌握本工种材料的物理、化学性能及使用知识，各种砌筑砂浆的配合比、技术性能、使用部位、掺外加剂的一般规定和调制。

3. 掌握常用砌体材料、胶结材料（包括细骨料）和屋面材料的种类、规格、质量、性能及使用方法，墙体的各种施工方法，了解与本工种有关的新技术、新工艺及发展情况。

4. 掌握预防、处理本工种施工质量安全事故的方法，懂得质量标准，会用检测工具，并能对可能发生的质量通病进行预防和控制。

5. 了解本工种安全操作技术规程，施工验收规范，冬期、雨期施工的有关知识，具备安全自身防备的能力。

18.1.2　实训实操模块

根据提供的基础施工图，砌筑3m长的条形基础或6m长的砖墙体。

18.1.3　实训实操内容

1. 施工图

主要包括建筑施工平面图、立面图、剖面图、详图的基本内容，与工种有关的施工图中的轴线、标高部位、尺寸，民用建筑房屋的构件、部件组成及作用，本工种分部、分项的构造和做法。

2. 砌筑常用工具和设备

主要包括水平尺的使用方法，托线板、线坠、钢卷尺的使用，塞尺、百格网、阴阳角方尺的检测使用方法，砂浆搅拌机操作的基本要求，井架、龙门架、卷扬机操作和使用要求。

3. 砖砌体实训内容

主要包括实心砖砌体的组砌形式，砖基础的组砌形式，砌块砌体的组砌形式，组砌和摆砖。

4. 砖砌体的传统操作方法

主要内容包括砌筑的操作工艺要点，砌筑的操作工艺顺序，砌筑质量标准和检验评定。

18.1.4　评价标准

1. 操作时间：3h。

2. 完成工程量：$4m^3$ 含窗洞口的板墙。

3. 考核项目及评分标准（表 18-1）。

砌筑工实操考核表　　表 18-1

序号	评分项目	应得分	考核要求	评分方法
1	砖	5		选砖质量达不到要求无分，每处 0.5 分
2	砌筑方法和程序	10		不盘角和不挂准线无分，准线挂法不正确扣 1～3 分
3	墙面垂直度	15	允许偏差 5mm	超过 5mm 每处扣 2 分，3 处以上及 1 处超过 15mm 者不得分
4	墙面平整度	15	允许偏差 8mm	超过 8mm 每处扣 2 分，3 处以上及 1 处超过 15mm 者不得分
5	水平灰缝平直度	15	允许偏差 10mm	超过 10mm 每处扣 2 分，3 处以上及 1 处超过 20mm 者不得分
6	水平灰缝厚度	10	允许偏差±8mm	10 匹砖累计超过 8mm 每处扣 2 分，3 处以上及 1 处超过 15mm 者不得分
7	墙体总高度	10	允许偏差±15mm	超过 15mm 每处扣 2 分，3 处以上及 1 处超过 25mm 无分
8	清水墙面游丁走缝	10	允许偏差 20mm	超过 20mm 每处扣 2 分，3 处以上及 1 处超过 35mm 无分
9	砂浆饱满度	10	不少于 80%	小于 80%每处扣 2 分，4 处以上无分
10	合计	100 分		

第 2 节　钢筋工实训实操

18.2.1　实训操作要求

1. 了解钢筋工程材料的性能、用途、分类。

2. 掌握钢筋下料长度计算。

3. 熟悉钢筋的加工工艺过程。

4. 熟练掌握钢筋连接与安装。

5. 掌握预防、处理本工种施工质量安全事故的方法，懂得质量标准，会用检测工具，并能对可能发生的质量通病进行预防和控制。

6. 了解本工种安全操作技术规程，施工验收规范，冬期、雨期施工的有关知识，具备安全自身防备的能力。

18.2.2　实训实操模块

根据提供的结构施工图，完成钢筋加工或安装柱、梁、板钢筋。

18.2.3　实训实操内容

1. 钢筋图的识读。

2. 钢筋加工工器具的使用。

3. 钢筋的除锈、调直、截断、弯制和绑扎。

4. 钢筋的下料长度计算。
5. 柱、梁、板钢筋安装。

18.2.4　评价标准

1. 操作时间：3h。
2. 完成工程量：梁或柱构件。
3. 考核项目及评分标准。
(1) 钢筋加工考核（表18-2）。

钢筋工实操考核表　　**表18-2**

序号	评分项目	应得分	考核要求	评分标准
1	钢筋下料长度	6	允许偏差±5mm	每点超1mm扣1分，每处最多扣3分
2	钢筋制作长度	8	允许偏差±5mm	每点超1mm扣1分，每处最多扣4分
3	钢筋180°弯钩长度	10	平直部分(+0.5d、−0)	每点超1mm扣一分，每处最多5分
4	钢筋180°弯心直径	10	弯心直径(+0.5d、−0)	每点超1mm扣一分，每处最多扣5分
5	弯曲钢筋制作	10	制作平整、角度正确(角度允许偏差5°，翘曲允许偏差5mm)	角度超误差扣2分，翘曲超误差，扣3分
6	弯曲钢筋各部尺寸	10	允许偏差±5mm	每点超1mm扣1分，每处最多扣5分
7	末端135°弯钩角度	8	弯钩正确(−5°、+0)	每点不正确扣4分
8	箍筋平直段	9	允许偏差(+d、−0)	每点超1mm扣1分，每处最多扣3分
9	箍筋方正	9	符合要求	不方正一个扣3分
10	箍筋宽度(内径)	10	允许偏差±5mm	每点超1mm扣1分，每处最多扣5分
11	箍筋高度(内径)	10	允许偏差±5mm	每点超1mm扣1分，每处最多扣5分
合计		100分		

(2) 钢筋绑扎、安装考核（表18-3）。

钢筋工实操考核表　　**表18-3**

序号	评分项目	应得分	考核要求	评分标准
1	骨架的宽度	13	允许偏差±5mm	每超1mm扣1分，扣完为止
2	骨架的高度	13	允许偏差±5mm	每超1mm扣1分，扣完为止
3	骨架的长度	9	允许偏差±5mm	每超1mm扣1分，扣完为止
4	受力筋间距	13	允许偏差±5mm	每超1mm扣1分，扣完为止

续表

序号	评分项目	应得分	考核要求	评分标准
5	箍筋间距	9	允许偏差±5mm	每超 1mm 扣 1 分，扣完为止
6	钢筋弯曲点位移	13	允许偏差±5mm	每超 1mm 扣 1 分，扣完为止
7	箍筋与主筋相互垂直	6	相互垂直	不垂直每处扣 2 分，扣完为止
8	钢筋布置	6	钢筋规格、数量、尺寸符合要求，弯钩朝向正确	观察扣分，不符合要求每处扣 1 分，扣完为止
9	钢筋绑扎	9	绑扣正确，无缺扣、松扣	检查，不符合要求每处扣 0.5 分，扣完为止
10	成型整体质量	3	整体观感好；扎丝绑扎方向、尾丝等整齐、不乱	扎丝杂乱、整体观感差酌情扣分
11	安全文明施工	4	工完场清无事故	出现事故无分，工完场未清无分或酌情扣分，动态检查
12	材料节约	2	余料为整料，绑扎不浪费	碎料及绑丝浪费无分或酌情扣分
合计		100 分		

第 3 节　模板工实训实操

18.3.1　实训操作要求

1. 了解木模板、钢模板制作安装施工准备工作的内容。
2. 能进行模板配料计算。
3. 熟悉木模板、钢模板制作工艺。
4. 熟悉模板安装工艺。
5. 掌握模板制作安装质量检验。
6. 掌握预防、处理本工种施工质量安全事故的方法，懂得质量标准，会用检测工具，并能对可能发生的质量通病进行预防和控制。
7. 了解本工种安全操作技术规程，施工验收规范，冬期、雨期施工的有关知识，具备安全自身防备的能力。

18.3.2　实训实操模块

根据提供的模板施工图，完成梁、柱模板的加工与安装。

18.3.3　实训实操内容

1. 模板施工图的识读。
2. 模板制作、安装工器具的使用。
3. 根据图纸进行梁、柱模板配料计算。
4. 梁、柱模板制作。
5. 梁、柱模板安装。
6. 梁、柱模板制作安装质量检验。
7. 梁、柱制作、安装中的安全施工。

18.3.4 评价标准

1. 操作时间：3h。
2. 完成工程量：梁、柱或板构件。
3. 考核项目及评分标准（表 18-4）。

模板工实操考核表　　表 18-4

序号	评分项目	应得分	考核要求	评分标准
1	模板尺寸	15	允许偏差±5mm	每点超 1mm 扣 2 分，每处最多扣 6 分
2	垂直度	15	允许偏差±5mm	每点超 1mm 扣 2 分，每处最多扣 6 分
3	相邻两板表面高低差	10	允许偏差 2mm	每点超 1mm 扣 2 分，每处最多扣 6 分
4	底模上表面标高	10	允许偏差±5mm	每点超 1mm 扣 2 分，每处最多扣 6 分
5	表面平整度	5	允许偏差 2mm	每点超 1mm 扣 2 分，每处最多扣 4 分
6	模板拼缝	5	拼缝严密	每处超 1mm 扣 1 分
7	模板支撑	5	支撑稳定性	模板支撑不稳定酌情减分
8	表面及棱角受损伤	5	不允许缺棱掉角	每处扣 5 分
9	涂刷隔离剂、密封胶	5	不允许少刷漏刷	少刷、漏刷每处扣 2 分
10	成型整体质量	5	整体观感好，模板支撑系统美观整齐	整体观感差酌情扣分
11	安全文明施工	5	工完场清无事故	出现事故无分，工完场未清无分或酌情扣分，动态检查
12	材料节约	5	余料为整料，材料不浪费	材料浪费无分或酌情扣分
13	合计	100 分		

第 4 节　抹灰工实训实操

18.4.1 实训操作要求

1. 了解墙面抹灰施工准备工作的内容。
2. 熟悉砂浆的拌制工艺。
3. 熟悉墙面抹灰施工工艺。
4. 掌握墙面抹灰施工质量检验。
5. 掌握预防、处理本工种施工质量安全事故的方法，懂得质量标准，会用检测工具，并能对可能发生的质量通病进行预防和控制。
6. 了解本工种安全操作技术规程，施工验收规范，冬期、雨期施工的有关知识，具备安全自身防备的能力。

18.4.2　实训实操模块

根据提供的建筑施工图纸，完成 $4m^2$ 墙面抹灰。

18.4.3　实训实操内容

1. 建筑施工图的识读。
2. 抹灰工器具的使用。
3. 砂浆拌制。
4. 墙面抹灰施工。
5. 墙面抹灰施工质量检验。
6. 带阴阳角的墙面抹灰施工。
7. 带阴阳角的墙面抹灰施工质量检验。

18.4.4　评价标准

1. 操作时间：3h。
2. 完成工程量：$9m^2$。
3. 考核项目及评分标准（表 18-5）。

抹灰工实操考核表　　**表 18-5**

序号	评分项目	应得分	考核要求	评分标准
1	平整度	20	允许偏差 2mm	测 4 点，超过，每处扣 5 分
2	阴阳角垂直度	20	允许偏差 2mm	测 4 点，超过，每处扣 5 分
3	立面垂直度	5	允许偏差 3mm	测 3 点，超过，每处扣 5 分
4	阴阳角方正	5	允许偏差 2mm	测 3 点，超过，每处扣 5 分
5	工具使用和维护	10		施工前后检查 2 次，不符合要求每次扣 5 分
6	安全文明施工	15		安全措施不到位不得分，对操作面成品、半成品造成污损不得分，工完场不清不得分
7	工效	20		完成规定工程量的 90%以下无分，90%～100%之间每 1%扣 0.5 分，提前完成加 1～3 分
8	合计	100 分		

第 5 节　架子工实训实操

18.5.1　实训操作要求

1. 了解脚手架搭设施工准备工作的内容。
2. 会进行脚手架搭设的定位放线。
3. 会选择合适的钢管及扣件。
4. 掌握扣件式钢管脚手架搭设的基本方法。
5. 掌握扣件式钢管脚手架的拆除方法。
6. 掌握预防、处理本工种施工质量安全事故的方法，懂得质量标准，会用检测工具，并能对可能发生的质量通病进行预防和控制。

7. 了解本工种安全操作技术规程，施工验收规范，冬期、雨期施工的有关知识，具备安全自身防备的能力。

18.5.2　实训实操模块

根据提供的施工墙体，完成 4m×4m 的扣件式脚手架搭设与拆除。

18.5.3　实训实操内容

1. 现场定位。
2. 材料选用。
3. 扣件式钢管脚手架搭设。
4. 搭设质量检查。
5. 扣件式钢管脚手架拆除。
6. 脚手架搭设中的文明施工。
7. 脚手架搭设中的安全生产。

18.5.4　评价标准

1. 操作时间：3h。
2. 完成工程量：搭设双排扣件式钢管脚手架（4m 以内）。
3. 考核项目及评分标准（表 18-6）。

架子工实操考核表　　**表 18-6**

序号	评分项目	应得分	考核要求	评分标准
1	架体垂直度	12	允许偏差 20mm	查 4 处，超过者，每处扣 3 分
2	几何尺寸	12	允许偏差 10mm	查 4 处，超过者，每处扣 3 分
3	扣件安装牢固	20		查 10 处超过者，每处扣 2 分
4	剪刀撑搭接长度、扣件等分	4		不符合规范要求扣 2 分
5	横杆水平度	8	允许偏差 5mm	查 4 处超过标准，每处扣 2 分
6	防护层是否铺设严密	6		查 4 处，接缝不大于 10mm，每处扣 1.5 分
7	架体稳定性	4		牢固、不松动
8	立杆、大横杆接头	4		接头应按规范要求错开，不符合要求一处扣 1 分
9	合理用料	6		合理利用比赛提供的材料，比赛结束，多剩一个材料扣 1 分，材料不够扣 2 分
10	劳动防护用品	10		不正确佩戴安全帽扣 2 分，不正确佩戴安全带扣 4 分，袖口、裤口未扎紧扣 4 分，鞋不符合要求扣 2 分
11	安全、文明施工	4		无事故工完场清得满分，有隐患扣 5 分，未做到工完场清扣 5 分
12	工效	10		按规定时间完成得基本分 6 分，提前 10 分钟及以上，加 4 分，10 分钟以内加 2 分，未完成不得分
合计		100 分		

第 6 节 水电工实训实操

18.6.1 电工实训实操

1. 实训操作要求

（1）了解电气安装施工准备工作的内容。

（2）会常用电工仪表使用。

（3）会选择合适的电器元件。

（4）掌握 PVC 电管（线槽）安装的基本方法。

（5）掌握单联双控灯具安装方法。

（6）掌握预防、处理本工种施工质量安全事故的方法，懂得质量标准，会用检测工具，并能对可能发生的质量通病进行预防和控制。

（7）了解本工种安全操作技术规程，施工验收规范，具备安全自身防备的能力。

2. 实训实操模块

根据考核提供实训考核模块按图施工。

3. 实训实操内容

（1）安装电工施工图的识读。

（2）电工工具的使用。

（3）根据图纸进行配料计算。

（4）电管（线槽）制作安装。

（5）电气线路安装质量检验。

（6）电气安装中的安全文明施工。

4. 评价标准

（1）操作时间：3h。

（2）完成工程量：标准间。

（3）考核项目及评分标准（表 18-7）。

电工实操考核表 **表 18-7**

序号	评分项目	应得分值	考核要求	评分标准
1	电器、材料选择	10 分		电器选择错误每处扣 2 分；电器安装损坏每处扣 2 分；导线选择错误扣 2 分
2	线槽安装	30 分		PVC 管(线槽)切割不整齐没处扣 5 分；PVC 管(线槽)排列不整齐没处扣 5 分
3	接线安装	50 分		导线剖削不合规定扣 5 分；导线连接方法或不牢固每处扣 5 分；布线不美观扣 10 分；接线错误每处扣 10 分；控制功能不符合要求扣 20 分
4	安全生产	10		符合安全文明施工要求，有安全隐患扣 1～5 分
总计		100 分		

18.6.2　管工实训实操

1. 实训操作要求

（1）了解管道安装施工准备工作的内容。

（2）会熟练使用管道施工各种工具。

（3）会选择合适的阀门配件。

（4）掌握给水排水管安装的基本方法。

（5）掌握 PP-R 管安装方法。

（6）掌握预防、处理本工种施工质量安全事故的方法，懂得质量标准，会用检测工具，并能对可能发生的质量通病进行预防和控制。

（7）了解本工种安全操作技术规程，施工验收规范，具备安全自身防备的能力。

2. 实训实操模块

根据现场提供给水排水管件按图施工。

3. 实训实操内容

（1）管道工程施工图的识读。

（2）给水排水管道制作、安装工器具的使用。

（3）根据图纸进行管道、配件配料计算。

（4）给水排水管道制作安装。

（5）给水排水管道制作安装质量检验。

（6）给水排水管道安装中的安全文明施工。

4. 评价标准

（1）操作时间：3h。

（2）完成工程量：标准间。

（3）考核项目及评分标准（表 18-8）。

砌筑工实操考核表　　**表 18-8**

序号	评分项目	应得分值	考核要求	评分标准
1	外观检查	60 分	同一平面上的间距允许偏差为 3mm	管道制作应均匀、平整、严密，不符合规范扣 5～10 分；管道的连接处存在缺陷，存在缺陷扣 2～10 分；阀门与管道连接处无缺陷，不符合要求扣 2～6 分；成排阀门应安装在同一高度，高度不一致扣 3～10 分；水平管道上阀门、阀杆不可朝下安装，宜垂直向上或上倾一定的角度，不符合要求扣 5～10 分
2	安装方向	20 分		截止阀、止回阀等对安装方向有要求的阀门，其安装方向应与水流方向一致，安装方向错误扣 10 分
3	工艺操作	10 分		符合工艺操作规范，操作不规范，酌情扣 5～10 分
4	安全生产	10 分		符合安全文明施工要求，有安全隐患扣 1～5 分
合计		100 分		

参考文献

[1] 杨建林，张清波．建筑工程施工技术［M］．北京：高等教育出版社，2014.
[2] 侯红霞，李博，万连建．新编建筑施工技术［M］．天津：天津科学技术出版社，2015.
[3] 王化柱，孙鸿景，万连建．建筑施工技术［M］．天津：天津科学技术出版社，2013.
[4] 王强，张贵国．建筑工程施工技术［M］．北京：高等教育出版社，2015.
[5] 徐国强，邓荣榜．钢结构施工技术［M］．广州：华南理工大学出版社，2017.
[6] 刘军旭，雷海涛．建筑工程制图与识图［M］．北京：高等教育出版社，2018.
[7] 钟汉华．建筑施工技术［M］．北京：北京邮电大学出版社，2013.
[8] 胡兴福，赵研．施工员通用与基础知识［M］．北京：中国建筑工业出版社，2017.
[9] 王军强．混凝土结构施工［M］．北京：高等教育出版社，2017.
[10] 张连海，金忠义．建筑工程材料与检测［M］．武汉：中国地质大学出版社，2013.
[11] 董远林．建筑装饰构造与施工［M］．北京：高等教育出版社，2017.
[12] 李维敦，李天平．建筑施工技术［M］．武汉：武汉大学出版社，2017.
[13] 江苏省乡村规划建设研究会．乡村建设工匠培训教材［M］．北京：中国建筑工业版社，2022.
[14] 张立人，卫海．建筑结构检测、鉴定与加固［M］．武汉：武汉理工大学出版社，2012.
[15] 王文睿，张乐荣，完丽萍．施工员实用手册［M］．北京：中国建筑工业出版社，2017.